PROJEKTE *für Holzwerker*

Tom Fidgen

Werkstatt unplugged

11 Projekte mit Herz, Hand und Hobel

IMPRESSUM

Übersetzung: Michael Auwers
Produktion: PrintMediaNetwork, Oldenburg
Printed in EU

ISBN 978-3-86630-551-9
Best.-Nr. 20505

HolzWerken
Ein Imprint von Vincentz Network GmbH & Co. KG
Plathnerstr. 4c, 30175 Hannover
www.holzwerken.net

Weitere Materialien kostenlos online verfügbar!

http://www.holzwerken.net/bonus

Ihr exklusiver Bonus an Informationen!
Ergänzend zu diesem Buch bietet Ihnen *HolzWerken* Bonus-Materialien zum Download an.
Scannen Sie den QR-Code oder geben Sie den Buch-Code unter www.holzwerken.net/bonus ein und erhalten Sie kostenfreien Zugang zu Ihren persönlichen Bonus-Materialien!

Buch-Code: TE1023

DANKSAGUNGEN

Für Carolyn, der schönen Partnerin meines Lebens, und unsere beiden wunderbaren Kinder Piper und Nelson. Ohne Euch drei wäre dies nicht möglich gewesen.
Für Peter, meinen Lektor, einer der ungepriesenen Helden dieses Buches.
Für Robin, der auf den letzten Metern meines Weges zum Eigenverlag vorschlug, mich doch mit The Taunton Press in Verbindung zu setzen. Danke!
Für Anatol, wegen des herzlichen Willkommens und der Vorstellungen.
Für Mark, einen meisterhaften Sägenhersteller. Danke für die Sägeblätter und die Freundschaft.
Für Josh, den besten Designer, mit dem man verwandt sein kann! Vielen Dank für das Logo.
Für Sandy, mein Webdesigner, mein Freund und oft mein Psychiater.
Für alle jene, die an der Entstehung dieses Buches beteiligt waren: an der Grafik, der Herstellung, dem Druck, der Verpackung, dem Vertrieb, der Werbung ... Also allen jenen, die am Buch arbeiten, nachdem ich diese Zeilen schreibe! Ohne Euch alle gäbe es keine Bücher. Vielen Dank!
Für die Leser, sei es hier, sei es online: Für Euch sind diese Seiten entstanden.

The Unplugged Workshop begann als einfacher Blog, um meine Gedanken und Ideen zum Thema Handwerkzeug und Möbelbau unter die Leute zu bringen. Er hat sich zu einer freundlichen, weltumspannenden Gemeinschaft weiterentwickelt, der ich dankbar bin, mich als einen der ihren zu betrachten. Eine leise Revolution beim gemeinsamen Arbeiten, eine Million Hände, die werken: So kommt es zu positiven Veränderungen. Ganz unabhängig von dem Werkzeug, das man verwendet: Es ist wichtig, die Zeit zu genießen, die man mit der Bearbeitung von Holz verbringt, jeder Schritt auf dem Weg, jedes Detail zählt. Arbeit versüßt das Leben.

www.theunpluggedwoodshop.com

„Was wir lernen müssen,
um es zu tun, lernen wir,
indem wir es tun.“

Aristoteles

INHALT

Kunst und Handwerk

Willkommen in der ‚Stromlosen Holzwerkstatt', in der Dinge in Handarbeit hergestellt werden.

Dieses Buch zeigt, was im Laufe eines Jahres in meiner Werkstatt passiert ist. Eine Werkstatt, in der ich nur Handwerkzeuge verwende, um unterschiedliche Dinge aus Holz anzufertigen. Warum ohne elektrische Werkzeuge und Maschinen? Es mag sich vielleicht wie ein Klischee anhören, aber für mich ist der Weg wirklich das Ziel. Es macht mir Spaß, Möbel in Handarbeit zu entwerfen und zu bauen, von den ersten Skizzen in meinen Notizbüchern bis hin zu den Besuchen im Sägewerk und bei anderen Holzquellen. Ich genieße es, die Bohlen aus einheimischen Baumarten nach Hause zu bringen und sie sich in meiner Werkstatt an das Raumklima gewöhnen zu lassen. Es ist mir eine Freude, die Maserung und die einzigartigen Eigenschaften zu entdecken, durch die sich jedes Stück Holz vom nächsten unterscheidet. Ja, sogar die anstrengenden Arbeiten, die mit dem groben Zuschneiden auf Länge, Breite und Stärke einhergehen, nachdem ich die einzelnen Bauteile auf den Bohlen angerissen habe, bereiten mir wahre Freude. Das rohe Holz mit dem Handhobel abzurichten, bis die Flächen glänzen; die Verbindungen anzureißen und anzuschneiden, bis sie passen; die Oberflächen zu behandeln – jeder Schritt ist genauso wichtig, genauso befriedigend wie der nächste.

In diesem Buch sieht man, wie in einer kleinen Kellerwerkstatt in der Innenstadt von Toronto ein moderner Hand-Werker arbeitet. Vom ersten Einfall bis zur letzten Behandlung der Oberfläche zeigt es, wie es ist, in einer den eigenen Wünschen entsprechenden Werkstatt zu arbeiten und – vielleicht noch wichtiger – die Phantasie und Kreativität spielen zu lassen.

Manchmal kann das dazu führen, dass man sich seine eigenen Werkzeuge baut oder sogar vollkommen neue erfindet. Vielleicht lassen sich manche Holzwerker dadurch inspirieren, dass ich ohne Elektrowerkzeuge auskomme.

Aber ich hoffe, dass die Entwürfe gleichermaßen jene ansprechen, die mit Maschinen arbeiten, jene, die zum einen wie zum anderen greifen, und jene, die sich wie ich entschieden haben, nur Handwerk zeug zu verwenden.

Ich bin stolz und froh, meinen eigenen typischen Stil vorstellen und über ihn schreiben zu dürfen. Ich werde althergebrachte Vorstellungen in Frage stellen, während ich über neue schreibe. Dieses Buch ist kein Geschichtswerk. Aber es ist ein Buch, in dem Geschichte eine Rolle spielt. Die Wahl der Werkstücke wurde von meiner Vergangenheit inspiriert. Die Gestaltung geht auf aufgegriffene und abgewandelte Vorlagen zurück. Ich hoffe, dass dieser Werkkosmos von einer ästhetischen Kontinuität gekennzeichnet ist, die sich in allen Stücken zeigt, aber dennoch individuellen Stil und Elan zeigt. Keine zwei Werkstücke sind jemals genau gleiche, wenn die Hand des Handwerkers im Spiel ist.

Die im Buch verwendeten Techniken – von der Laminierung über Intarsien und das Holzbiegen bis hin zu gemischten Werkstoffen – sind geeignet, Anfänger und Fortgeschrittene vor Herausforderungen zu stellen; ich hoffe, dass sie auch Experten noch Anregungen bieten. Es wird gezeigt, wie man Furniere selbst herstellen kann und welche Handwerkzeuge aus eigener Herstellung man dafür benötigt. Man lernt, wie man Vorrichtungen für die Werkbank und eigene spezielle Arbeitsplätze gestaltet und mit oder an ihnen arbeitet. Die Inspiration wird eingespannt, dem Auge wird hinreichend Zeit gegeben, um einen Entwurf zu gestalten – mit dem Bleistift in der Hand und dem inneren Versprechen, dass es „vollkommen in Ordnung" ist, die Handsäge anstatt einer Bandsäge zu benutzen.

Man sollte sich jeden Tag einige Minuten Zeit nehmen und Entwurfsideen skizzieren. Wenn man versucht, die Augenblicksidee festzuhalten, hat man vielleicht das Glück, dass ein kleiner Bruchteil dieser Ideen auch verwirklich wird. Man sollte es wirklich mit der einen oder anderen einmal versuchen – was immer es auch sein mag. Das Leben ist eine Geschichte, und wir schreiben alle unsere eigenen Kapitel. Was soll in Ihrem stehen?

Das Rohholz wird mit der hohlen Seite nach unten auf die Hobelbank gelegt.

Rohholz auf Maß bringen

Rohholz zu maßgerechten, rechtwinkligen, ebenen und glatten Bauteilen abzurichten ist vielleicht eine der angenehmsten Arbeiten beim Möbelbau. Mit einem frisch geschärften Hobel gibt es keine bessere Methode, das Holz kennenzulernen, mit dem man arbeitet. Ein kurzer Überblick über die Arbeitsschritte für jene, die mit dem Verfahren in Handarbeit nicht vertraut sind: Bezugsfläche zur Bezugskante; Bezugskante zu zweiter Kante und dann zweite Fläche, um auf Endstärke zu kommen; dann auf Endlänge ablängen. Im Einzelnen sieht es dann so aus.

Schritt 1: Eine Bezugsfläche herstellen

Wählen Sie zuerst eine Bezugsfläche aus. Entscheiden Sie sich für die Fläche, die am ebensten ist. Legen Sie das Holz mit dieser Fläche nach unten auf die Hobelbank. Falls das Holz gewölbt ist, legen Sie die konkave Seite nach unten, um eine stabile Lage zu erhalten. Legen Sie gegebenenfalls Keile unter, um es zu stabilisieren, während die Bezugskante abgerichtet wird.

Ich nehme meist zuerst quer zur Faser mit dem Schrupphobel grobe Späne ab. Falls das Material schon einigermaßen eben ist und nicht zu viel Material abgenommen werden muss, fange ich mit der Raubank in Faserrichtung an.

Hobeln Sie die obere Seite des Holzes, bis Sie eine ebene und

1. Richtscheite verdeutlichen jede Unebenheit und Verformung des Holzes. Hier ist das Werkstück von der hinteren linken zur vorderen rechten Ecke verzogen.

2. Hobeln Sie diagonal zwischen diesen Stellen und dann wieder die ganze Fläche, bis sie eben ist.

Überprüfen Sie, dass die Kante senkrecht zur Bezugsfläche steht.

glatte Fläche haben. Legen Sie Richtscheite auf beide Enden des Werkstücks, um die Ebenheit zu kontrollieren. Wenn man sich über die Richtscheite beugt und von einem zum anderen Blickt, fällt eine verzogene Fläche sofort auf. Hobeln Sie in diesem Fall die erhabene Stelle so lange nach, bis die Richtscheite zeigen, dass das Werkstück so eben ist, wie ihr Hobel es machen kann. Kennzeichnen Sie diese ebene Fläche als Bezugsfläche; von ihr werden alle weiteren Maße während des Abrichtens und Zuschneidens abgenommen.

Schritt 2: Eine Bezugskante herstellen

Als nächstes wird eine Bezugskante hergestellt. Richten Sie dazu eine der beiden Kanten (Schmalseiten) rechtwinklig zur Bezugsfläche ab. Falls die Kante sägerau oder uneben ist, arbeiten Sie zuerst mit dem Schrupphobel und dann mit der Raubank. Kennzeichnen Sie diese Fläche als Bezugskante. Diese beiden Flächen dienen nicht nur als Bezug, um in diesem Stadium die beiden anderen Flächen abzurichten. Sie sind auch während aller anderen Schritte der Herstellung der Bezug für die Verbindungen, die man anschneidet.

Schritt 3: Auf Breite schneiden

Dann wird die zweite Kante abgerichtet. Reißen Sie mit dem Streichmaß die gewünschte Breite des Werkstücks an. Ob es die Endbreite eines Bestandteils eines Möbelstücks ist, oder das Arbeitsmaß für weitere Schritte in der Bearbeitung, reißen Sie sorgfältig einen tiefen Riss um alle Seiten des Werkstücks. Hobeln Sie die Kante bis zum Riss ab, um eine dritte ebene Fläche zu erhalten. Das Werkstück sollte jetzt eine ebene Fläche und zwei ebene, rechtwinklig dazu und parallel zueinander stehende Kanten (Schmalflächen) haben.

Schritt 4: Auf Dickte hobeln

Verwenden Sie die erste Fläche als Bezug und reißen Sie mit dem Streichmaß einen tiefen Riss um alle vier Kanten der Bohle, um die Endstärke des Werkstücks festzulegen. Hobeln Sie sorgfältig bis zum Riss. Sie haben jetzt ein Werkstück mit vier abgerichteten Flächen.

TIPP

Man sollte sich angewöhnen, die Bezugsfläche und die Bezugskante beim Anreißen aller Verbindungen, die man an seinen Stücken anschneidet, zum Anlegen zu verwenden. Theoretisch könnte man den Tischlerwinkel auch an jeder anderen Fläche anlegen, wenn man beim Abrichten sorgfältig gearbeitet hat. Aber auch dabei können einem Fehler unterlaufen, und schon kleinste Abweichungen können sich summieren.

Schritt 5: Ein Ende rechtwinklig ablängen und dann auf Endlänge schneiden

Jetzt können Sie sich den Enden zuwenden. Reißen Sie mit dem Tischlerwinkel um alle Seiten des Werkstücks die Länge an, und sägen Sie den Verschnitt ab. Der Winkel wird dabei nur an der Referenzfläche und -kante angelegt. Verputzen Sie in der Abrichtlade (siehe S. 182) bei Material bis zu 25 mm Stärke die Sägespuren. Spannen Sie stärkeres Material wie das hier gezeigte Nussbaumkantholz senkrecht in der Bankzange ein, und verputzen Sie das Ende mit dem Hirnholzhobel. Jetzt hat das Stück fünf bearbeitete Flächen. Die sechste und letzte wird auf die gewünschte Länge angerissen und auf die gleiche Weise bearbeitet.

1. Verwenden Sie die erste Kante als Bezug, um die zweite Kante anzureißen. **2.** Die zweite Kante ist eben, glatt und rechtwinklig. **3.** Verwenden Sie die erste Fläche als Bezug, um die letzte Fläche anzureißen. **4.** Richten Sie die vier Seiten senkrecht zueinander ab. **5.** Reißen Sie die gewünschte Länge des Werkstücks an, und sägen Sie es ab. **6.** Verputzen Sie die Sägespuren mit einem Hobel mit geringem Schnittwinkel. Danach können die Verbindungen angeschnitten werden.

Der gezinkte Korpus des Karteischranks (siehe S. 203) ist ein sehr gutes Beispiel für die Nützlichkeit flüssigen Glutinleims. Seine längere Offenzeit erlaubt eine sehr viel entspanntere Endmontage.

Leime und Oberflächenmittel

Bevor es mit den Werkstücken losgeht, möchte ich noch einige Worte zu dem Stoff sagen, das alles zusammenhält, und zu den Mitteln, die sie hinterher im Glanz erstrahlen lassen.

Ein Lob dem Glutinleim

Glutinleim (Hautleim, Knochenleim und andere mehr) hat mich schon immer besonders angesprochen – wegen seiner Rolle in der traditionellen Tischlerei, wegen seines organischen Ursprungs, seiner ‚Freundlichkeit' zu Oberflächenmitteln und wegen der Lösbarkeit der Verbindungen. Der letzte Aspekt ist sehr wichtig. Es könnte der Tag kommen, an dem der Hautleim so Ihre Haut rettet! Meine hat er auf jeden Fall schon gerettet. Auch wenn Ihnen beim Verleimen nie Fehler unterlaufen, ist die Tatsache, dass unsere Möbel eines Tages beschädigt werden könnten, schon Grund genug, diese Leimart zu verwenden. Moderne Leime und Klebstoffe bieten ganz einfach nicht die Wahlmöglichkeiten, die man mit Glutinleim hat.

Meine Eintrittskarte in die Welt dieser Leime war ein flüssiger Hautleim- Ich vermutete – zu Recht –, dass er ein guter Einstieg sein könnte, bevor ich mich dem ‚heißen Zeug' zuwendete. Flüssiger Hautleim hat alle wünschenswerten Eigenschaften des sogenannten Warmleims aus Granulat, aber eine längere Offenzeit. Man braucht keinen Leimtopf, um ihn aufzubewahren, und ein wenig Wasser reicht, um sauber zu machen. Der Leim muss vor der Arbeit erwärmt und während der Arbeit warm gehalten werden, aber das wird nach wenigen Tagen schon zur vertrauten Routine. Die positiven Seiten der Verwendung dieses Leimes überwiegen etwaige negative bei Weitem. Ich verwende flüssigen Hautleim, wann immer ich eine längere Offenzeit benötige, etwas bei Schwalbenschwanzzinkungen oder bei Werkstücken, die aus mehreren gleichzeitig zu verleimenden Bestandteilen zusammengesetzt sind.

> **TIPP**
> Glutinleim gibt es in unterschiedlichen Stärken. Die Klebekraft der starken Versionen mag zwar höher sein, dafür ist aber die Offenzeit auch sehr viel geringer. Das macht sie für viele Einsatzgebiete in der Tischlerei ungeeignet.

Glutinleim hat nach einer 20minutigen Einweichzeit in Wasser die Konsistenz von zähem Haferbrei. Er kann dann in den Leimtopf umgefüllt werden.

Nachdem ich einige Monate mit flüssigem Hautleim gearbeitet hatte, kaufte ich einen elektrischen Leimkocher und hochwertiges Glutinleimgranulat.

Normaler Glutinleim wird als Granulat verkauft, das etwas wie Haferschrot aussieht. Man gibt etwas vom Granulat in ein Gefäß und bedeckt es mit frischem kalten Wasser. Nach etwa 20 Minuten ist das Wasser aufgesogen und aus dem Granulat ein Gel geworden, das wiederum an Haferbrei erinnern mag. Der Leim kann jetzt in den Leimkocher gegeben werden und ist nach kurzer Zeit gebrauchsfertig.

Diese Beschreibung ist zwar eine vereinfachende Kurzfassung, aber Warmleim ist wirklich sehr einfach zu verwenden, wenn man sich daran gewöhnt hat. Ich erinnere mich noch an die geheimnisvolle Aura, die ihn umgab, bevor ich anfing, damit zu arbeiten. Es war ganz ähnlich wie bei der Schelllackpolitur, bevor ich mir erstmals selbst welche anmischte. Solche neuen Rezepte und Verfahren können einschüchternd wirken, wenn man beginnt, ein neues Produkt oder System bei der eigenen Arbeit einzusetzen. Glauben Sie mir ruhig, wenn ich sage, dass es keinen Grund zur Besorgnis gibt. Wenn man Haferbrei machen kann, kann man Glutinleim anrühren. Wenn er zu zähflüssig ist, fügt man Wasser hinzu; zu dünn, etwas Leim. Ich empfehle wärmstens, es einmal auszuprobieren und dann selbst in der Werkstatt zu verwenden.

Zusammenfassend lässt sich sagen, dass Glutinleim einfach und sicher zu verwenden ist, umweltfreundlich und gut mit Oberflächenmitteln zu kombinieren ist, und seit Tausenden von Jahren das Klebemittel der Wahl für Holzhandwerker war. Was kann man dagegen noch sagen?

DUNKLER UND HELLER SCHELLACK

Schellack ist in unterschiedlichen Farbtönen erhältlich. Ich arbeite am liebsten mit einer entwachsten und entfärbten Variante, die dem Holz eine sehr schöne Oberfläche verleiht, ohne die natürliche Farbe der betreffenden Holzart zu verändern. Manchmal verwende ich auch einen dunkleren Schellack, wenn ich versuche, unterschiedliche Hölzer aneinander anzugleichen. Ein Beispiel dafür kommt bei dem Karteischrank (siehe S. 198) vor. Die Nussbaumbohle reichte nicht, um alle Bauteile für den Schrank daraus zu schneiden. Deshalb habe ich manche Teile aus einem Stück Nussbaum geschnitten, das schon seit einigen Jahren in meiner Werkstatt lag. Die meisten Teile stammten jedoch aus einem neueren Stück, das ich extra für die Werkstücke in diesem Buch gekauft hatte. Um den beiden unterschiedlichen Hölzern ein einheitlicheres Aussehen zu geben, habe ich einen dunkleren Schellack verwendet.

Der dunklere Schellack hat dem Nussbaum zwar eine gleichmäßigere Tönung gegeben, aber ehrlich gesagt würde ich bei Holz vom gleichen Stamm eher zu entfärbtem, hellem Schellack greifen. Das ist manchmal jedoch nicht möglich, und es sind solche Unwägbarkeiten, mit denen man beim Möbelbau fertig werden muss. Wenn ich eines Tages ein fertiges Werkstück ansehe und denke, es sei perfekt, dann würde ich vermutlich nie wieder etwas bauen!

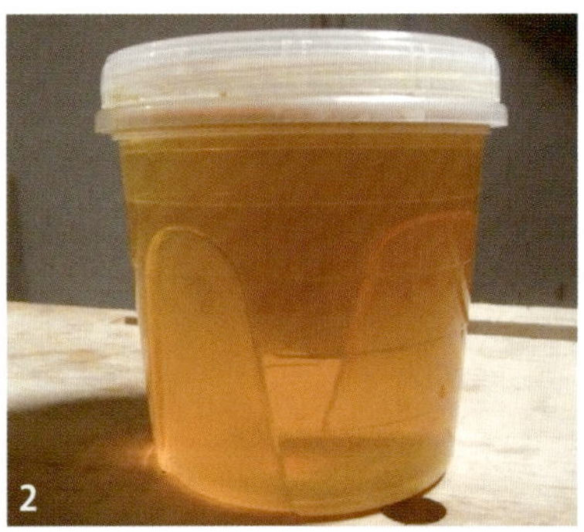

1. Eine Öl-Lack-Mischung wird auf ein Stück Nussbaumholz aufgetragen. Danach wartet man eine Stunde und wischt den Überstand ab. Der Vorgang wird wiederholt, bis man die gewünschte Oberflächenbeschaffenheit erreicht hat.

2. Entwachster, entfärbter Schellack 12 Stunden, nachdem er in Alkohol aufgelöst wurde. Wenn man die Schellackblätter zu kleinen Stücken zerbricht, lösen sie sich schneller auf.

Gedanken zur Oberflächenbehandlung

Ich versuche, die Oberflächen so einfach und ökologisch wie möglich zu halten. Ich arbeite nicht gerne mit Chemikalien oder Lösungsmitteln, und ich verfüge nicht über eine Spritzpistole mit Zubehör oder andere Vorrichtungen, um in staubfreier Umgebung arbeiten zu können. Ich verwende seit Jahren eine kommerzielle Lack-Öl-Mischung einer US-amerikanischen Firma, mit der ich nie Probleme gehabt habe. Es gibt auch im deutschsprachigen Raum ähnliche Produkte, die umweltfreundlich und leicht anzuwenden sind, und bei denen man sich keine Sorgen wegen Hautkontakt machen muss. Man trägt eine dünne Schicht auf die Overfläche auf, lässt sie etwa eine Stunde einziehen, und wischt den Überstand ab.

Falls man eine glänzende Oberfläche wünscht, trägt man mehrere Schichten auf und poliert jeweils zwischendurch.

Bei Möbelstücken trage ich meist zwischen drei und sechs Schichten auf, je nach dem Maß an Glanz, das ich anstrebe.

Schellack

Vielleicht haben Sie es schon erraten: Ich verwende vorzugsweise Naturprodukte in meiner Werkstatt. So greife ich für die Oberflächenbehandlung auch immer wieder zu Schellack. Es gibt kaum ein natürlicheres Material. Schellack ist ein Harz, das von der Lackschild-

Etwas Wolle oder Baumwolle wird mit einem Stück feingewebtem Stoff umwickelt, um einen Ballen zu erhalten, mit dem Schellack aufgetragen wird.

laus ausgeschieden wird. Dieses Sekret wird gesammelt und zu trocknen Blättern verarbeitet. Wenn man diese in Alkohol auflöst, erhält man das flüssige Schellack, das beim Möbelbau verwendet wird. Es gibt auch eine Vielzahl anderer Verwendungszwecke, vom Überzug für Bonbons bis hin zur Pharmazie. Man sollte hochwertige Schellackblätter erwerben und jeweils nur relativ kleine Chargen anmischen. Nach dem Anmischen hält sich Schellack nur einige Monate, man sollte also nur so viel ansetzen, wie man zu benötigen glaubt. Das Anmischen ähnelt etwas dem beschriebenen Verfahren für Glutinleim. Man gibt trockene Schellackblätter in ein Gefäß, bedeckt sie mit Alkohol und wartet etwa 24 Stunden, bis sie sich aufgelöst haben.

Die Viskosität lässt sich durch das Mischungsverhältnis beeinflussen. Ich arbeite gerne mit einer recht dünnflüssigen Mischung (Mischungsverhältnis 1 : 2 bis 1 : 1), weil ich finde, sie lässt sich leichter auftragen. Man muss dann zwar mehr Schichten auftragen, aber die Kontrolle, die man dabei über den Auftrag hat, macht den Mehraufwand wett.

Ich versetze dazu zwei Teile trockne Schellackblätter mit einem Teil reinem Alkohol. Falls Sie eine noch dünnere Flüssigkeit bevorzugen, reduzieren Sie die Menge an Schellack. Die Schellackblätter werden meist mit entsprechender Anleitung zum Anmischen verkauft, und mit etwas Experimentieren sollte man die Sorte finden können, die einem zusagt.

Schellack kann mit dem Pinsel oder einem Ballen aufgetragen werden. Ich ziehe die Ballenmethode vor, bei der eine Füllung aus Wolle oder Baumwolle fest mit einem sauberen Tuch umwickelt wird. Die Oberfläche des Ballens muss glatt sein, damit man beim Auftragen keine Spuren in den Schellack zieht. Während der Arbeit wird der Ballen immer wieder mit der Schellacklösung getränkt.

Deckschicht

Zum Abschluss behandele ich meine Stücke normalerweise mit einer Deckschicht aus Wachs. Ich verwende ein natürliches Wachs wie etwa Bienenwachs, das ich mit feinster Stahlwolle (Grad 000) auftrage, um eine seidenmatte Oberfläche zu erhalten. Experimentieren Sie ruhig mit unterschiedlichen Oberflächenmitteln und -behandlungsmethoden. Wenn Sie ein paar Verfahren gefunden haben, die für Ihre Werkstatt und Sie geeignet sind, können Sie sie weiter verfeinern, bis Ihnen die Arbeit Spaß macht. Ich kenne einige Holzwerker, die sich selbst bei der Oberflächenbehandlung immer viel Stress bereiten. Versuchen Sie, herauszufinden, was Ihnen liegt, und vor allem machen Sie es so wie ich: Nicht zu kompliziert. Jetzt ist es aber an der Zeit, ein paar Holzspäne fliegen zu lassen!

Die fertige Sägebank in Kirsche

Die

SÄGEBANK

„Jemand, der sich mit seinen Waren
einen guten Ruf erworben hat,
kennt den Wert dieses Rufs wie auch seine
Kosten und wird ihn aufrecht erhalten.“

Henry Disston

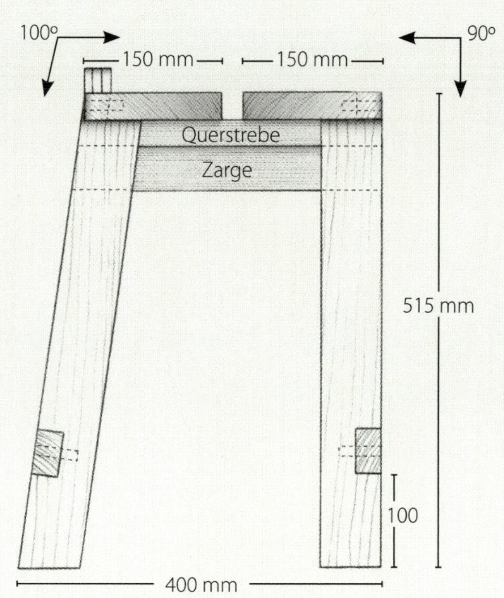

Draufsicht

Seitenansicht

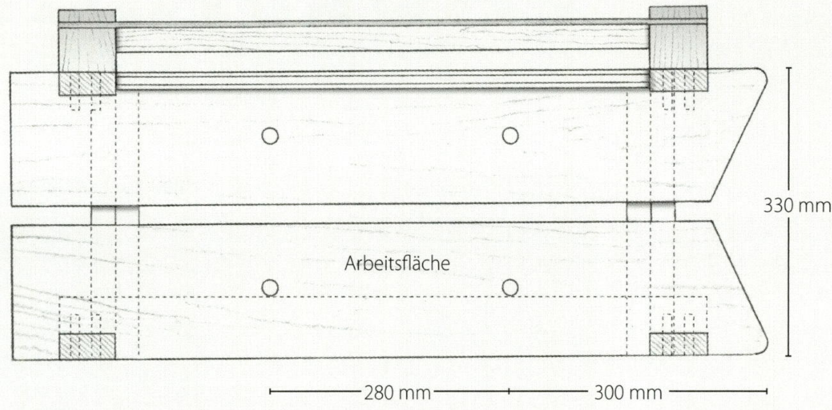

Vorderansicht

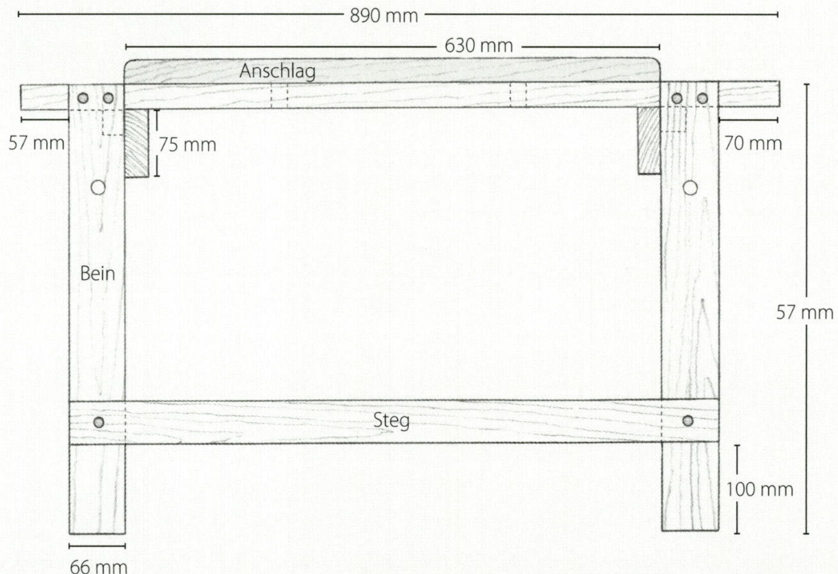

Die fertige Arbeitsfläche

Unabhängig von der Gestaltung und von der Konstruktionsweise ist der erste Schritt bei jedem Werkstück aus Holz der grobe Zuschnitt des Holzes (siehe S. 9). Dafür gibt es keinen besseren Arbeitsplatz als eine eigene Sägebank.

Zur Bearbeitung von Holz mit Handwerkzeug gehört eine beträchtliche Menge an Sägearbeit. Deshalb finde ich, dass man sich diese Arbeit etwas genauer ansehen sollte, um sie so leicht und angenehm wie möglich zu gestalten. So werden die Stunden, die man damit zubringt, eine Stückliste zusammenzustellen und nach ihr die Bauteile zuzuschneiden, sehr viel befriedigender.

Der hier gezeigte Entwurf beruht auf einer traditionellen Sägebank aus einem klassischen Buch von Bernard E. Jones mit dem Titel „The Practical Woodworker". Ich habe nur wenige Änderungen am Entwurf vorgenommen. Am augenfälligsten ist, dass eine Seite senkrecht zur Arbeitsplatte steht. So ist es sehr viel leichter, auf Breite zu schneiden, da man nicht darauf achten muss, in ein ausgestelltes Bein zu sägen. (Falls Sie einen Entwurf mit vier ausgestellten Beinen verwenden möchten, sollten Sie zwei Bänke bauen, damit Sie das Material beim Abbreiten darüber legen können.) Eine senkrechte Seite ist auch ein guter Bezug beim Abbreiten. Wenn man an der Seite hinunterblickt, trainiert man seinen Blick und lernt, den Sägeschnitt gerade und senkrecht auszuführen. Meine zweite Verbesserung ist ein abnehmbarer Anschlag, wodurch das Ablängen erleichtert wird und man seine Knie nicht durch den Versuch in Gefahr bringt, mit ihnen während des Sägens das Material zu fixieren.

Stückliste

Beine: 90°-Seite	2	45 x 66 x 515 mm
Beine: 100°-Seite	2	45 x 66 x 525 mm
Stege	2	45 x 45 x 765 mm
Arbeitsplatten	2	25 x 150 x 890 mm
Zargen	2	20 x 75 x 335 mm
Querstreben	2	20 x 25 x 245 mm
Anschlag	1	20 x 25 630 mm

Meine Version dieses traditionellen Entwurfs hat eine geteilte Arbeitsplatte aus zwei parallelen Brettern mit einer Lücke dazwischen, sodass man auch schmales Material gut auf Breite sägen kann. Das V-förmige Ende und eine Reihe von 20-mm-Löchern in der Platte wie in den Beinen machen die Bank zu einem vielseitigen Arbeitsplatz, an dem auch andere Aufgaben durchgeführt werden können. Die Verbindungen sind recht einfach, deshalb

Kirschbohlen vor dem groben Zuschnitt

kann man das Werkstück leicht an einem Wochenende anfertigen und so den ersten Schritt in die Welt der Arbeit mit Handwerkzeug unternehmen.

Holzauswahl

Alle Vorrichtungen und Einrichtungsstücke für die Werkstatt können aus Material hergestellt werden, das man gerade zur Hand hat. Sehen Sie Ihre Restekiste durch, bevor Sie Holz kaufen, und verwenden Sie alles, was gerade und belastbar ist. Laubhölzer sind natürlich sehr viel belastbarer und gegen Abnutzung gefeit, aber zur Not tut es auch Nadelholz.

Ich hatte von einem anderen Werkstück etwas Kirschholz übrig, das ich für die Bank verwendet habe. Den gleichen Entwurf hatte ich ein Jahr zuvor aus Esche gebaut. Beide Holzarten sind gut geeignet. Die Bank aus Esche wog etwa 15 kg, die Kirschversion etwa 10 kg. Eschenholz ist deutlich billiger als Amerikanische Kirsche[1)].

Zuerst die Beine und Stege

Schneiden Sie die Bauteile nach den Zeichnungen auf S. 18 und der Stückliste auf S. 19 auf Maß. Richten Sie die Teile eben und rechtwinklig ab, und reißen Sie die Verbindungen an.

Fangen Sie mit den beiden Seitenteilen an, die jeweils aus zwei Beinen und einem Steg bestehen. Die einfache Überblattung ist eine Verbindung, die bei fachgerechter Ausführung jahrelanger Belastung standhält. Legen Sie die Beine flach auf Ihre Werkbank, und platzieren Sie den Steg in 100 mm Entfernung vom unteren Ende darauf. Reißen Sie mit einem Messer die Ober- und Unterkante des Stegs auf den Beinen an. Außer dem Abstand nach unten muss nicht gemessen werden. Falls der Steg an einem Ende breiter sein sollte als am anderen, ist das unproblematisch, die übertragenen Risse sollten für eine perfekte Passung sorgen. Die Tiefe der Ausklinkung für die Überblattung entspricht der halben Stärke jedes Bauteils. Ich verwende ein Messer, um scharfe, tiefe Linien

1) Anmerkung des Verlages: Für Europäische Kirsche gilt das nicht. Sie kostet derzeit etwa gleich viel wie Esche.

1. Mit den ersten beiden Sägeschnitten wird die Breite der Überblattung festgelegt. **2.** Sägen Sie mehrmals ein, und entfernen Sie den Verschnitt mit dem Stechbeitel. **3.** Mit dem Grundhobel wird die Überblattung auf ihre endgültige Tiefe geschnitten.

um den Verschnitt herum anzureißen, die verhindern, dass die Holzfasern über den Riss hinaus ausreißen.

Wenn man den Großteil des Verschnitts entfernt hat, ist ein Grundhobel hervorragend geeignet, um die Verbindung nachzuarbeiten. Mein großer Grundhobel ist so breit, dass er die Überblattung überspannt und auf beiden Seiten der Ausklinkung auf dem Holz ruht. Wenn das Hobeleisen eingestellt ist, kann ich mir sicher sein, dass der Grund der Verbindung eben und gleichmäßig tief ist.

Gehen Sie bei den vier Beinen und zwei Stegen auf die beschriebene Weise vor, und wenden Sie sich dann den oberen Enden der Beine zu (siehe Fotos auf Seite 22). Um die Länge der Überblattung an den Beinen anzureißen, stellen Sie das Streichmaß auf die Stärke der Arbeitsplatte ein. So müssen Sie auch bei diesem Schritt nichts messen. Die Stärke der Arbeitsplatte entspricht genau der benötigten Länge der Überblattung. Reißen Sie mit dem Streichmaß die Länge der Verbindung am oberen Ende der Beine an. Die Tiefe entspricht der halben Stärke der Beine und sollte ebenfalls zu dieser Zeit angerissen werden. Schneiden Sie die Ausklinkung am oberen Ende der Beine mit der Säge an und überprüfen Sie die Verbindung („Verbindungen überprüfen“, unten).

Die beiden ausgestellten Beine werden genauso gearbeitet wie die senkrechten, lediglich die oberen und unteren Schnitte weichen um 10° vom rechten Winkel ab. Bevor Sie die Verbindungen anreißen, längen Sie die Beine im gewünschten Winkel ab. Dadurch erhalten Sie eine Bezugsfläche, um die abgewinkelten Überblattungen anzureißen.

KONTROLLE IST BESSER

Wenn Sie einen Sägeschnitt an einem Werkstück ausgeführt haben, sollten Sie ihn immer sofort überprüfen. Legen Sie einen Winkel an, und kontrollieren Sie auf Rechtwinkligkeit. Es mag sich eigenartig anhören, aber ich sehe immer wieder, dass jemand eine Verbindung anschneidet und sich nicht die Mühe macht, sie auf Rechtwinkligkeit zu kontrollieren. Gewöhnen Sie sich an, alle Verbindungen, Zinkungen, Schlitze, Zapfen und – ja sogar auch – einfache Überblattungen zu überprüfen.

3

1. Stellen Sie anhand des Arbeitsflächenbretts das Streichmaß ein, um die Tiefe der Überblattung anzureißen.
2. Reißen Sie die Tiefe am oberen Ende der Beine an.
3. Sägen Sie die quadratischen Ausklinkungen am oberen Ende der Beine an, und verputzen Sie die Schnitte mit dem Stechbeitel.

1. Reißen Sie die oberen und unteren Enden der ausgestellten Beine mit der Schmiege an. **2.** Stecken Sie die Beine und Stege trocken zusammen

Stellen Sie die Schmiege auf den richtigen Winkel ein, und reißen Sie die Linien an. Um die Winkelschnitte zu sägen, spanne ich das Bein in der Vorderzange der Hobelbank in dem Winkel ein, um den es ausgestellt werden soll. So kann ich senkrecht nach unten sägen, aber trotzdem im erforderlichen Winkel schneiden. Entfernen Sie den Verschnitt, und verputzen Sie mit dem Stechbeitel.

Stecken Sie die Überblattungen an den Beinen und Stegen kurz trocken zusammen, um die Passung zu überprüfen. Ich breche während der Arbeit die Kanten mit dem Einhandhobel, um Faserausrisse während des Zusammensteckens zu verhindern.

Ausklinken der Arbeitsplatte

Wenn die Beine alle zugeschnitten sind, wird die Breite und Stärke jedes Beines auf die Bretter der Arbeitsplatte übertragen. Es ist nicht nötig, die Beine auszumessen – stecken Sie sie einfach trocken mit den Stegen zusammen und übertragen Sie die Kanten auf die Arbeitsplattenbretter. Markieren die vier Beine und zwei Stege entsprechend, damit Sie später bei der Montage wissen, wo welches Teil hingehört.

Bei der Ausklinkung gehe ich genauso vor wie beim Entfernen des Verschnitts an den Beinen: Reißen Sie die Schnitte mit dem Messer an, sägen Sie an den beiden Seiten ein, bringen Sie über die ganze Breite eine Reihe von Sägeschnitten an und stemmen Sie den Verschnitt aus.

Wenn Sie die acht Überblattungen fertiggestellt und durch trockenes Zusammenstecken auf gute Passung überprüft haben, können Sie sich Gedanken über die Montage machen.

Wenn man mehrmals in der Ausklinkung einsägt, ist es sehr viel leichter, den Verschnitt mit dem Stechbeitel zu entfernen.

RUNDE ECKEN

Scharfe Ecken und Kanten an Möbelstücken und Vorrichtungen für die Werkstatt sind keine sehr gute Idee. Um eine Ecke abzurunden, legen Sie zuerst mit dem Zirkel oder mit einem Gegenstand, der sich als Schablone eignet, den gewünschten Radius fest. Im Bild verwende ich mein Streichmaß als Schablone und zeichne seinen Umriss mit dem Bleistift nach. Entfernen Sie dann den Großteil des Verschnitts mit der Absetzsäge. Das kann man nach Augenmaß machen. Arbeiten Sie die Rundung mit vorsichtigen schälenden Schnitten eines scharfen Stechbeitels nach. Eine Schneidlade als Unterlage schützt Ihre Hobelbank vor Beitelschnitten. Es ist auch immer eine gute Idee, über einem der Beine der Hobelbank zu arbeiten, da so auch größere Belastungen aufgefangen werden.
Runden abschließend mit der Raspel und der Feile ab.

1. Die Rundung festlegen. **2.** Den Verschnitt absägen. **3.** Mit dem Stechbeitel nacharbeiten.
4. Fast fertig ... **5.** Mit der Raspel und Feile wird die Rundung fertiggestellt.

Sägen Sie die V-förmige Aussparung und runden Sie die Außenecken ab.

Brechen Sie alle Kanten an den Bauteilen mit dem Einhandhobel. Man kann die Kanten nach Wunsch auch anfasen, aber ich breche sie nur vorsichtig.

Dies ist auch der richtige Augenblick, um das V-förmige Ende zuzuschneiden, dessen Seiten im Winkel von etwa 65° verlaufen. Dabei entstehen zwei scharfe Spitzen an den langen Kanten; runden Sie diese mit Säge, Stechbeitel, Raspeln und Feilen ab, wie auf der gegenüberliegenden Seite („Runde Ecken") beschrieben.

Bohren Sie, falls gewünscht, 20-mm-Löcher als Aufnahme für Bankhaken oder Niederhalter und bohren Sie die Dübellöcher, mit denen der abnehmbare Anschlag befestigt wird (siehe „Um die Ecken", S. 27). Diese Bohrungen sind jetzt leichter anzubringen als später nach der Montage.

Bohren Sie alle Löcher vor der Endmontage.

Mit Teilmontagen arbeiten

Das Verleimen eines Werkstücks kann sich zu einem wahren Albtraum entwickeln. Am besten lassen sich Katastrophen vermeiden, indem man die Bestandteile eines Werkstücks zu Teilmontagen zusammenfasst. Versuchen Sie nicht, ein Werkstück in einem Durchgang als Ganzes zu verleimen. Lösen Sie es zu mehreren Teilmontagen auf, um stressfrei arbeiten zu können.

In diesem Fall beginnen Sie mit den Seitenteilen, die Sie jeweils aus zwei Beinen und einem Steg zusammensetzen (siehe Foto links unten). Ich verwendete flüssigen Hautleim und ließ die Teilmontagen deshalb über Nacht trocknen. Als nächstes werden die Zarge und die Querstreben eingeleimt. Zeichnen Sie die Breite der Beine von den Außenkanten der Zargen her an, um zu markieren, wo die Querstreben angebracht werden. Die Oberkanten der Zargen und der Querstreben sollten bündig abschließen. Die Querstreben erleichtern die Montage etwas, da man sie als Bezugskante verwenden kann, wenn man die Arbeitsplatte an den Beinen befestigt. Wenn der Leim trocken ist, nehmen Sie die Zwingen ab, und hobeln die Zargen und Querstreben bündig. Die Teile können jetzt abschließend zusammengefügt werden. Ich sichere alle Überblattungen zusätzlich mit Holzdübeln ab, um sie über Jahre hinweg belastbar zu machen. Man kann die Dübel selbst herstellen oder kaufen. Im Bild sind amerikanische Miller-Dübel zu sehen, die mit speziellen gestuften Bohrern verwendet werden. Mit meiner Bohrwinde und diesen Bohrern lassen sich die Löcher sehr schnell herstellen.

Treiben Sie Holzdübel durch die Überlappungen, um die Verbindungen abzusichern.

1. Verleimen Sie zuerst die Beine und Stege. Lassen Sie die Zwinge über Nacht an der Montage, während der Leim trocknet. **2.** Hobeln Sie die Zargen und Querstreben bündig, wenn der Leim getrocknet ist.

1. Bohren Sie die Löcher für den abnehmbaren Anschlag.

UM DIE ECKEN

Scharfe Ecken und Kanten an Möbelstücken und Vorrichtungen für die Werkstatt sind keine sehr gute Idee. Um eine Ecke abzurunden, legen Sie zuerst mit dem Zirkel oder mit einem Gegenstand, der sich als Schablone eignet, den gewünschten Radius fest. Im Bild verwende ich mein Streichmaß als Schablone und zeichne seinen Umriss mit dem Bleistift nach. Entfernen Sie dann den Großteil des Verschnitts mit der Absetzsäge. Das kann man nach Augenmaß machen. Arbeiten Sie die Rundung mit vorsichtigen schälenden Schnitten eines scharfen Stechbeitels nach. Eine Schneidlade als Unterlage schützt Ihre Hobelbank vor Beitelschnitten. Es ist auch immer eine gute Idee, über einem der Beine der Hobelbank zu arbeiten, da so auch größere Belastungen aufgefangen werden.
Runden abschließend mit der Raspel und der Feile ab.

2. Die Zentrierspitzen hinterlassen kleine Markierungen auf der Unterseite des Anschlags, die zeigen, wo die Gegenlöcher gebohrt werden müssen. 3. Leimen Sie Dübel in die Unterseite des Anschlags ein.

1. Bohren Sie versenkte Löcher in die Zarge, und befestigen Sie sie mit drei 40-mm-Holzschrauben an der Innenseite der Beine. **2.** Die Zarge und Querstrebe sind angebracht. **3.** Schneiden Sie ein dekoratives Profil am abnehmbaren Anschlag an, um dem Ganzen eine persönliche Note zu verleihen.

Endmontage

Wenn die Verbindungen gedübelt sind, legt man die Bretter für die Arbeitsplatte mit der Oberseite nach unten auf die Werkbank und befestigt die Seitenteile. Die Zargen und Querstreben erweisen sich dabei als nützlich, um Rechtwinkligkeit sicherzustellen und eine Ansatzfläche für Zwingen zu bieten, während ich das ganze Werkstück mit einigen Edelstahlschrauben zusammenfüge. Ich leime die Zargen und Querstreben nicht an den Beinen an, damit ich die Bank zu einem späteren Zeitpunkt gegebenenfalls wieder demontieren kann.

Die Sägebank ist jetzt fertig. Man kann sie nach Wunsch unten mit einer Ablage versehen, aber ich verzichte darauf, um ungehindert im Schlitz zwischen den Arbeitsplattenhälften sägen zu können. Zu erwähnen bleibt noch das Zierprofil, das ich am Anschlag angeschabt habe. Es ist vollkommen überflüssig. Aber es gibt dem fertigen Stück ein individuelles Aussehen. Sogar Vorrichtungen für die Werkstatt sollen ruhig gut aussehen. Das Profil war das i-Tüpfelchen, um sagen zu können, das Stück sei wirklich fertig.

DESIGN GALLERIE

1. Zwei Dübel sichern die obere Verbindung an den Beinen. **2.** Die 20-mm-Löcher an den geraden Beinen der Sägebank sind ideal für Niederhalter. **3.** Die Seite der Sägebank mit ausgestellten Beinen, der V-förmigen Aussparung und dem Anschlag.

Einer von unseren sechs Original-Klappstühlen in Cape Breton.
Sie sind fast 100 Jahre alt und dienten mir als Inspiration …

Der KLAPPSTUHL

Bildunterschrift auf S. 30 und Gedicht auf S. 31 verweisen auf den Originaltitel „Funeral Chair“ (Begräbnisstuhl) – zum kulturellen Hintergrund s. Kasten auf S. 35

„Da ich nicht für
den Tod anhalten wollte,
war er so freundlich,
für mich anzuhalten.“

Emily Dickinson

Detail Enthälsung

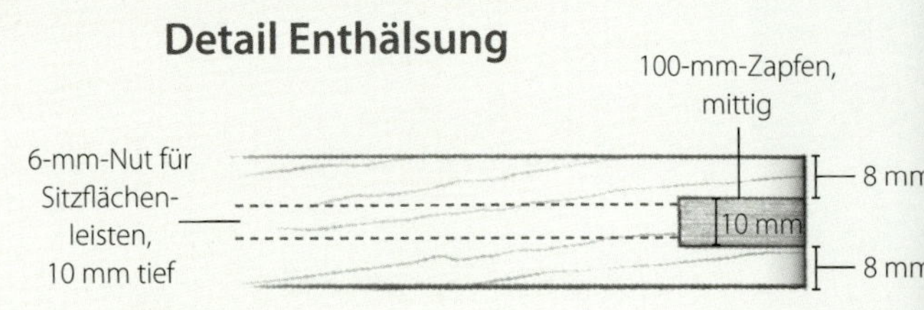

Sitzflächenleisten (Seitenansicht)

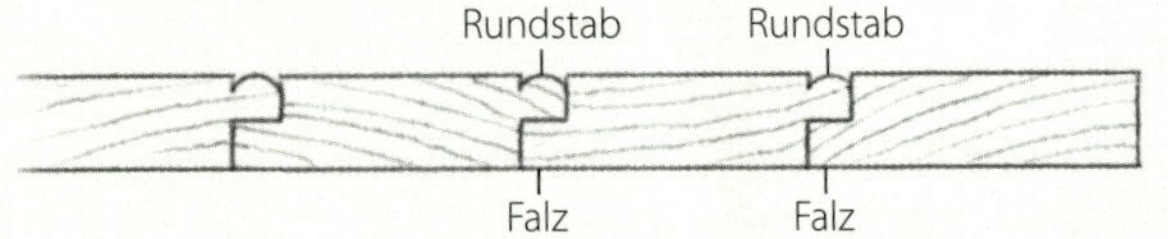

Sitzfläche

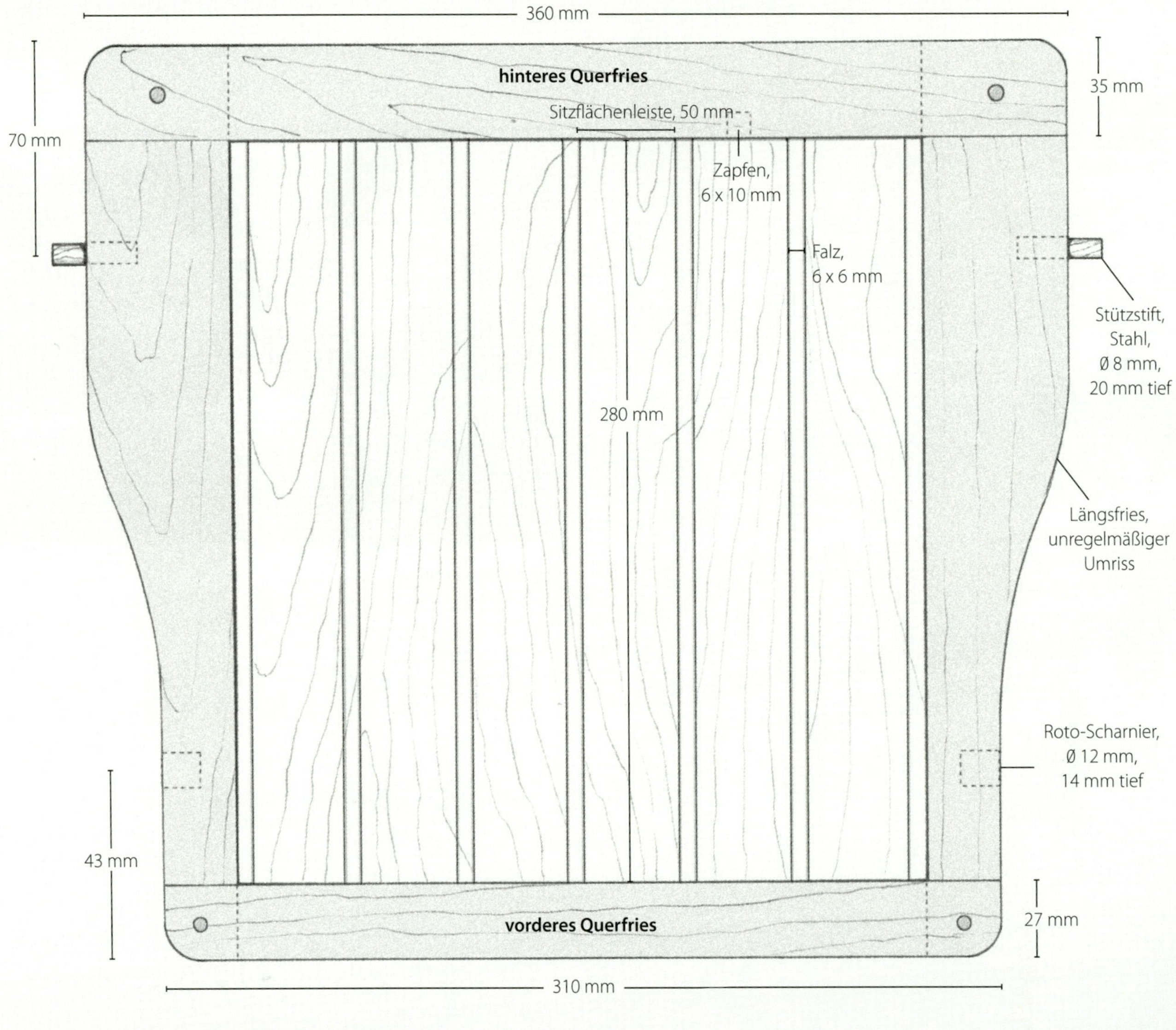

360 mm

hinteres Querfries

Sitzflächenleiste, 50 mm

35 mm

70 mm

Zapfen,
6 x 10 mm

Falz,
6 x 6 mm

Stützstift,
Stahl,
Ø 8 mm,
20 mm tief

280 mm

Längsfries,
unregelmäßiger
Umriss

Roto-Scharnier,
Ø 12 mm,
14 mm tief

43 mm

vorderes Querfries

27 mm

310 mm

Sie können ein Exemplar herstellen oder ein Dutzend. Ein schlichter, aber eleganter Klappstuhl wie dieser ist perfekt für eine unerwartete größere Schar von Besuchern. Wenn sie nicht benötigt werden, kann man sie einfach an einem Haken aufhängen, bis es das nächste Mal einen Anlass wie eine Hochzeits- oder Begräbnisfeier gibt oder man eine Party feiern möchte.

Das Schöne an dem Entwurf ist, dass man einfach einige Stücke seines liebsten Laubholzes (100 x 100 x 1000 mm) zur Hand nehmen kann, sie auf der neuen Sägebank, die man gerade hergestellt hat (siehe S. 17), auf Breite sägen kann, und so im Nu die Stückliste abgearbeitet hat. Man benötigt nicht viel Material für einen Stuhl und die Arbeit sollte auch in wenigen Tagen erledigt sein.

Stückliste

Hinterbeine	2	25 x 40 x 915 mm
Vorderbeine	2	25 x 40 x 520 mm
Rückenlehne	1	24 x 105 x 410 mm
vordere Querstrebe	1	12 x 30 x 410 mm
Hintere Querstreben	2	22 x 28 x 340 mm
Sitzflächenrahmen		
Längsfriese (Umriss nach Zeichnung)	2	25 x 55 x 330 mm
hinteres Querfries	1	25 x 32 x 360 mm
vorderes Querfries	1	25 x 27 x 310 mm
Sitzflächenleisten	6	12 x 22 x 280 mm
Beschläge		
Roto-Scharniere	4	Ø 12 mm
Stahlstange	2	Ø (ca.) 15 mm x 30 mm

… und dies ist meine Interpretation: ein moderner Klappstuhl aus Kirsche und Ahorn.

Stuhlgestell

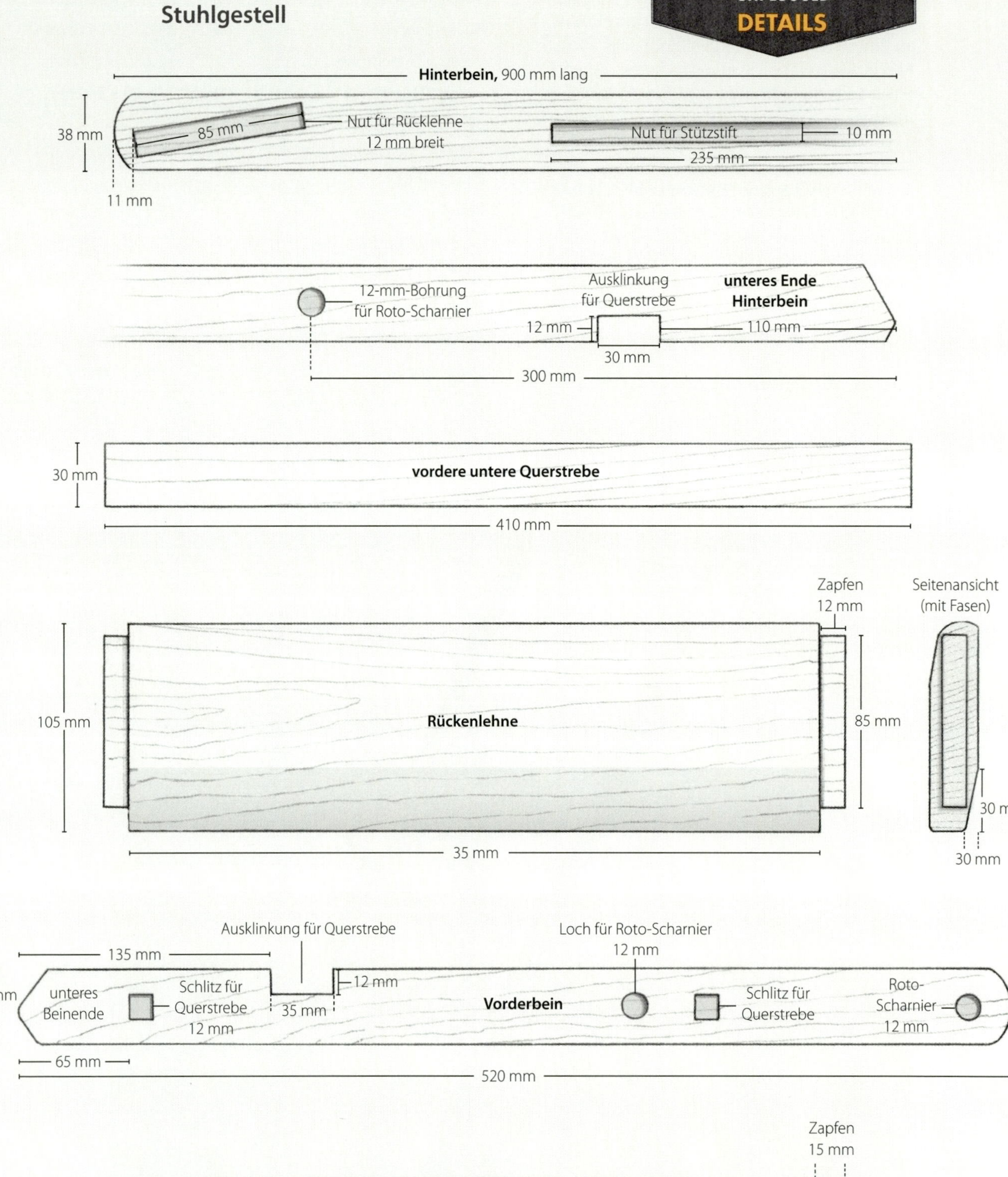

Vorbereitung des Materials

Jedes Werkstück beginnt mit der Holzauswahl, und dieses macht keine Ausnahme. Für den Rahmen habe ich riftgeschnittenes Kirschholz verwendet, das ich auf Vorrat hatte. Die Sitzfläche aus Riegelahorn ist ein schöner Kontrast. Falls das jedoch nicht Ihrem Geschmack entspricht, können Sie jede andere Holzart verwenden, die Ihnen gefällt. Sägen Sie zuerst das Material auf die angegebenen Breiten, und längen Sie es dann ab (siehe Stückliste auf S. 33). Nach dem groben Zuschnitt werden die Bauteile mit Handhobeln rechtwinklig abgerichtet. Nur die beiden Längsfriese des Sitzrahmens haben geschwungene Außenkanten, die mit der Klobsäge und dem Schweifhobel jedoch leicht anzuarbeiten sind.

Zuerst die Sitzfläche

Stellen Sie eine Arbeitszeichnung im Maßstab 1 : 1 her, und verwenden Sie sie, um die Einhälsungen für den Rahmen der Sitzfläche anzureißen. Der vordere Querfries bleibt lang, bis die Längsfriese ihre endgültige Form erhalten haben. Beim Bearbeiten der geschwungenen Kanten kann es schnell passieren, dass

Wo in der deutschen Ausgabe in diesem Kapitel Klappstuhl steht, findet sich in der englischsprachigen Originalausgabe der Begriff Funeral Chair. Also „Begräbnisstuhl", ein im deutschen Sprachraum unbekannter Begriff. Wir haben es daher etwas schlichter mit Klappstuhl übertragen.

In frühen Religionen gab es die Sitte, den oder die Verstorbene aufrecht auf einen Stuhl zu setzen, für die Dauer der Trauerperiode. Auch existiert ein jüdischer Brauch, dass die Trauernden auf einem tiefen Stuhl sitzen zum Zeichen für ihr Bewusstsein, dass sich durch den Todesfall etwas verändert habe und sie dem Grund, in dem die verstorbene Person beerdigt wird, nahe sein wollen.

Diese Zusammenhänge machen auch verständlich, warum Tom Fidgen die Zeilen von Emily Dickinson auf S. 31 für diese Kapitel ausgewählt hat.

Die geschwungenen Außenseiten der Längsfriese werden mit der Gestellsäge grob vorgeschnitten und mit dem Schweifhobel nachgearbeitet. Eine Arbeitszeichnung im Maßstab 1 : 1 ist dafür wichtig.

man etwas zu viel Material abnimmt, sodass die vorderen Enden der Längsfriese etwas schmaler sind als in den Zeichnungen vorgesehen. Das ist nicht weiter schlimm. Gehen Sie einfach von den tatsächlichen Maßen aus, und schneiden Sie den vorderen Querfries auf die Gesamtbreite der Sitzfläche zu, nachdem Sie die Längsfriese zu Ende geformt haben.

Wenn die Längsfriese geformt und die Querfriese auf Maß geschnitten sind, werden die Einhälsungen angerissen. Verwenden Sie dazu das Streichmaß und markieren Sie den Verschnitt mit Bleistift (siehe Fotos auf gegenüberliegender Seite).

Die Einhälsungen schneiden

Spannen Sie das Material senkrecht in die Bankzange ein. Je tiefer es dabei sitzt, desto sicherer wird es gehalten. Die Schnitte laufen in Faserrichtung, man benötigt also eine gute Schlitzsäge. Setzen Sie den Schnitt am entfernten Ende des Werkstücks an, und versuchen Sie, den Riss zu halbieren.

Die Säge wird locker gehalten und etwas in das Werkstück geneigt. Der Daumen und ein Finger dienen als Führung für das Sägeblatt (siehe Fotos auf S. 38). Sägen Sie vorsichtig auf Zug in das Hirnholz ein, und behalten Sie dabei den Riss im Auge. Senken Sie das Sägeblatt langsam auf das Holz ab. Mit etwas Übung sollte es Ihnen gelingen, die Säge genau in die gewünschte Position zu bringen. Wenn Sie die Sägefuge über das Hirnholz hinweg angelegt

IM LOT BLEIBEN

Ich habe schon viele verschiedene Methoden gesehen, um mit der Säge Verbindungen zu schneiden. Meist wird das Werkstück dabei schräg in die Bankzange eingespannt und muss während der Arbeit mehrmals neu positioniert werden. Ich habe mich damit nie richtig anfreunden können und finde, dass man etwas schneller vorankommt, wenn man das Werkstück senkrecht einspannt. Mir kommt diese Methode entgegen, vielleicht möchten Sie es auch einmal damit versuchen?

TIPP

Die Friese für den Sitzflächenrahmen vor dem Anschneiden der Verbindungen.

Die Einhälsungen werden an den Friesen angerissen.

haben, können Sie sich auf den senkrechten Riss auf der Ihnen zugewandten Seite konzentrieren.

Neigen Sie die Säge allmählich nach oben, und sägen Sie am Riss in der Schmalseite des Werkstücks nach unten. Die Säge darf dabei nicht aus der Fuge im Hirnholz gehoben werden. Behalten Sie den Riss im Auge, und neigen Sie die Säge weiter, bis Sie unten zum Brüstungsriss gelangt sind. Sie werden beim Sägen des senkrechten Schnitts feststellen, dass die Säge der im Hirnholz angelegten Fuge folgt.

Wenn Sie den unteren Brüstungsriss erreicht haben, können Sie den Schnitt zu Ende führen. Die beiden Fugen führen das Sägeblatt, Sie müssen nur noch darauf achten, auf der gegenüberliegenden Schmalseite bis zur richtigen Tiefe zu sägen. Sägen Sie langsam nach unten, und visieren Sie über die Oberkante, während sich der Schnitt der Waagerechten nähert. Auf den Fotos auf S. 38 sieht man, dass mein Daumen zwar nicht mehr das Sägeblatt führt, dass ich aber das Werkstück immer noch halte. So kann ich auf unbestimmte Weise den Schnitt immer noch ‚fühlen' und bleibe besser in der Senkrechten.

Bei Einhälsungen muss dann am geschlitzten Gegenstück der Verbindung der Verschnitt entfernt werden. Je nach Größe des Werkstücks verwende ich eine Laubsäge (bei kleineren Arbeiten) oder eine Bogensäge (bei Verbindungen im Material ab 50 mm Stärke). Bei diesem Klappstuhl reicht die Laubsäge. Führen Sie das Blatt der Laubsäge in die mit der Schlitzsäge geschnittene Fuge ein, und sägen Sie den Verschnitt heraus.

Danach werden am Zapfenstück der Einhälsung auf die gleiche Weise die Brüstungen angeschnitten. Das Werkstück wird an einer Sägelade angelegt und der Schnitt auf der

Der Verschnitt wird an jeder Verbindung gekennzeichnet.

1. Setzen Sie den Schnitt auf der entfernten Seite des Werkstücks an. Die Säge ist nach hinten geneigt. **2.** Senken Sie die Säge in das Werkstück ab. **3.** Neigen Sie die Säge nach oben, und sägen Sie an den Vorderkanten hinab. **4.** Neigen Sie die Säge weiter, bis Sie unteren Riss erreichen. **5.** Bringen Sie die Säge in die Waagerechte, um den Schnitt fertig zu stellen. **6.** Die fertigen senkrechten Schnitte.

Das Gegenstück der Einhälsung wird mit der Laubsäge geschnitten. Der Grund der Verbindung wird abschließend mit dem Stechbeitel verputzt.

entfernten Seite angesetzt. Das Sägeblatt wird langsam in das Holz abgesenkt, um die Sägefuge über die Breite des Stücks anzulegen. Wenn die Fuge genau mittig im Riss liegt, können Sie sich darauf konzentrieren, den Schnitt senkrecht nach unten zu führen, um die Brüstung zu schneiden. Stecken Sie den Rahmen der Sitzfläche trocken zusammen, wenn Sie die Einhälsungen geschnitten haben.

Die Nut für die Sitzflächenleisten schneiden

Wenn die Einhälsungen angeschnitten sind, wird an den Innenseiten der beiden Querfriese die 10 mm tiefe Nut geschnitten, in welche die Leisten der Sitzfläche eingelegt werden. Die Nut führt jeweils bis in die vorhandenen Einhälsungen, ist also am fertigen Stuhl nicht im Hirnholz sichtbar. Ich verwende einen kleinen Grundhobel mit einem 6-mm-Eisen, um die Nut zu schneiden (siehe Foto oben auf S. 40).

Die Löcher für die Scharniere und die Stützstifte bohren

Als nächstes werden in die Längsfriese der Sitzfläche Löcher für die Roto-Scharniere und die Stützstifte für den Sitz gebohrt. Ich habe für die Stifte Rundstahl mit 8 mm Durchmes-

Die Brüstungen werden auf ähnliche Weise geschnitten; man setzt den Schnitt auf der entfernten Seite des Werkstücks an und neigt die Säge bis in die Waagerechte, um ihn zu Ende zu führen.

Die Nut für die Zapfen an den Sitzflächenleisten liegt in den zuvor geschnittenen Einhälsungen.

Wenn man die Nut mit einem Streichmaß mit Messer anreißt, bevor man den Verschnitt mit dem Nuthobel entfernt, werden die Kanten sauberer.

ser verwendet. Sie können Stifte jedes ähnlichen Durchmessers verwenden; ich würde nicht bis auf 6 mm hinab und nicht über 12 mm hinaus gehen.

Achten Sie darauf, dass die Schlitze in den hinteren Beinen auf den Durchmesser der Stifte abgestimmt sind. Aus der Zeichnung auf S. 32 ist die genaue Positionierung zu entnehmen. Spannen Sie die Bauteile zusammen, und reißen Sie die Bohrungen gemeinsam an, damit sie übereinstimmen.

Verbindungen am Stuhlgestell

Meine alten Klappstühle haben Gestelle, die gedübelt, geschraubt und stumpf auf Stoß verbunden sind. Das könnte man als ausreichend betrachten (und unsere sechs Exemplare haben sich jahrelang sehr gut gehalten), aber da es bei diesem Werkstück auch darum geht, die tischlerischen Fähigkeiten zu erweitern, habe ich außer den Einhälsungen für den Sitzflächenrahmen noch Schlitz-und-Zapfen-Verbindungen und Überblattungen vorgesehen.

1. Ein kleiner Winkel, den man auf das Werkstück stellt, sorgt dafür, dass das Bohrloch senkrecht verläuft. 2. Die 5-mm-Löcher für die Stützstifte und die 12-mm-Löcher für die Roto-Scharniere sind die letzten Arbeitsschritte an den Längsfriesen des Sitzflächenrahmens.

Reißen Sie zuerst an den beiden hinteren Beinen die oberen schrägen Schlitze für die Zapfen am Rücken an. Mit einer Papierschablone ist das leichter. Zeichnen Sie den Schlitz im Maßstab 1 : 1 auf Pauspapier, und übertragen Sie die Ecken der Schlitze auf das Holz, indem Sie mit einer Ahle durch das Papier stechen (siehe Foto oben links auf S. 42). Dann wird der Umriss mit Bleistift eingezeichnet und mit dem Messer angerissen. Der Verschnitt wird mit einem 12-mm-Bohrer entfernt und der Schlitz dann mit dem Beitel rechtwinklig nachgestochen.

Markieren Sie weiter unten an den hinteren Beinen dann die Lage der Roto-Scharniere und die Schlitze für die Stützstifte. Der Schlitz für die Stifte ist einfach eine lange Nut, bei der ich den Verschnitt schnell mit Bohrwinde und Bohrer entferne. Dann werden die Wandungen nachgestochen und der Grund mit dem Grundhobel geebnet. Die Löcher für die Roto-Scharniere werden mit einem 12-mm-Bohrer auf 14 mm Tiefe gebohrt.

Als nächstes werden an den hinteren Beinen die Ausklinkungen für die vordere untere Querstrebe angerissen und geschnitten (siehe Foto oben auf S. 43). Sägen Sie mehrmals im Verschnitt ein, und verputzen Sie die Verbindung mit dem Stechbeitel. Stechen Sie von einer Seite bis etwa zur halben Holzstärke ein. So verringern Sie die Gefahr von Faserausrissen auf der gegenüberliegenden Seite. Drehen Sie das Bein um, und entfernen Sie den Verschnitt vollständig von der anderen

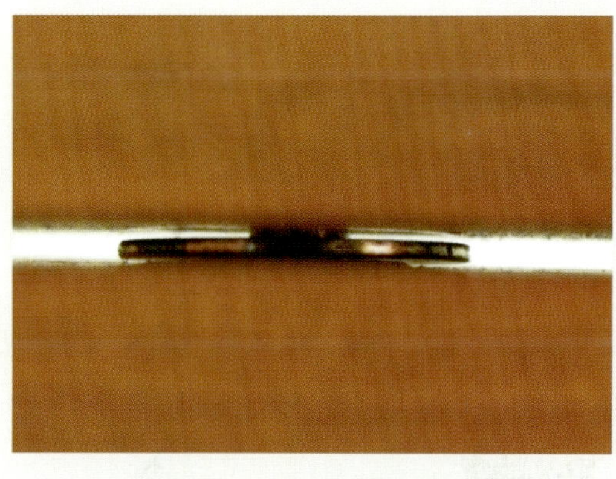

ROTO-SCHARNIERE

Ich bin vor etwa 10 Jahren erstmals auf die Roto-Scharniere gestoßen, als ich an einem kleinen Werkstück für mein Haus in Cape Breton arbeitete. Sie sind immer dann sehr nützlich, wenn an einem Werkstück eine Drehachse erforderlich ist. Die Scharniere sind in unterschiedlichen Größen zu erhalten. Sie lassen sich einfach und schnell anbringen. Man bohrt ein Loch, gibt etwas Leim an und steckt das Scharnier vorsichtig ein.

Warum sollte man sich mit schwierigen Winkeleinstellungen und Messungen mit dem Lineal abmühen? Eine Arbeitszeichnung im Maßstab 1 : 1 auf Pauspapier, die man auf das Werkpapier überträgt, erleichtert die Arbeit ungemein.

Ich verstehe nicht, warum manche Holzwerker nur den Stechbeitel verwenden, um Schlitze zu schneiden. Es ist nichts gegen die Methode als solche einzuwenden, aber wenn man die Bohrwinde und einen Bohrer zu Hilfe nimmt, geht es doch schneller.

Seite her. Stecken Sie die untere Querstrebe trocken ein, nachdem Sie die Ausklinkungen geschnitten haben. Arbeiten Sie sich langsam an die Passung heran; falls die Querstrebe zu breit ist, versuchen Sie nicht, die Ausklinkung zu verbreitern, sondern hobeln Sie die Strebe vorsichtig nach, bis sie passt.

Dann werden die kürzeren Vorderbeine auf die gleiche Weise bearbeitet. Markieren Sie die Lage der Roto-Scharniere und der beiden Schlitze für die hinteren Querstreben (siehe mittleres Foto auf S. 43).

Die Schlitze messen 12 x 12 mm und sind 15 mm tief. Die Verbindungen am Werkstück haben alle recht einheitliche Abmessungen, sodass man mit Werkzeug in nur wenigen Größen die meisten Arbeiten schnell ausgeführt hat.

Die Zapfen an der Stuhllehne und den Querstreben anschneiden

Wenn die Verbindungen an den Beinen angeschnitten sind, kommen die Stuhllehne und die beiden Querstreben zwischen den Beinen an die Reihe. Reißen Sie die Zapfen nach der Zeichnung auf S. 34 an, und sägen Sie sie nach den grundlegenden Verfahren frei, die zuvor beschrieben wurden (siehe untere Fotos auf S. 43). Stecken Sie die Verbindungen probeweise trocken während der Arbeit zusammen.

1. Die Nut für die Stützstifte wird mit Bohrwinde und Bohrer grob vorgeschnitten. **2.** Die Wandungen werden mit dem Beitel rechtwinklig nachgestemmt. **3.** Ein großer Grundhobel ist ideal, um den Grund der Nut zu schneiden und so ihre Tiefe festzulegen.

Die Ausklinkung für die vordere Querstrebe unten wird mit dem Beitel gestochen.

Die Lage der Schlitze für die Querstreben wird angerissen.

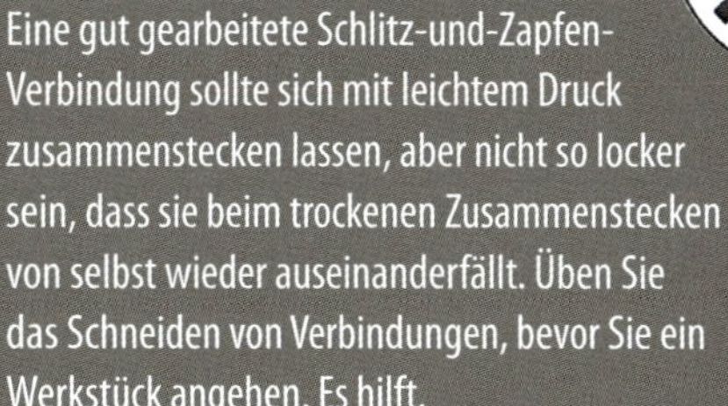

TIPP

Eine gut gearbeitete Schlitz-und-Zapfen-Verbindung sollte sich mit leichtem Druck zusammenstecken lassen, aber nicht so locker sein, dass sie beim trockenen Zusammenstecken von selbst wieder auseinanderfällt. Üben Sie das Schneiden von Verbindungen, bevor Sie ein Werkstück angehen. Es hilft.

Formgebung der Streben und der Stuhllehne

Man kann die Querstreben rechteckig belassen und nur die Kanten anfasen, aber ich entschied mich, sie zu einem ovalen Querschnitt abzurunden. Verwenden Sie zwei hohe Bankhaken (siehe S. 44), um die Kanten abzuhobeln und zuerst einen achteckigen Querschnitt zu erhalten. Wenn Sie sich einige Male um die Querstrebe herum arbeiten, nimmt das Oval langsam Form an.

Die Stuhllehne muss vorne oben und unten hinten breit angefast werden, um mit den hinteren Beinen bündig abzuschließen. Reißen Sie entsprechende Hilfslinien an, und schneiden Sie die Fase an. Die Fase beginnt 6 mm von der Außenkante der Stuhllehne und reicht 30 mm nach unten (siehe Zeichnung auf S. 34).

1. Um die Zapfen an den hinteren Querstreben zu schneiden, wird der Rohling senkrecht in der Bankzange eingespannt, während man mit vier Schnitten die Wangen schneidet. Dann werden in der Sägelade die Brüstungen geschnitten. **2.** Wenn man die Brüstungen geschnitten hat, wird der Zapfen mit dem Stechbeitel verputzt und die Verbindungen werden trocken zusammengesteckt.

Hohe Bankhaken

Ich verwende diese hohen Bankhaken, wenn ich ein Werkstück über der Arbeitsfläche bearbeiten möchte. Sie passen in die Hakenlöcher meiner Hobelbank und heben das Werkstück an, sodass es leichter ist, Möbelteile mit dem Hobel oder Schweifhobel zu bearbeiten. Reißen Sie die Umrisse der beiden Bankhaken gemäß der untenstehenden Zeichnung an. Ich habe für meine Exemplare Ahornholz verwendet. Sägen Sie die Form aus, und verputzen Sie die Kanten. Arbeiten Sie den unteren Zapfen nach, sodass er stramm in die Löcher in Ihrer Hobelbank passt. Falls die Hakenlöcher Ihrer Bank rund sind, müssen die Zapfen entsprechend abgerundet werden. Bohren Sie Führungslöcher durch das Oberteil des Bankhakens, und drehen Schrauben in die Löcher. Stecken Sie einen der Bankhaken in die Arbeitsfläche der Bank und einen in ein Hakenloch auf der Hinterzange der Bank. Das Werkstück wird zwischen den beiden Haken eingespannt. Die Schraubenspitzen ragen nur so viel hervor, dass sie etwas in das Werkstück gedrückt werden, wenn man die Hinterzange anzieht.

1. Mit hohen Bankhaken ist das Abrunden von Werkstücken eine einfache Arbeit. **2.** Verwenden Sie einen vorhandenen Bankhaken, um die Umrisse der hohen Bankhaken anzureißen. **3.** Sägen Sie die Form aus, und bohren Sie Führungslöcher für die Schrauben. **4.** Die hohen Bankhaken machen das Abrunden von Möbelteilen leicht und angenehm. **5.** Detail der Schraube im Oberteil des Bankhakens.

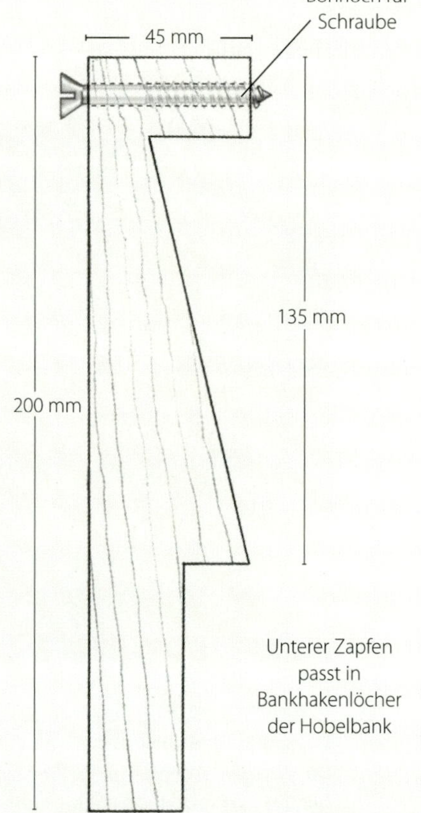

1. Hobeln Sie die Kanten wiederholt ab, bis Sie sich der gewünschten Form angenähert haben.
2. Die letzten Facetten werden mit Schleifpapier abgenommen, um den ovalen Querschnitt annähernd rund zu machen. Perfekt muss das Ergebnis nicht sein.

Formgebung der oberen und unteren Enden der Beine

Wenn die Verbindungen am Stuhl alle angeschnitten sind, werden die oberen und unteren Enden der Beine so geformt beziehungsweise angeschnitten, wie es aus der Zeichnung auf S. 34 zu ersehen ist. Um die Rundung am oberen Ende zu formen, wird zuerst eine Reihe von Sägeschnitten in der Sägelade ausgeführt, um die Form grob vorzuschneiden, dann wird die Rundung mit den Beitel nachgestochen. Schließlich erfolgt noch etwas Feinarbeit mit einer Feile und einem Stück feinem Schleifpapier.

Als nächstes werden die Winkelschnitte am unteren Ende der Beine angerissen, wie im Foto auf S. 46 zu sehen. Auch sie werden in der Sägelade ausgeführt. Die Kanten werden mit dem Einhandhobel leicht angefast.

1. Nehmen Sie den Verschnitt von der Rücklehne mit der Kurzraubank ab und arbeiten Sie dann die Form mit einem Hirnholzhobel mit niedrigem Schnittwinkel ab. Runden Sie abschließend die Außenkante etwas ab. **2.** Stecken Sie die Schlitz-und-Zapfen-Verbindungen an der Rücklehne trocken zusammen. **3.** Schneiden Sie das runde obere Ende der Stuhlbeine mit der Absetzsäge in der Sägelade grob vor.

MIT DEM BEITEL NACHSTECHEN

TIPP

Feine Abstechschnitte mit dem Beitel führt man aus, indem man einen Finger um die Klinge legt und den Rest der Hand auf der Arbeitsfläche ruhen lässt. Der Beitel wird aus der Schulter heraus durch das Hirnholz gedrückt. Stellen Sie sicher, dass Ihre Stechbeitel scharf sind, und Sie werden auch beim Abstechen einer feinen Kurve mit dieser Methode keine Probleme haben.

Die Leisten für die Sitzfläche herstellen

Nachdem die Beine und die wichtigsten Verbindungen des Gestells fertiggestellt sind, folgt als nächster Schritt die Herstellung der Leisten für die Sitzfläche. Bei den sechs Stühlen, aus denen mein Originalsatz bestand, waren die Leisten auf die Größe der Sitzfläche zugeschnitten und direkt auf dem Rahmen festgeschraubt (siehe Foto auf S. 30/31).

Die Nut im Rahmen der Sitzfläche verbessert die Konstruktion und fügt weitere Verbindungsvarianten hinzu.

Die Leisten werden in die Nut eingelegt und müssen darin schwinden und quellen können. Ich maß die lichte Weite des Sitzflächenrahmens und entschied mich, sechs Leisten mit einer Breite von 48 mm mit einer Überlappung von 6 mm anzufertigen. An beiden Seiten sollte eine Dehnungsfuge von 3 mm verbleiben.

Schneiden Sie zuerst das Material (in meinem Fall Riegelahorn) grob zu und bringen Sie es in der Stoßlade auf Endmaß. Dann werden die Außenkanten der Leisten mit einem 6 mm breiten Falz versehen. Die beiden Außenleisten erhalten nur auf der Innenkante

Die unteren Enden der Beine werden mit der Schmiege angerissen.

1. Insgesamt werden fünf Wechselfälze geschnitten; die Außenkanten der äußeren Leisten werden nicht gefälzt. **2.** An der oberen Kante der Leisten kann nach Wunsch ein Schmuckprofil angeschnitten werden. **3.** In der Schneidlade werden die Zapfenbrüstungen angeschnitten. Die Wangen werden bei senkrecht in der Bankzange eingespanntem Werkstück freigesägt. **4.** An den Außenkanten der Leisten verbleibt eine Fuge von 3 mm, um dem Holz das Arbeiten zu ermöglichen.

einen Falz, die anderen auf beiden Seiten. Die Leisten werden jeweils an einer Kante oben und an der anderen unten gefälzt, um den erwünschten Wechselfalz zu erzielen. Ich habe die Fälze mit einem Falzhobel angeschnitten und mit dem Simshobel nachgearbeitet.

Man kann die Leisten danach so belassen oder die Kanten leicht anfasen. Ich habe an der einen Kante jeweils einen kleinen Halbstab angeschnitten, der auch hilft, kleine Fugen zu verbergen, die sich öffnen können, wenn das Holz arbeitet. Die Leiste an der rechten Seite erhält an beiden Kanten einen Halbstab, alle anderen nur an der linken Kante.

Die Nut, die Sie zuvor in den Rahmen der Sitzfläche geschnitten haben, ist 6 mm breit und 5 mm tief. Die Zapfen an den Enden der Leisten müssen in die Nut passen. Reißen Sie sie entsprechend an, und schneiden Sie sie dann frei. Nehmen Sie die Schnitte an allen sechs Leisten vor, und stecken Sie die Teile dann trocken zusammen.

Oberflächenbehandlung

Bei einem Werkstück wie diesem ist es sehr viel leichter, die Oberflächen der Bauteile zu behandeln, bevor man sie zusammenbaut. Ich verwende eine Öl-Lack-Mischung (siehe S. 14), die leicht instand zu haltende, aber jahrelang haltbare Oberflächen ergibt. Sie lässt sich leicht auftragen: Man verteilt sie mit einem Lappen auf der Oberfläche, wartet eine Stunde, und nimmt den Überstand ab. Die Prozedur wird so oft wiederholt, bis man die gewünschte Oberflächenwirkung erzielt hat. Je mehr man das Mittel einreibt, desto stärker glänzt das Holz. Ich beließ es bei drei Schichten.

Vor dem Verleimen werden alle Bauteile mit einer Öl-Lack-Mischung vorbehandelt.

Die Stützstifte werden aus einer 8 mm starken Stahlstange zugeschnitten.

Ich lasse die Oberflächen über Nacht ruhen, bevor ich das Werkstück verleime. Man kann die Zeit nutzen, um die benötigten Hilfsmittel zurecht zu legen und die Stahlstifte, auf denen die Sitzfläche ruht, auf 30 mm Länge zuzuschneiden, falls man das nicht schon getan hat. Ich verwende dazu einen kleinen Metallschraubstock an meiner Werkbank. Mit einer Metallbügelsäge ist das Ablängen schnell erledigt. Entgraten Sie die Enden nach dem Sägen mit einer Metallfeile.

TIPP

Eine trockene Probemontage vor dem Verleimen ist ein wichtiger Arbeitsschritt. Wenn dann beim Verleimen doch noch Probleme auftauchen? Nun, hoffentlich haben Sie wie ich warmen Glutinleim verwendet. Diese Verleimungen lassen sich wieder lösen.

Das Verleimen

Der Stuhl muss in Etappen verleimt werden, da ein Bauteil innerhalb des anderen sitzt. Zuerst wird die Sitzfläche verleimt, dann als Ganzes in die Teilmontage der Vorderbeine eingeleimt. Wenn diese Montage trocken ist, wird sie abschließend zwischen die hinteren Beine eingeleimt. Wie das gemeint ist, wird im Folgenden deutlich.

Die Sitzfläche

Zuerst wird die Sitzfläche zusammengebaut. Legen Sie zwei Zulagen mit 3 mm Stärke zwischen die Leisten und den Rahmen, damit die Leisten mittig im Rahmen sitzen, während der Leim der Teilmontage trocknet. Geben Sie

Die Einhälsungen an den Ecken des Sitzflächenrahmens werden mit Dübeln verstärkt. Die Dübel werden bündig gesägt und mit einem scharfen Stechbeitel verputzt.

nur eine geringe Menge Leim an die Leisten an, sodass sie zusammenhalten, während Sie arbeiten. Die Leisten werden nicht in den Rahmen der Sitzfläche eingeleimt, sondern lose eingelegt.

Eine gut gearbeitete Einhälsung hat eine große Leimfläche mit Längsholz und überdauert viele Jahre des Gebrauchs, aber ich verstärke die Verbindung dennoch gerne mit Dübeln, nicht nur, um sie zu verstärken, sondern auch als Schmuckelement. Bohren Sie entsprechende Löcher durch die Einhälsungen, und treiben Sie Dübel ein, solange die Zwingen noch am Bauteil sitzen. Sägen Sie die Dübel mit einer Dübelsäge bündig ab, und verputzen Sie sie mit einem scharfen Stechbeitel.

Wenn die Dübel verputzt und die Zwingen abgenommen worden sind, können die Ecken der Sitzfläche abgerundet werden. Markieren Sie den Verschnitt und gehen Sie genauso vor wie oben für das Abrunden der oberen Stuhlbeinenden beschrieben. Mit einigen Sägeschnitten wird die Form grob vorgeschnitten und dann mit dem Stechbeitel nachgearbeitet. Runden Sie mit einer feinen Raspel oder Feile nach, und frischen Sie die Oberfläche mit etwas Öl-Lack-Gemisch auf.

Zuerst wird der Sitzflächenrahmen verleimt.

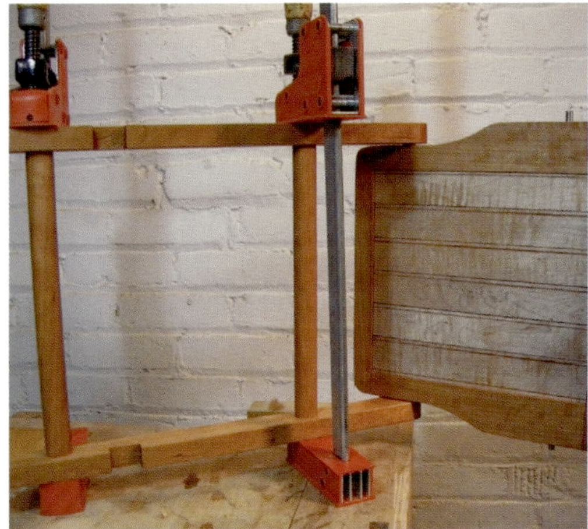

1. Legen Sie die Sitzfläche zwischen die Vorderbeine und verleimen Sie die Vorderbeinteilmontage.
2. Geben Sie Leim an die Rücklehne und Hinterbeine an, stellen Sie die Montage aus Sitzfläche und Vorderbeinen dazwischen, und setzen Sie Zwingen an.

Die Beinmontagen

Als nächstes werden die Vorderbeine verleimt. Leimen Sie die Roto-Scharniere und die Stützstifte in die Seiten der Sitzfläche ein, und spannen Sie dann die Vorderbeine (mit den Querstreben) an der Sitzfläche fest. Wenn der Leim trocken ist, können Sie zur letzten Teilmontage übergehen: den hinteren Beinen. Auch hier werden zuerst die Roto-Scharniere eingeleimt und dann die Teilmontage aus Sitzfläche und Vorderbeinen zwischen den hinteren Beinen eingeleimt. Zur gleichen Zeit werden auch die Rückenlehne und die untere vordere Querstrebe eingeleimt.

Wenn Sie die Zwingen abgenommen haben, legen Sie den Stuhl flach auf Ihre Werkbank und kontrollieren, dass sich alle Teile wie vorgesehen bewegen lassen. Das Schöne an diesem Entwurf ist, dass der Stuhl flach zusammengeklappt stehend, liegend oder hängend gelagert werden kann.

TIPP

Ich habe auch die anderen Verbindungen mit Dübeln gesichert. Falls Ihnen diese Variante gefällt, bohren Sie die Löcher und stecken Sie die Dübel ein, während der Leim anzieht und die Zwingen noch angesetzt sind. Sägen Sie die Dübel dann mit einer Dübelsäge bündig, und verputzen Sie mit dem Stechbeitel.

Legen Sie den Stuhl zusammengeklappt auf die Werkbank ... und stellen Sie ihn dann auf, um zu kontrollieren, dass die Scharniere leichtgängig funktionieren.

DESIGN GALLERIE

1. Im direkten Vergleich: Welche Version gefällt Ihnen besser?
2. Detail der Einhälsung
3. Detail der Sitzfläche in Leder

1

2

3

Variante mit Ledersitz

Die Version des Klappstuhls aus Kirsche und Riegelahorn ist die zweite, die ich hergestellt habe. Die erste war aus Mahagoni, und die Sitzfläche war mit 3 mm starkem Leder bespannt. Falls Sie diese Variante versuchen möchten, folgt hier die Anleitung. Der einzige Unterschied – von einigen etwas anders geformten Bauteilen abgesehen – zwischen den beiden Stühlen ist die Sitzfläche.

Den Falz anschneiden

Wenn die Teile des Sitzflächenrahmens zugeschnitten und die Einhälsungen angeschnitten sind, reißen Sie etwa 12 mm von der Außenkante entfernt eine umlaufende Linie an. Folgen Sie dabei der Außenkontur des Rahmens einschließlich der abgerundeten Teile der Längsfriese. Vom Riss bis zur Innenkante wird das Holz 3 mm tief entfernt, um einen Falz an der Innenseite des Sitzflächenrahmens zu schaffen. In diesem Falz wird das 3 mm starke Leder eingelegt und befestigt. Verwenden Sie ein Anreißmesser, um tiefe Risse anzubringen, und entfernen Sie den Verschnitt mit dem Grundhobel und einem Stechbeitel. Der Radius der Ecken wird mit einem passenden Hohlbeitel festgelegt. In dieser Version muss keine Nut für die Sitzflächenleisten geschnitten werden, aber das liegt vermutlich auf der Hand.

Eine Schablone herstellen

Als nächstes wird eine Schablone für die Sitzfläche aus Leder hergestellt. Fertigen Sie die Schablone zuerst aus Pauspapier an, und passen Sie sie in den Falz ein. Übertragen Sie diese Form dann auf stärkeren Karton, um die Arbeitsschablone zu erhalten. Die Schablone muss etwas kleiner sein als die gegebene Öffnung, da sich das Leder etwas dehnt. Ein Mindermaß von etwa 1,5 mm auf allen Seiten scheint gut zu funktionieren.

1. Der Riss am Sitzflächenrahmen wird tief eingeschnitten. **2.** Mit dem Rundbeitel wird der Radius der Ecken festgelegt. **3.** Der 3 mm tiefe Falz wird mit Grundhobel und Stechbeitel geschnitten.

Legen Sie die Papierschablone in den Falz des Sitzflächenrahmens ein.

Beschweren Sie die Kartonschablonen mit Holzklötzen, um sie eben zu halten, während Sie den Umriss mit einer Ahle nachziehen.

Das Leder einpassen

Schneiden Sie das Leder mit einem scharfen Messer und polieren Sie die Schnittkanten mit einem Schleifklotz. Reiben Sie es dann großzügig mit Bienenwachs ein. Das Wachs schützt das Leder und macht es weicher. Außerdem erhält das Leder dadurch einen tiefen Glanz, der gut zum geölten Mahagoni des Stuhls passt.

Legen Sie das Leder in die Öffnung, und heften Sie es mit Polsternägeln aus Messing im Abstand von etwa 40 mm am gesamten Umfang an. Es kann sein, dass Sie ein Paar helfende Hände benötigen, wenn Sie versuchen, das Leder der Öffnung entsprechend zu dehnen, während Sie die Nägel eintreiben. Machen Sie sich keine Sorgen, falls sich eine kleine (1,5 mm) Fuge am Rand bildet.

Die Sitzfläche aus Leder ist ausgesprochen bequem, mir persönlich gefällt die etwas modernere Version mit den Leisten aus Riegelahorn und dem Gestell aus Kirsche besser. Das ist jedoch eine Geschmacksfrage, und ich hoffe, Sie verlassen sich auf Ihren eigenen Geschmack, wenn Sie eine Version des Klappstuhls bauen.

Details am Klappstuhl aus Mahagoni und Leder

Der

ZEICHEN-TISCH

„Die Form folgt der Funktion –
das ist falsch verstanden worden.
Form und Funktion sollten in eins fallen,
verbunden durch eine geistige Bindung."

Frank Lloyd Wright

970 mm

Breite der Tischplatte nach Wunsch

910 mm

260 mm

470 mm

Bogenstütze

610 mm

550 mm

Quersteg

Bein

415 mm

senkrechte Strebe

vordere Strebe

260 mm

hintere Strebe

155 mm

Fuß

740 mm

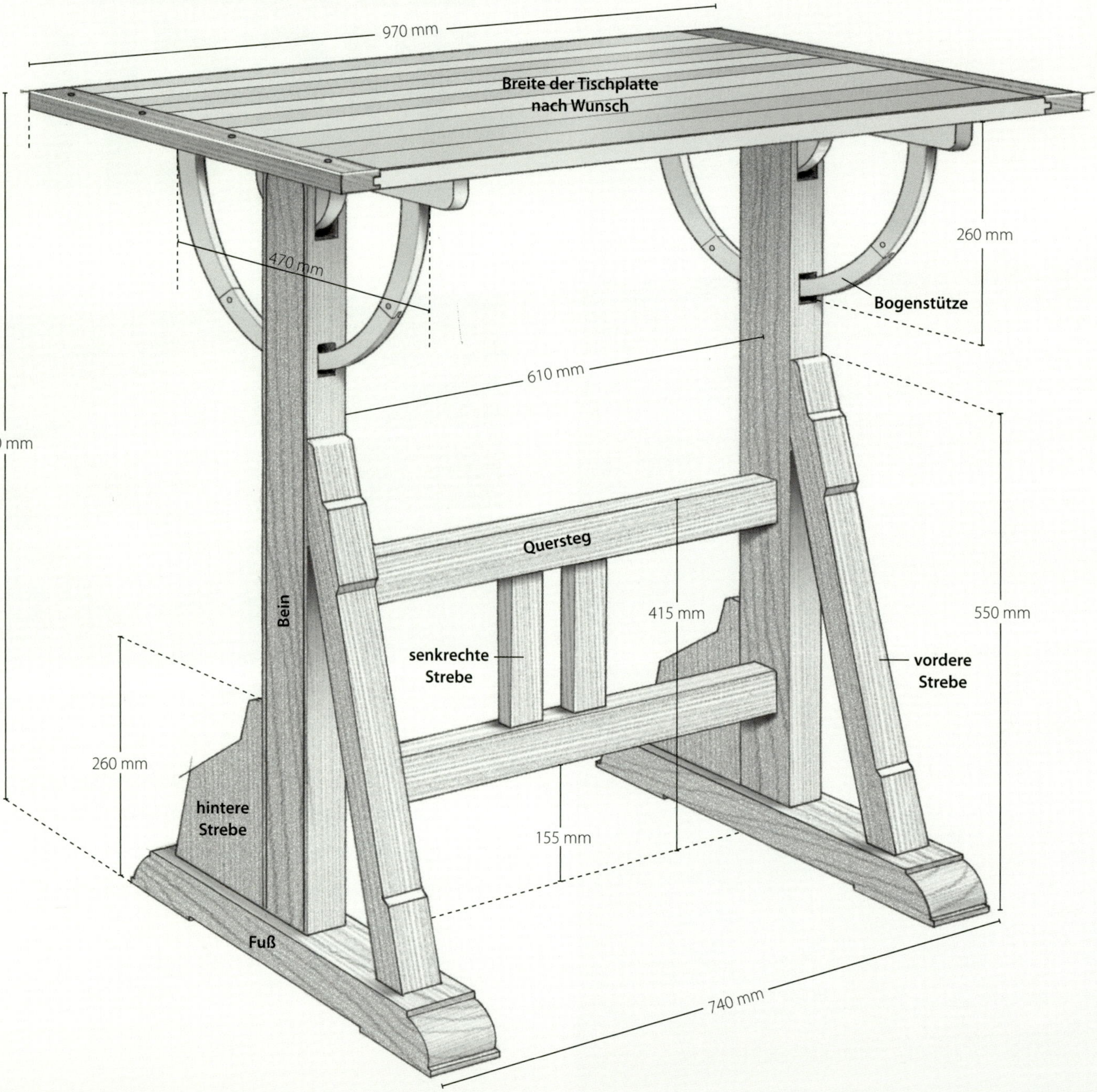

So funktionell oder so ästhetisch ansprechend wie man es wünscht.

Der Zeichentisch ist ein vielseitiges Möbelstück, das zum Anfertigen großformatiger Skizzen, Bilder, Schriftstücke und natürlich Zeichnungen verwendet werden kann. Im Laufe der Jahre habe ich eine Reihe von wunderbaren alten Modellen gesehen, darunter ein gigantisches Exemplar in einem Loft in Toronto, in dem zwei gute Freunde von mir wohnten. Er muss Hunderte von Kilogramm gewogen haben, und die Originalbeschläge waren noch alle funktionsfähig.

Unsere Version wird nicht ganz so massig, aber sie macht sich als Stehpult in der Werkstatt, als Arbeitsplatz für den Hobbygärtner, als Möbel im Arbeitszimmer oder als Schreibtisch im modernen Büro immer dann gut, wenn ein altmodisches Aussehen angemessen oder sogar regelrecht modisch ist.

Der Tisch ist mit belastbaren Schlitz-und-Zapfen-Verbindungen gearbeitet und hat sorgfältig geformte Bogenstützen, mit denen die Tischplatte in verschiedenen Winkeln geneigt und arretiert werden kann. Die Bogenstützen

Stückliste

Füße	2	50 x 80 x 600 mm
Beine	2	50 x 85 x 840 mm
vordere Streben	2	45 x 55 x 560 mm
hintere Streben	2	45 x 215 x 230 mm
Querstege	2	40 x 50 x 660 mm
senkrechte Streben	2	50 x 45 x 200 mm
Bogenstützen	**2**	**aus jeweils 3 Teilen:**
Enden (mit Zapfen)	2	25 x 60 x 215 mm
Mittelstück	1	25 x 90 x 285 mm
Tischplattenträger	2	25 x 100 x 585 mm
Querhölzer Tischplatte	2	25 x 35 x 675 mm
Tischplatte		
Plattenstreifen	24	35 x 25 x 940 mm
Hirnleisten	2	35 x 50 x 600 mm

ersetzen die traditionellen Metallbeschläge, die man oft an alten Zeichentischen findet. Die Tischplatte wird aus Streifen verleimt, um die Maserung des Holzes hervorzuheben, aber vor allem, um sie möglichst formstabil zu machen. Dazu tragen auch die Hirnholzleisten an den beiden Seiten der Platte bei. Los geht's!

Holzauswahl

Der erste Schritt bei jedem Werkstück ist die Auswahl des Holzes, die davon geleitet sein sollte, ob der Entwurf besondere Anforderungen stellt. Möbeltischler verwenden aus Gründen der Belastbarkeit, Haltbarkeit, Funktion oder Ästhetik jeweils bestimmte Holzarten. Für diesen Tisch habe ich aus dem einfachen Grund Nussbaum verwendet, weil ich eine schöne, gut abgelagerte Bohle auf Lager hatte. Nussbaum ist natürlich ein großartiges Holz für den Möbelbau; es ist außerordentlich haltbar, lässt sich sehr gut mit Handwerkzeug bearbeiten und ist zudem sehr schön. Riftgeschnittene Eiche wäre auch geeignet, ebenso Kirsche oder Ahorn. Bei einem Stück wie diesem, das bewegliche Teile und runde Komponenten aufweist, würde ich nicht Nadelholz verwenden. Die Rundstützen sollten auf jeden Fall aus einem harten Laubholz wie Ahorn oder Eiche angefertigt werden.

Sehen Sie sich zuerst das Rohholz genau an, um festzulegen, welche Bauteile von welchem Stück stammen sollen. Wo sieht die Maserung am besten aus? Gibt es offensichtliche problematische Stücke? Lassen sich alle Teile aus einer Bohle

MASSGESCHNEIDERT

Die Abmessungen des hier gezeigten Tischs richten sich nach meinem Arbeitsraum, bei dem wegen seiner städtischen Lage Platz Mangelware ist. Seine Größe ist ideal für meinen Arbeitsraum, aber etwas geringer als bei den meisten Stücken, die ich gesehen habe. Falls Sie über mehr Platz verfügen, können Sie die Tischplatte natürlich proportional etwas vergrößern. Wenn Sie allerdings sehr viel über die hier gegebenen Maße hinausgehen, müssen Sie auch Veränderungen am Gestell in Betracht ziehen. So würde ein Quersteg weiter oben zwischen den Beinen notwendig werden, und die Beschläge, Plattenträger und Bogenstützen müssten an die neue Größe der Tischplatte angepasst werden. In einem solchen Fall würde sich ein CAD-Programm für den PC als nützlich erweisen.

Reißen Sie die Bauteile auf einer Bohle an (in diesem Fall Nussbaum).

schneiden? Die letzte Frage sollte man gleich zu Anfang klären. Die Bauteile sind recht groß, es gibt also viel zu sägen.

Grober Zuschnitt der Hauptteile

Reißen Sie die Bauteile an, und sägen Sie sie zu. Ich verwende je nach dem Teil der Bohle, wo ich säge, jeweils unterschiedliche Handsägen. Es ist angenehm, auf unterschiedlich lange Sägen mit unterschiedlicher Bezahnung oder Griffgestaltung und -größe zurückgreifen zu können.

Der grobe Zuschnitt der Teile auf der Stückliste ist kein Wettrennen. Man sollte es als gesunde körperliche Übung ansehen; als eine Art morgendlicher Frühsport. Ich habe nicht viel länger als einen Morgen gebraucht, um die Teile für die Beine, Stützen und Querstreben für den Zeichentisch aus der Nussbaumbohle zuzusägen. Ich habe im Wesentlichen die gesamte Bohle (50 x 330 x 2440 mm) verwertet. Gehen Sie den Zuschnitt nur an einem Vormittag an, wenn Sie sich der Aufgabe gewachsen fühlen. Sie können die Arbeit auch über meh-

Die grob zugeschnittenen Teile der Beine vor dem weiteren Zuschnitt

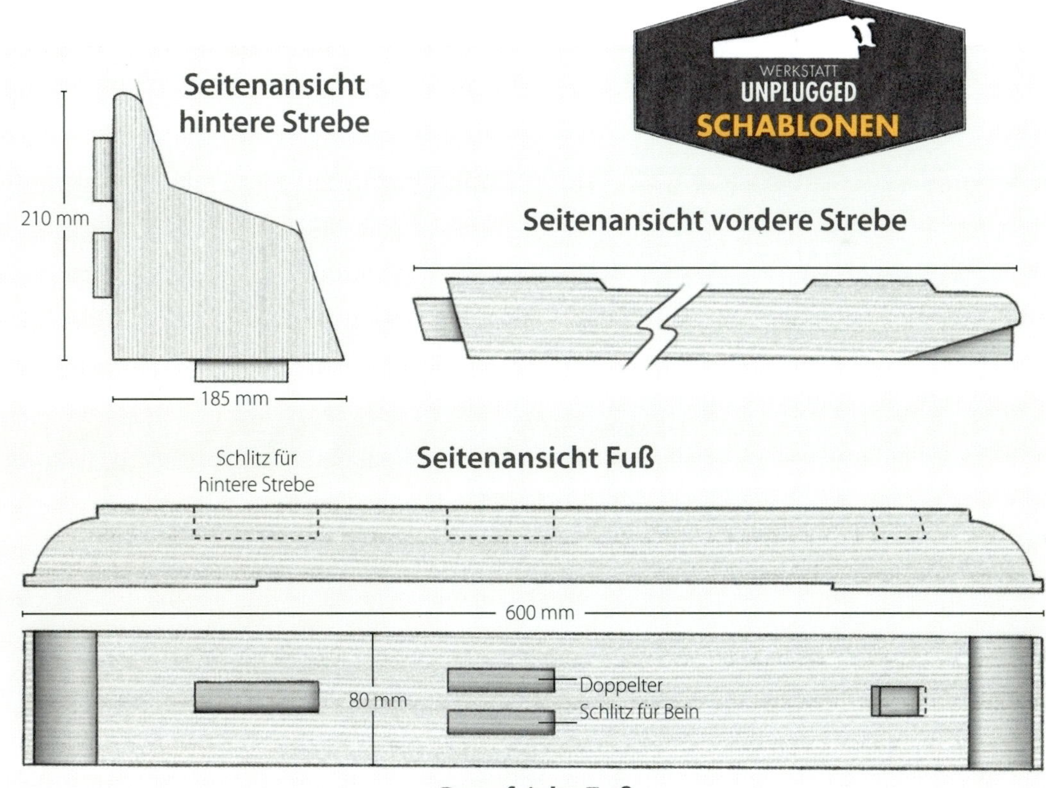

GEDANKEN ZUM SÄGEN MIT DER HANDSÄGE

Eine der wichtigen Fähigkeiten, die man erwerben muss, wenn man zuerst beginnt, mit der Hand abzubreiten, ist die rechtwinklige Führung des Schnitts. Das wird enorm erleichtert, wenn man sich eine Sägebank baut (siehe S. 17). Ich habe jahrelang eine Sägebank mit vier ausgestellten Beinen verwendet, und meine Abbreitschnitte neigten immer zum Abwandern. Nachdem ich jedoch zu einer Sägebank wechselte, die an der einen Seite senkrechte Beine aufwies, nahm die Genauigkeit meiner Schnitte sofort zu.

Ein anderer Trick, den ich im Laufe der Zeit entdeckte, besteht darin, den Schnittwinkel zu ändern, vor allem bei Material, das stärker als 25 mm ist. Sägen Sie zuerst im optimalen Winkel von etwa 60° für einen Längs- und 45° für einen Querschnitt; senken Sie die Säge jeweils nach etwa 8 bis 10 Zügen auf 25° ab, sägen Sie so ein oder zwei Züge, und gehen Sie dann wieder auf den optimalen Winkel zurück. So wird der Schnitt präziser. Wenn man die Säge absenkt, schneidet man unwillkürlich eine kleine Nut vor dem Sägeblatt frei, die als Weg des geringsten Widerstands die Säge führt, während man das Brett der Länge nach zersägt. Versuchen Sie, diese Technik etwas zu üben, nachdem Sie sich an den grundlegenden Bewegungsablauf beim Abbreiten gewöhnt haben. Bald werden Sie vollkommen vergessen, dass Sie so arbeiten, und Ihre Sägeschnitte werden immer schnurgerade verlaufen.

Bei längeren Schnitten kann man die Säge auch abwechselnd mit einer und mit beiden Händen halten. Man wechselt dabei auch die Körperhaltung leicht, was die Arbeit etwas erleichtert. Beim einhändigen Griff beugt man sich meist etwas weiter über das Werkstück, während man eher aufrecht steht, wenn man die Säge mit beiden Händen hält.

Es sind solche Feinheiten, die einem auffallen, wenn man mit der Handsäge größere Mengen von Material grob zuschneidet. Die eigenen Fähigkeiten wachsen mit der Zeit, die man an der Sägebank mit der Handsäge verbringt. Bald stellt man fest, dass es gar nicht so schwierig ist, auch größere Mengen Holz zu sägen.

rere Tage verteilen, falls Ihnen das angenehmer ist. Lassen Sie sich nicht unter Druck setzen. Andererseits kann es auch nicht schaden, wenn man etwas ins Schwitzen kommt – mir ging es auf jeden Fall so! Arbeiten Sie in Ihrem eigenen Tempo und genießen Sie die Arbeit.

Ich versuche, in diesem Stadium mit etwa 5 mm Zugabe zu schneiden. Handhaben Sie das nach Ihren eigenen Vorstellungen, und denken Sie daran, dass die Angaben in der Stückliste die Endmaße sind. Falls Ihr Holz sehr stark verzogen ist oder sehr viele Äste aufweist, sollten Sie je nach der Güte des Holzes etwas mehr als 5 mm Zugabe einplanen. Die Zugabe sollte jedoch nicht größer als notwendig sein – Sie produzieren sonst nur mehr Verschnitt.

Denken Sie an die Verbindungen und fertigen Sie Schablonen des Fußes, Beines und der Bestandteile des Gestells (siehe Zeichnung auf S. 59) im Maßstab 1 : 1 an. Vergessen Sie die Zapfen nicht, wenn Sie die Schablonen anfertigen und die Teile anreißen.

Meine Säge der Wahl für Längsschnitte ist ein alter Fuchsschwanz des amerikanischen Herstellers Disston. Er ist 660 mm lang und gehörte meinem verstorbenen Großonkel Johnny Pier, der seinerzeit alle seine Werkzeuge mit seinem Namen versah.

1. Schneiden Sie die Wangen an den Zapfen der Beine an. **2.** Die Brüstungen werden in der Sägelade geschnitten. **3.** Unterteilen Sie den großen Zapfen in zwei 6 mm breite Zapfen und entfernen Sie den Verschnitt mit der Gestellsäge. **4.** Reißen Sie den Doppelschlitz im Fuß an. **5.** Entfernen Sie den Großteil des Verschnitts mit der Bohrwinde und einem Bohrer. **6.** Stechen Sie die Schlitze mit dem Beitel rechtwinklig nach.

1. Sägen Sie die schrägen Zapfen an den vorderen Streben an, und verputzen Sie die inneren Brüstungen mit dem Stechbeitel. **2.** Die Schmiege dient als Lehre, um den Verschnitt in den schrägen Schlitzen in den Füßen im richtigen Winkel auszubohren.

Rücken an Rücken

Wenn die Bestandteile des Tischgestells laut Stückliste auf Maß geschnitten sind, werden die Verbindungen am unteren Ende der Beine angerissen. Die Beine und Füße werden mit Doppelzapfen verbunden. Bei mittelgroßen Möbelstücken ist es besser, große Schlitz- und-Zapfen-Verbindungen als Doppelzapfen auszuführen. Dadurch wird die Leimfläche vergrößert und die Verbindung belastbarer.

Sägen Sie die Brüstungen und Wangen, und entfernen Sie den Großteil des Verschnitts zwischen den Zapfen mit der Gestellsäge oder Laubsäge. Stechen Sie dann sorgfältig mit einem scharfen Beitel bis zum Grund nach. Reißen Sie als nächstes die Schlitze an. Hier wird der Verschnitt grob mit Bohrwinde und Bohrer entfernt, dann wird wieder mit dem Stechbeitel nachgearbeitet, wie auf S. 61 zu sehen.

Die kürzere hintere Strebe wird mit einem breiten Zapfen im Fuß und mit zwei schmaleren im Bein befestigt. Die längere schräge Strebe vorne wird mit einem einzelnen schrägen Zapfen im Fuß befestigt. Die Verbindungen werden nach Maßgabe der Zeichnung „Schablonen" auf S. 59 angerissen.

Die breiten schrägen Zapfen oben an den vorderen Streben, die in die Beine eingezapft werden, müssen sorgfältig angerissen werden. Die Verbindung lässt sich leichter sägen, wenn man die Brüstungslinien anreißt und dann mit dem Stechbeitel eine flache V-Nut am Riss einsticht. Diese Nut führt die Rückensäge, während Sie die Verbindung sägen. Wenn Sie die

Mit dem Schweifhobel verputzt man die Sägespuren und arbeitet das Profil der Streben nach.

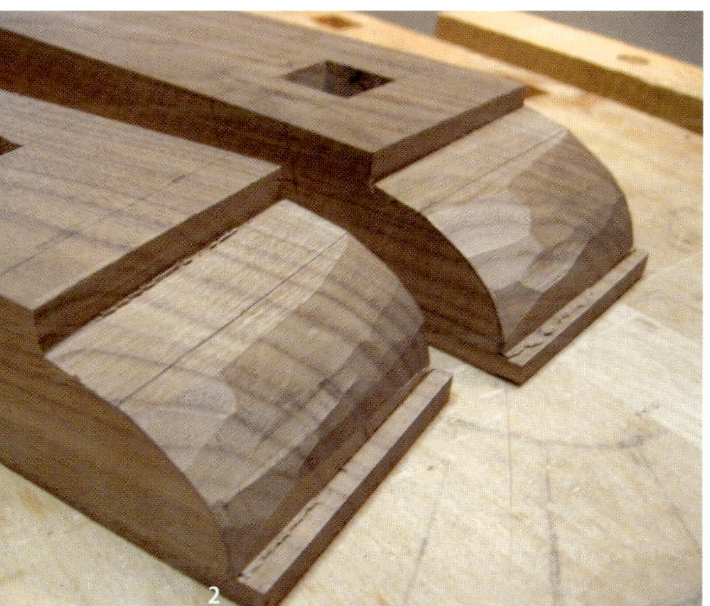

1. Sägen Sie das Profil an den Enden der Füße an. **2.** Man schneidet dabei grob mit der Gestellsäge vor und sticht mit dem Beitel nach. Mir gefällt das Ergebnis schon so, wie es ist.

gewinkelten Brüstungen gesägt haben, sägen Sie die Wangen frei und längen die Zapfen ab.

Wenn ich Schlitze schneide, entferne ich den Verschnitt immer mit der Bohrwinde und einem Bohrer. Bei diesen schrägen Schlitzen wird die Bohrwinde neben einer Schmiege angesetzt, die im Winkel des Schlitzes eingestellt ist (siehe Foto 2 auf der gegenüberliegenden Seite). Der Schlitz lässt sich danach mit dem Beitel leicht rechtwinklig nachstechen. Der nächste Schritt ist einfach: Die Schlitze und Zapfen für die kürzere hintere Strebe werden angeschnitten. Der untere Zapfen ist recht breit und steht senkrecht zum Faserverlauf im Fuß. Schneiden Sie den Schlitz im Fuß etwas länger, damit der Zapfen in der Breite der Strebe arbeiten kann. Stecken Sie die vorderen und hinteren Streben trocken mit den Beinen zusammen. Die hinteren Streben müssen in die Beine eingepasst sein, bevor man sie in die Füße steckt. Stecken Sie sie zuerst in die Beine und dann die Teilmontage in die Füsse. Wenn die Beine und hinteren Streben eingesteckt sind, werden die langen vorderen Streben trocken eingesteckt. Nach dieser ersten (von vielen) Trockenmontagen können Sie daran gehen, den Streben ihre endgültige Form zu geben. Stellen Sie sich Schablonen im Maßstab 1 : 1 her, und übertragen Sie die Umrisse auf die Bauteile. Schneiden Sie die Form der langen Strebe grob mit der Gestellsäge vor und verputzen Sie dann mit dem Schweifhobel, der Ziehklinge und falls nötig noch mit Schleifpapier (siehe Foto unten auf S. 62). Die hintere Strebe ist einfacher zu formen, einige Schnitte mit der Säge und etwas Nacharbeit mit der Ziehklinge sollten genügen. Bevor Sie alle Teile nochmals trocken zusammenstecken, werden

Trocken zusammengesteckt

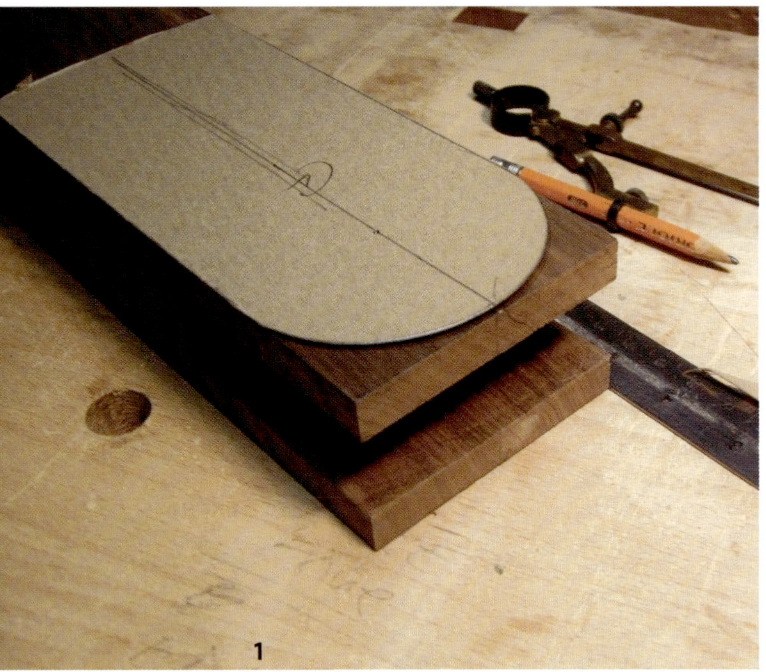

1. Fertigen Sie eine Schablone an und übertragen Sie den Umriss auf das obere Ende jedes Beins. **2.** Entfernen Sie den Verschnitt mit der Säge und arbeiten Sie die Rundung dann mit der Raspel, Feile und schließlich Schleifpapier nach.

auch die Füße mit Gestellsäge, Stechbeitel, Raspel, Feile und Ziehklinge grob geformt (also mit dem Werkzeug, das für die jeweilige Arbeit am besten geeignet ist).

Die Verbindung zwischen Bein und Bogenstütze

Wenn die Verbindungen an den Beinen und Streben angeschnitten sind, werden die durchgehenden Schlitze für die Bogenstützen in die Beine geschnitten. Dann werden an den oberen Enden der Beine die Einhälsung eingeschnitten, die als Aufnahme für die Tischplattenträger dienen.

Die durchgehenden Schlitze werden auf beiden Seiten angerissen. Dann bohrt man von einer Seite mit der Bohrwinde etwa bis zur halben Stärke des Beins ein, dreht es um, und bohrt von der anderen Seite, bis sich die Bohrlöcher treffen. Der Schlitz wird abschließend mit dem Beitel rechtwinklig nachgestochen. Ich habe den Schlitz von beiden Seiten leicht nach unten geneigt nachgestochen, sodass an der unteren Seite des Schlitzes ein flaches V entsteht. Dadurch erhält die Bogenstütze mehr Raum, um sich im Schlitz zu bewegen.

Reißen Sie die Einhälsungen am oberen Ende der Beine an und sägen Sie die beiden Wangen frei. Auch hier wird der Verschnitt mit der Gestellsäge entfernt und der Grund der Verbindung mit dem Stechbeitel verputzt. Wenn Sie nicht über eine Gestellsäge verfügen, können Sie den Verschnitt auch mit dem Beitel ausstemmen, nachdem Sie die Wandungsschnitte gesägt haben. Mit der Gestellsäge geht es einfach etwas schneller.

Dann werden die oberen Enden der Beine zugeschnitten. Ich habe eine Kartonschablone angefertigt und die Halbkreise oben am Bein angerissen (siehe Foto 1 auf der gegenüberliegenden Seite). Mit einigen schnellen Schnitten in der Sägelade und etwas Arbeit mit Raspel und Feile sind die Rundungen schnell hergestellt.

TIPP

Sie können auch zuerst die oberen Enden der Beine abrunden und dann die Verbindungen anschneiden. Ich bin in umgekehrter Reihenfolge vorgegangen, aber Sie sollten so arbeiten, wie es Ihnen leichter fällt.

Die Tischplattenträger und die Bogenstützen anfertigen

Die Tischplattenträger und die Bogenstützen sind der wesentliche konstruktive und gestalterische Unterschied zwischen diesem Zeichentisch und einem Schreibtisch. Die halbkreisförmigen Bogenstützen, die durch die Beine geführt werden, geben dem Stück eine elegante und zugleich funktionale Anmutung. Traditionelle Zeichentische waren mit entsprechenden Metallbeschlägen ausgestattet, aber für unsere Version ist Ahornholz, das mit fachgerechten Verbindungen versehen ist, mehr als ausreichend.

Stellen Sie zuerst Arbeitszeichnungen im Maßstab 1 : 1 von den Tischplattenträgern und den Bogenstützen her, und tragen Sie sorgfältig die Verbindungen darin ein. Für Arbeitszeichnungen, in denen runde Komponenten vorkommen, müssen Sie nicht eigens große Zeichenhilfen anschaffen. Aus einem Reststück Holz lässt sich leicht ein Stangenzirkel herstellen, indem man an einem Ende ein Loch als Aufnahme für einen Bleistift bohrt und am anderen Ende einen Drahtstift als Drehpunkt eintreibt (siehe Foto rechts).

Übertragen Sie dann die Umrisse und die Details der Verbindungen von der Arbeitszeichnung auf das Material. Ich habe für diese

Es geht auch ohne teuer gekauften Stangenzirkel: Mit einem Stück Leiste, das mit einem Aufnahmeloch für den Bleistift und einem Nagel als Drehpunkt versehen ist, lassen sich die gebogenen Bauteile zeichnen.

Die Arbeitszeichnungen im Maßstab 1 : 1 werden mit Kohlepapier auf das Material übertragen.

Bauteile Riegelahorn verwendet. Ich würde davon abraten, die Bogenstützen als Ganzes aus einem breiten Brett zu schneiden, weil an ihren Enden dann ‚kurzes Holz' entständen, das nicht belastbar ist. Wenn man die Bogenstützen aus drei Teilen herstellt, in denen die Holzfaser jeweils in Längsrichtung verläuft, ist das Ergebnis sehr viel stabiler.

Ich habe die Teile der Bogenstützen einschließlich der Verbindungen mit Kohlepapier von der Arbeitszeichnung auf das Material übertragen. Dadurch kommt es bei der Arbeit nicht zu Unsicherheiten, vor allem nachdem die Bauteile grob geformt worden sind. Kennzeichnen Sie dabei alle Bauteile eindeutig. Reißen Sie dann die Tischplattenträger an. Ich verwende eine Rückensäge, um die geraden Kanten zu schneiden, und eine Schweifsäge, um die Halbkreise in der Mitte zu schneiden. Die Rundung wird mit Raspeln, Feilen und Schleifpapier nachgearbeitet. Dabei spannt man die beiden Träger zusammen und bearbeitet sie zusammen, um ein gleichmäßiges Ergebnis zu erzielen.

Die einzelnen Teile der Bogenstützen werden mit Einhälsungen zusammengefügt, die zusätzlich noch mit Dübeln verstärkt werden. Es kann schwierig sein, die Verbindungen anzureißen, nachdem die Bauteile rund geschnitten worden sind, weil die gekrümmten Kanten es fast unmöglich machen, einen Tischlerwinkel genau anzulegen. Aus diesem Grund ist es

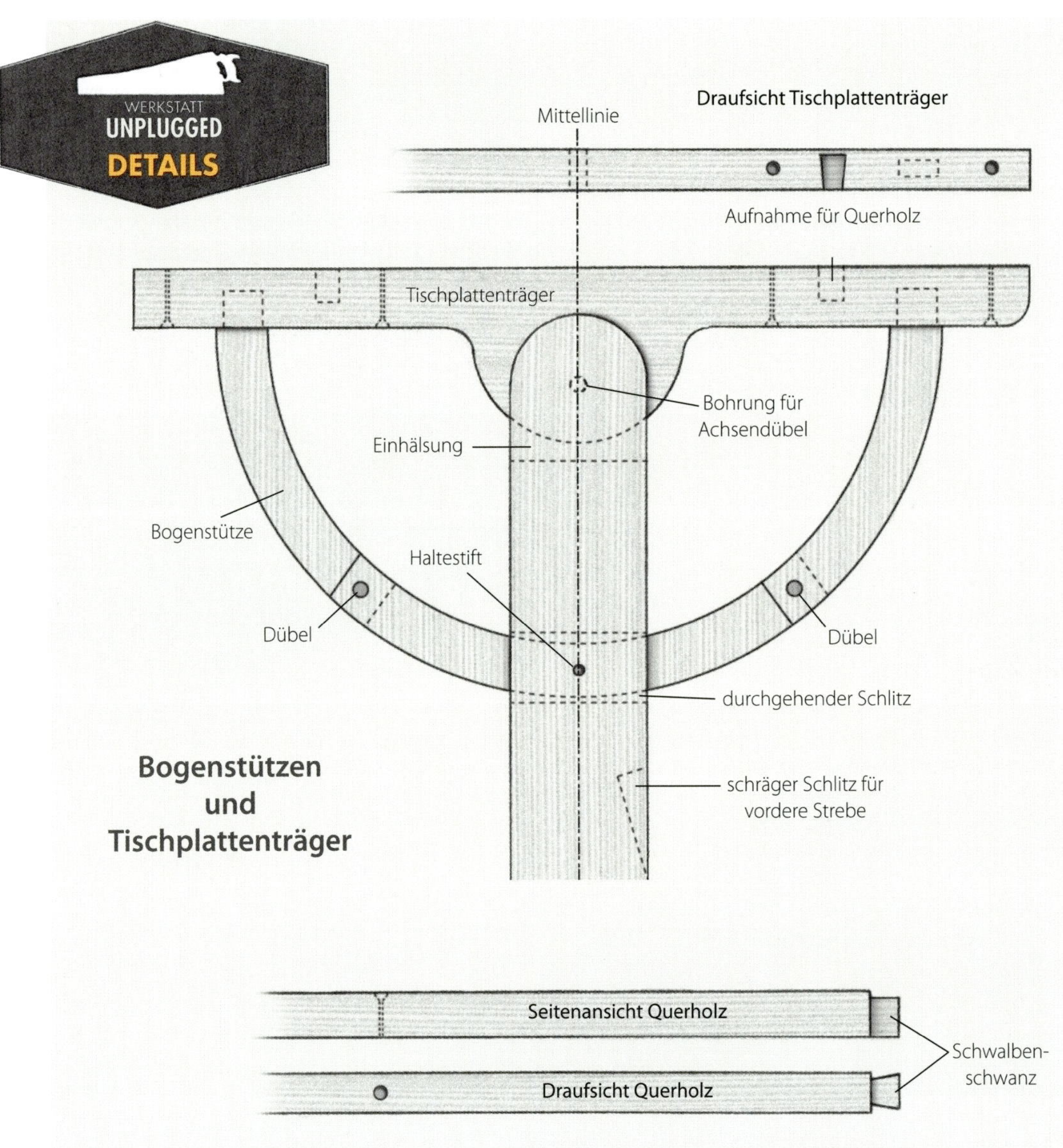

1. Gleichen Sie die Bauteile mit den Arbeitszeichnungen im Maßstab 1 : 1 ab. 2. Sägen Sie die Einhälsungen in die Bogenstützen und stecken Sie die Teile trocken zusammen. 3. Sichern Sie die Einhälsungen mit Dübeln, bevor Sie zur Formgebung übergehen. 4. Reißen Sie die Schlitze in den Tischplattenträgern an.

so wichtig, Arbeitszeichnungen im Maßstab 1 : 1 anzufertigen und die Verbindungen im Vorhinein anzureißen. Die Enden der Bogenstützen werden in die Tischplattenträger eingezapft. Sägen Sie die Zapfen zu, und reißen Sie dann die Position der zugehörigen Schlitze in den Tischplattenträgern an.

Wenn die Verbindungen zwischen Bogenstützen und Tischplattenträgern fertig sind, wird die Form der runden Bauteile mit Raspeln, Feilen, Schweifhobeln und schließlich mit Schleifpapier herausgearbeitet. Wichtig ist ein harmonischer Kurvenverlauf. Arbeiten Sie nach Augenmaß. Die Bogenstützen müssen keine perfekten Halbkreise sein.

Die Tischplattenträger sind auf 12-mm-Dübeln aus Hartholz als Drehpunkt gelagert. Die Löcher für die Dübel werden von der Innenseite der Beine bis zur halben Stärke des äußeren Zapfens der Einhälsung gebohrt. Reißen Sie diese Löcher an und bohren Sie sie. Für die Sacklöcher an der Außenseite der Verbindung verwende ich einen Forstnerbohrer anstatt eines normalen Holzbohrers. Der Holzbohrer hat eine recht lange Zentrierspitze, die bis zur Außenseite des Beins durchstoßen könnte. Die Bohrung dauert mit dem Forstnerbohrer etwas

Bohren Sie korrespondierende Löcher in die Beine und die Tischplattenträger.

NEIGUNGSMÖGLICHKEITEN FÜR DIE TISCHPLATTE

Bei alten Zeichentischen findet man relativ viele Einstelllöcher in den Bogenstützen, da diese aus Metall bestanden. Sie können die Zahl nach Ihren eigenen Vorstellungen festlegen, sollten dabei jedoch bedenken, dass bei steigender Zahl die Bogenstützen geschwächt werden. Falls Sie mehrere Löcher anbringen möchten, stecken Sie das Tischgestell trocken zusammen, und bohren Sie durch das Loch auf der Innenseite der Beine. Kontrollieren Sie dann, ob die Einstelllöcher mittig in der Bogenstütze sitzen, bevor Sie sie zu Ende bohren.

länger, aber für diese beiden Löcher ist er ideal. Bohren Sie auch die entsprechenden Löcher durch die halbrunden Mittelteile der Tischplattenträger.

Jetzt können Sie die Teile trocken zusammenstecken. Gehen Sie dabei in zwei Schritten vor: Schieben Sie zuerst die Bogenstützen durch die durchgehenden Schlitze in den Beinen und legen Sie dann die Tischplattenträger in die Einhälsungen. Stecken Sie dann die Zapfen in die zugehörigen Schlitze und die 12-mm-Dübel in die Bohrlöcher. Sie werden das einige Male üben müssen. Lassen Sie die Dübel, die als Achse für die Tischplatte dienen, vorerst noch ungekürzt. Sie können in dieser Länge als Griff dienen, wenn Sie mit den Bauteilen hantieren, und Sie werden sie noch einige Male während des Zusammenbaus herausnehmen müssen.

Überprüfen Sie nach dem Zusammenstecken, dass sich die Tischplattenträger tatsächlich drehen lassen. Falls sie in der Verbindung anstoßen, putzen Sie die untere Innenseite der Schlitze nach, bis sich Tischplattenträger und Bogenstützen frei bewegen. Zu viel Spiel sollten sie allerdings auch nicht haben. Man muss sich der guten Passung langsam annähern, was meist am leichtesten ist, wenn man die Schlitze etwas eng schneidet und die Tischplattenträger nachhobelt, bis sie sich ohne Widerstand darin bewegen. Ich mag einen gewissen Wider-

Stecken Sie Beine, Tischplattenträger und Bogenstützen trocken zusammen. Die 12-mm-Dübelstange und die Messingstange für die Haltestifte werden vorerst nicht abgelängt. Die Haltestifte werden später zugeschnitten und mit Griffen versehen.

stand, weil es kein schöneres Geräusch gibt, als eine sich bewegende Holzverbindung: Die polierten Flächen gleiten übereinander und hier und da knarrt es zart, wenigstens am Anfang. Das sind die wünschenswerten Merkmale handgefertigter Möbelstücke aus Holz. Das ist die anhaltende Freude, die sie einem bereiten.

Reißen Sie als nächstes die Bohrlöcher für die Arretierungsstifte an, mit denen die Tischplatte in unterschiedlichen Winkeln fixiert wird. Auch diese Bohrlöcher gehen nur durch die Innenseite des Beins und durch die Bogenstützen ganz hindurch. Im äußeren Teil des Beins enden sie als Sackloch, bevor sie die Außenseite durchstoßen. Wie viele Arretierungslöcher Sie bohren, bleibt Ihnen überlassen (siehe Kastentext auf der gegenüberliegenden Seite). Ich habe zuerst ein Loch in der Mitte angebracht, um die Tischplatte waagerecht einstellen zu können, und ein zweites, um Skizzen oder Zeichnungen im Maßstab 1 : 1 anfertigen zu können. Vielleicht bohre ich später noch weitere, aber ich vermute, dass ich den Tisch entweder waagerecht als Schreibtisch oder geneigt als Zeichentisch verwenden werde.

Als Arretierungsstifte habe ich 6-mm-Messingstifte verwendet, aber Holzdübel oder Abschnitte einer beliebigen vorhandenen Metallstange sind ebenfalls denkbar. (Ich würde einen Durchmesser von 6 mm nicht unter- und einen von 12 mm nicht überschreiten.) Bohren Sie die Löcher für den Arretierungsstift in den trocken zusammengesteckten Teilmontagen und kontrollieren Sie deren Passung.

Profilierung der Beine und Formgebung der Füße

Die Arbeit an den Tischplattenträgern und den Stützbögen ist beendet. Nehmen Sie die Teilmontagen wieder auseinander und bringen Sie außen an den Beinen nach Wunsch Rundstäbe als Zierprofil an. (Andere Schmuckmöglichkeiten sind Furnieradern oder geschnitzte Details.) Falls Sie sich für einen Halbstab entscheiden, sollten Sie an den geraden Kanten der Beine beginnen und sich vorsichtig um die runden oberen Enden arbeiten. Einen Halbstab mit dem Profilschaber anzuschneiden ist nicht leicht. Lassen Sie sich Zeit und arbeiten Sie mit leichter Hand.

Zu diesem Zeitpunkt sind die Unterseiten der Füße noch gerade. Der Zeichentisch steht sicherer, wenn Sie das Mittelstück der Füße zurückschneiden, damit er auf vier Punkten steht. Kennzeichnen Sie den Verschnitt und sägen Sie dann mehrfach quer über die Unterseite der Füße ein. Der Verschnitt lässt sich dann leicht mit einem breiten Stechbeitel entfernen.

Profilieren Sie auch die äußeren Enden der Füße, und runden Sie dort die unteren Ecken ab. Diese Rundungen geben den Füßen meines Erachtens ein angenehmeres Aussehen. Fasen Sie die Oberkanten der Füße an. Nachdem ich die Füße bearbeitet und die Beine profiliert habe, stecke ich (natürlich) alles wieder trocken zusammen, um den Fortschritt zu begutachten.

Das Profil wird zuerst an den Längskanten der Beine angeschnitten und dann um das runde Oberteil geführt. Profilierungen quer zur Faser können etwas schwierig sein; lassen Sie sich Zeit, und nehmen Sie nur dünne Späne ab. Verwenden Sie einen kleinen Stechbeitel, um das Profil nachzuarbeiten, und Schleifpapier, um die Kurven zu glätten.

1. Die Unterseite der Füße wird ausgeklinkt, indem man zuerst mehrmals quer zur Faser einschneidet und den Verschnitt dann mit einem großen Stechbeitel entfernt.

2. Die Füße sind im Nu fertiggestellt. 3. Eine Fase an der Oberkante und abgerundete untere Ecken lassen die Füße gefälliger aussehen.

Die Querstege zuschneiden

Reißen Sie an den Beinmontagen die Lage der Schlitze für die Querstege an und schneiden Sie die Schlitze. Es sind einfache Schlitz-und-Zapfen-Verbindungen. Ich verwende einen großen Zapfen, aber Sie können sicherheitshalber auch einen Doppelzapfen verwenden. Auch ein durchgehender Schlitz ist möglich, wenn Sie ein vollkommen anderes Aussehen erhalten möchten.

Schneiden Sie die Querstege nach Maßgabe der Stückliste auf S. 57 zu. Schneiden Sie die Zapfen an, und passen Sie sie trocken in die Schlitze in den Beinen an. Jetzt ist es auch an der Zeit, die beiden senkrechten Streben in der Mitte der Querstege zuzuschneiden und mit Zapfen zu versehen.

Bohren Sie Löcher mit Übermaß in die Tischplattenträger, damit das Holz arbeiten kann.

Die Tischplattenquerhölzer

Um die Tischplattenträger stabiler zu machen, habe ich sie mit zwei Querhölzern verbunden, die in die Träger eingezinkt werden. Durch die Querhölzer bewegt sich der gesamte Unterbau der Tischplatte als Einheit. Das ist belastbarer, als wenn man sich auf Schrauben verließe, um den Zusammenhalt zu gewährleisten. Sägen Sie die Teile auf Länge und schneiden Sie dann die Brüstungen der Schwalbenschwänze an den Enden an. Reißen Sie die Schwalbenschwänze an und schneiden Sie die Wandungen. Legen Sie dann die Querhölzer auf die Tischplattenträger und übertragen Sie den Umriss der Schwalbenschwänze auf die Träger. Der Vorgang ist der gleiche wie bei jeder halbverdeckten Zinkung; die Seiten werden im Winkel von 45° geschnitten und der Verschnitt mit dem Stechbeitel entfernt. Nach einer weiteren Probemontage werden die Tischplattenträger und diese beiden Querhölzer mit Bohrlöchern versehen, deren Durchmesser etwas größer ist als derjenige der Schrauben, mit denen die Tischplatte angebracht wird.

TIPP

Man kann die Tischplatte auch aus breiten, fladergeschnittenen Brettern zusammenleimen. In diesem Fall müssen die Schraubenlöcher in den Tischplattenträgern entsprechend zu Langlöchern verlängert werden, um das Holz arbeiten zu lassen.

1. Schneiden Sie die Schwalbenschwänze an die Enden der Querhölzer an, und reißen Sie die zugehörige Aufnahme auf der Oberseite der Tischplattenträger an. 2. Runden Sie die Kanten der Querhölzer ab, und stecken Sie die Teile trocken zusammen.

Bei den langen Querhölzern spielt das Arbeiten des Holzes keine große Rolle, weil hier die Fasern in die gleiche Richtung verlaufen wie in der Tischplatte. Bei den Tischplattenträgern muss man das Quellen und Schwinden jedoch berücksichtigen. Ich stelle die Tischplatte aus senkrecht stehenden verleimten Ahornstreifen her, die Maßveränderungen werden also minimal sein. Deshalb bieten die übergroßen Schraubenlöcher genügend Spielraum für dieses geringfügige Arbeiten. Falls Sie die Tischplatte aus breiteren Teilen verleimen, sollten Sie für die Schrauben Langlöcher in den Tischplattenträgern anbringen, um das Arbeiten der Platte zu ermöglichen.

Die Tischplatte

Ich habe die Tischplatte aus geriegeltem Ahorn hergestellt. Die Schönheit des Ahorns kommt besonders in der Maserung der Schmalkanten zur Geltung. Die Riegelung ist dann sehr viel deutlicher. Ich entschloss mich deshalb, die Arbeit auf mich zu nehmen und das Material zu 40 mm breiten Streifen zu schneiden und diese mit stehenden Jahresringen wieder miteinander zu verleimen. Dadurch kommt nicht nur die Maserung besser zu Geltung, sondern die Tischplatte wird auch sehr viel formstabiler und maßhaltiger. Holz arbeitet in der Regel am stärksten quer zum Faserverlauf. Wenn man es also mit stehenden Jahresringen verleimt, wird das Schwinden und Quellen auf ein Minimum reduziert.

Greifen Sie also zu ihrer besten Schlitzsäge, und fangen Sie an zu sägen. Sie mögen jetzt denken, dass mehr als 24 Auftrennschnitte mit einem Meter Länge in dem 30 mm starkem Ahorn eine Menge zusätzliche Arbeit sind... Und Recht hätten Sie! Aber das Ergebnis lohnt die Mühe. Frühstücken Sie kräftig, machen Sie sich eine Kanne Kaffee, und an die Arbeit.

Wenn Sie das Material zu Streifen geschnitten haben, verleimen Sie die Tischplatte in zwei Hälften, um die Arbeit etwas leichter zu machen. Wenn man mit Riegelahorn arbeitet, muss man einen Hobel mit großem Schnittwinkel verwenden, um Faserausrisse zu vermeiden. Ein Hobel mit großem Schnittwinkel erfordert wiederum Muskeleinsatz. Das

Nach einer gewissen Zeit mit der Säge und dem Hobel sind die 24 Streifen Riegelahorn für die Tischplatte soweit, dass sie verleimt werden können.

Wenn man die Tischplatte in zwei Teilen verleimt, ist es leichter, sie nach dem Verleimen abzurichten.

Abrichten und Glätten der Tischplatte in zwei Hälften von je 480 mm Breite ist leichter, als eine große Platte zu bearbeiten. Glauben Sie es mir ruhig...

Die Hirnholzleisten

Wenn die beiden Hälften der Tischplatte ausgehobelt sind, können Sie sie zur Platte zusammenleimen. Verputzen Sie die Mittelfuge, nachdem der Leim getrocknet ist, und längen Sie die Enden rechtwinklig ab. Verputzen Sie die Sägespuren, und reißen Sie die Zapfen für die Hirnholzleisten an. Die Hirnholzenden sind ein schmückendes Element, sorgen aber auch dafür, dass die Tischplatte über Jahre hinweg eben bleibt.

1. Stecken Sie die Hirnholzleiste trocken an die Tischplatte und markieren Sie die Lage der Zapfen. **2.** Bohren Sie die Dübellöcher durch die Zapfen. Ich verwende Dübel, die sich verjüngen, und einen zugehörigen Bohrer. Meist wird dieses System mit Elektrowerkzeugen eingesetzt, aber es funktioniert auch mit meiner alten Bohrwinde ausgezeichnet. **3.** Detailaufnahme der Schlitze in der Hirnleiste und der durchbohrten Zapfen. **4.** Die Dübellöcher an den beiden äußeren Zapfen werden verbreitert.

1

2

3

4

1. Die Hirnleiste wird an der Tischplatte angeleimt. **2.** Sägen Sie die Dübel mit einer Dübelsäge bündig. **3.** Hobeln Sie die Hirnleisten und Dübel mit der Tischplatte bündig. Verwenden Sie einen Putzhobel mit großem Schnittwinkel und eine Ziehklinge, um die Platte abschließend zu verputzen.

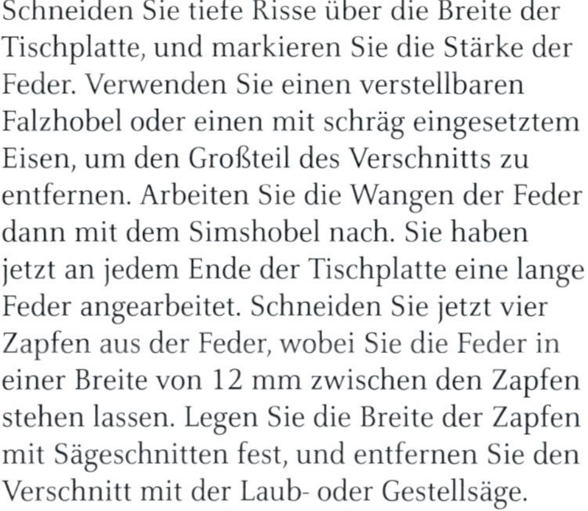

Schneiden Sie tiefe Risse über die Breite der Tischplatte, und markieren Sie die Stärke der Feder. Verwenden Sie einen verstellbaren Falzhobel oder einen mit schräg eingesetztem Eisen, um den Großteil des Verschnitts zu entfernen. Arbeiten Sie die Wangen der Feder dann mit dem Simshobel nach. Sie haben jetzt an jedem Ende der Tischplatte eine lange Feder angearbeitet. Schneiden Sie jetzt vier Zapfen aus der Feder, wobei Sie die Feder in einer Breite von 12 mm zwischen den Zapfen stehen lassen. Legen Sie die Breite der Zapfen mit Sägeschnitten fest, und entfernen Sie den Verschnitt mit der Laub- oder Gestellsäge.

Wenn die Zapfen angeschnitten worden sind, ist es Zeit, das Material für die Hirnholzleisten zuzuschneiden. Die Hirnholzleisten sollten etwas stärker sein als die fertige Tischplatte. Das überständige Material wird nach dem Verleimen bündig verputzt. Ich wollte ursprünglich Ahorn verwenden, aber mein Vorrat reichte nicht, deshalb griff ich auf das Nussbaumholz zurück, das ich auch für das Tischgestell verwendet hatte. Die kontrastierenden Hölzer machen sich bei diesem Entwurf recht gut.

Schneiden Sie die Nut über die gesamte Länge der Schmalseite der Hirnholzleiste. Ich verwende dafür einen Nuthobel. Stecken Sie die Hirnholzleiste trocken an die Tischplatte und markieren Sie die Lage der Zapfen. Schneiden Sie die beiden äußeren Schlitze für die Zapfen etwas 12 mm länger als die Zapfen, um dem Holz das Arbeiten zu ermöglichen. (Das ist besonders wichtig, wenn Sie fladergeschnittenes Material für die Tischplatte verwenden.) Entfernen Sie den Verschnitt mit dem Bohrer und stechen Sie die Schlitze mit dem Beitel rechtwinklig nach. Arbeiten Sie die Passung mit dem Grundhobel nach. Stecken Sie die Hirnholzleiste nochmals trocken an die Tischplatte und markieren Sie die Lage der Zapfen. Bohren Sie durch die Mitte der zusammengesteckten Verbindung, damit Sie nach dem Verleimen Holzdübel einstecken können. Nehmen Sie nach dem Bohren die Hirnholzleisten wieder ab und verlängern Sie die Schlitze für die beiden äußeren Zapfen mit

TIPP

Lassen Sie das Material für die Hirnleiste zuerst mit Überlänge. Der Überstand an den beiden Enden erleichtert das trockene Zusammenstecken und die folgende Demontage. Außerdem verringert er die Gefahr von Faserausrissen, wenn man die Schlitze schneidet.

GEDANKEN ZUR OBERFLÄCHENBEHANDLUNG

Wenn Sie sich die Werkstücke in diesem Buch ansehen, wird Ihnen auffallen, dass ich die Oberflächen meiner Arbeiten möglichst behandele, bevor ich das Stück zusammenbaue. Es ist sehr viel leichter, Oberflächenmittel auf die einzelnen Teile aufzutragen, bevor man sie verleimt. Bei diesem Stück verwende ich entwachsten und entfärbten Schellack. Ich trage drei Schichten auf und schleife jeweils leicht zwischen, bevor ich das Stück zusammen baue. Ich habe vor dem Schellack keine Öl-Lack-Mischung aufgetragen, weil meiner Meinung nach Nussbaum auf diese Weise die schönste Färbung zeigt. Der Schellack lässt den Riegelahorn glänzen wie die Schuppen eines Lachses.

Reißen Sie mit Bleistift an der Ober- und Unterkante der Tischplatte Fasen an, und hobeln Sie bis zu den Rissen.

einer Rundfeile. Geben Sie nur an die mittleren Zapfen Leim, wenn Sie die Hirnholzleisten anleimen. Geben Sie auch Leim an die Dübel. Die verlängerten Schlitze und die Dübellöcher erlauben dem Holz das Arbeiten, ohne dass es zu Rissbildung kommt.

Nachdem die Verbindungen angeschnitten sind, längen Sie die Hirnholzleisten auf das Endmaß ab und leimen sie an der Tischplatte an. Geben Sie wie erwähnt nur an die beiden mittleren Zapfen Leim. Geben Sie Leim an die Dübel und treiben Sie sie durch die Verbindungen. Sägen Sie die Dübel mit einer Dübelsäge bündig, wenn der Leim trocken ist, und verputzen Sie die Hirnholzleisten mit dem Hobel bündig.

Wenn die Oberseite der Tischplatte eben ist, drehen Sie sie um, und verputzen die Unterseite ebenfalls. Als nächstes werden die Kanten der Tischplatte angefast. Sie können die Kanten auch mit einem anderen Profil (Karnies, Halbstab, Halbstab mit Platte o. ä.) versehen. Falls Sie später eventuell ein Lineal, Zeichendreieck oder einen Papierhalter am Tisch anbringen möchten (siehe Foto 3 auf S. 77), sollten Sie sich vielleicht für ein einfaches Profil entscheiden, dass nicht wesentlich vom Rechtwinkligen abweicht. Ich werde eine verschiebbare Leiste anbringen, die als Papierhalter und Lineal dienen kann. Ihrer Phantasie sind keine Grenzen gesetzt. Danach können die Oberflächen der Bauteile behandelt werden.

Die Endmontage

Zuerst wird das Gestell des Tisches verleimt. Ich verwende Glutinheißleim und beginne mit den Beinen. Stecken Sie alle Teile zuerst trocken zusammen, um sich über die Reihenfolge klar zu werden. So müssen zum Beispiel die kürzeren Streben in die Beine eingesteckt werden, bevor beide zusammen in die Schlitze in den Füssen gesteckt werden. Dann wird die längere Strebe eingesteckt, bevor das Bein und die kürzere Strebe eingetrieben werden. Wenn die beiden Beinmontagen verleimt sind, werden die Querstreben eingesetzt und das gesamte Gestell wird mit Zwingen eingespannt.

Endmontagen sind sehr viel weniger stressträchtig, wenn man sie zuvor trocken zur Probe durchführt.

Bogenstützen, Tischplattenträger und Tischplatte

Wenn der Leim trocken ist und die Zwingen entfernt wurden, tragen Sie etwas Schellack in den durchgehenden Schlitzen, durch die die Bogenstützen geführt werden, und in den Einhälsungen auf. Man kann in diese Verbindungen hineinsehen, wenn die Tischplatte geneigt wird, aber ein paar dünne Schichten Schellack sind vollkommen ausreichend. Der Teufel steckt im Detail!

Dieses Foto sollte deutlich machen, warum ich es für lohnend hielt, die Tischplatte aus Leisten zu verleimen.

Die Tischplatte wird an den Tischplattenträgern befestigt.

Als nächstes kommen die Bogenstützen und die Tischplattenträger, die etwa wie folgt verleimt werden: Stecken Sie die Bogenstützen durch die durchgehenden Schlitze, und geben Sie Leim an die Zapfen. Drücken Sie die Tischplattenträger in die Einhälsungen am oberen Ende der Tischbeine und ziehen Sie die Zapfen in die Schlitze. Stecken Sie die 12-mm-Dübel ein, um die Bauteile auszurichten. Ich habe zusätzlich noch Schrauben durch die Tischplattenträger bis in die Zapfen gedreht, damit die Bogenstützen eng angezogen werden. Das ist einfacher, als eine Vorrichtung zu bauen, um diese runden Bauteile während des Verleimens einzuspannen.

Wenn der Leim an den Tischplattenträgern und den Bogenstützen getrocknet ist, werden die 12-mm-Dübel aus Ahorn, die in den oberen Enden der Tischbeine stecken, mit der Dübelsäge bündig abgeschnitten.

Ich gebe keinen Leim an diese Dübel, sondern verlasse mich auf eine Presspassung. Falls Sie doch Leim verwenden müssen, achten Sie darauf, dass er nicht auf die beweglichen Teile gelangt.

Schneiden Sie jetzt auch die Messingstifte für die Arretierung zu und fertigen Sie kleine Griffe für die Enden an. Man kann solche Griffe drechseln, aber wenn Sie keine Drechselbank besitzen, können Sie auch runde Griffe auf die gleiche Weise herstellen wie für die Spindelpresse (siehe S. 85). Die Griffe könnten aber auch rechteckig gelassen werden, oder man verwendet geeignetes gekauftes Zubehör. Vielleicht würden auch die Handgriffe von alten Handhobeln funktionieren? Ich glaube, ich versuche das einfach mal, spaßeshalber.

Wenn die Tischplattenträger und die Bogenstützen montiert worden sind, legen Sie eine dicke Decke auf Ihre Werkbank und die Tischplatte mit der Oberseite nach unten auf die Decke. So ist die Oberfläche vor Beschädigungen geschützt. Richten Sie jetzt das Gestell mittig auf der Tischplatte aus und befestigen Sie es mit Schrauben. Ich habe dann das gesamte Werkstück mit extrafeiner Stahlwolle und etwas Zitruswachs abgerieben, um eine seidenglatte, leicht aufzuarbeitende Oberfläche zu erhalten.

Der Griffknauf eines alten Hobels wird für den Arretierungsstift wiederverwendet.

DESIGN GALLERIE

1. Detail der Fußgestaltung **2.** Tischplatte mit Hirnleiste **3.** Eine Kombination aus Papierhalter und Lineal sorgt dafür, dass auch bei geneigter Tischplatte nichts ins Rutschen kommt. **4.** Der Papierhalter wird an beiden Enden mit Klemmen und Gewindeschrauben an den Hirnleisten verschiebbar befestigt.

„Man sollte versuchen, über alles wenigstens etwas zu lernen und über eine Sache möglichst alles zu wissen.“

Thomas H. Huxley

Die SPINDEL-PRESSE

Vor etwas mehr als zehn Jahren besuchte ich einen Buchbinder in seiner traditionellen Werkstatt. Dort fiel mir ein schöner Schraubstock aus Holz mit zwei Holzspindeln und ledergefütterten Backen auf. Er sah wie die ideale Lösung aus, um auch in meiner Werkstatt Bauteile einzuspannen. Später erfuhr ich, dass dieses Hilfsmittel als Klotzpresse oder Spindelpresse bezeichnet wird und dass es in der Buchbinderei schon seit Jahrhunderten verwendet wird.

Die Spindelpresse ist ideal, wenn man sie mit einem stabilen Untergestell versieht und einzeln aufstellt, aber genauso effektiv kann man mit ihr arbeiten, wenn sie an der Hobelbank oder einem provisorischen Arbeitstisch befestigt. Sie ist perfekt, um breitere Platten einzuspannen, deren Kanten man bearbeiten möchte, und leistet gute Dienste bei Zinkungsarbeiten und der Herstellung von Schubladen. Aus zwei Laubholzstücken und zwei großen Gewindespindeln, die man kaufen oder selbst herstellen kann, lässt sich eine unübertreffliche Einspannvorrichtung herstellen.

Inzwischen kann man die notwendigen Metallbestandteile für eine solche Spindelpresse auch kaufen (siehe „Kommerzielle Spindelsätze" auf S. 82). Im englischen Sprachraum wird sie als ‚Moxon vise' bezeichnet, nach Joseph Moxon (1627–1691), einem englischen Drucker. Neben den Landkarten und mathematischen Büchern, die er druckte, schrieb Moxon eines der frühesten englischen Bücher über die Tischlerei (The Art of Joinery) und Mechanick Exercises: Or, The Doctrine of Handy-works, in dem er sich mit dem Schmieden, der Tischlerei, Zimmerei, dem Drechseln und Maurerarbeiten beschäftigt. Ähnliche Doppelspindelpressen findet man auch in frühen Werken von Autoren wie André Jacob Roubo und André Félibien.

Materialauswahl

Als erstes sollte man sich über die Spindeln Gedanken machen. Man kann sie selbst herstellen (wie es hier erläutert wird) oder Varianten aus Metall oder Holz zukaufen. Wenn Sie sich entschließen sollten, sie selbst herzustellen, benötigen Sie einen Holzgewindeschneider und Rundstangen in passendem (38 mm) Durchmesser. Dieses Spezialwerkzeug lässt sich im Versandhandel bestellen. (Siehe Bezugsquellen im Anhang)

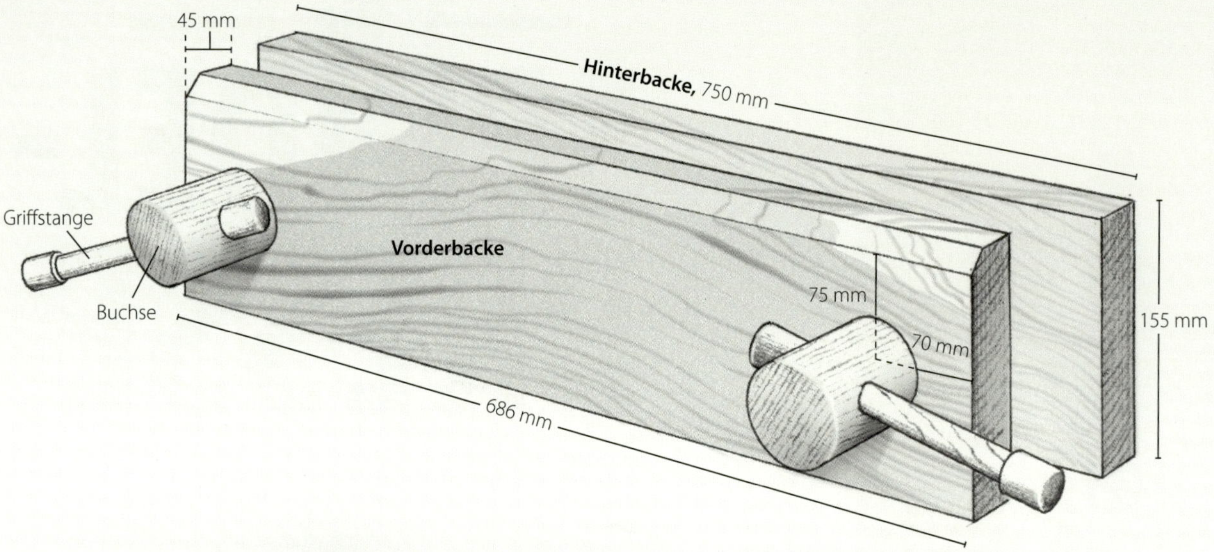

45 mm
Hinterbacke, 750 mm
Griffstange
Vorderbacke
Buchse
75 mm
70 mm
155 mm
686 mm

WERKSTATT
UNPLUGGED
SPINDELPRESSE

45 mm
Abstand Mittelpunkte 550 mm
75 mm
20 mm
95 mm
Einspannleiste
735 mm
60 mm

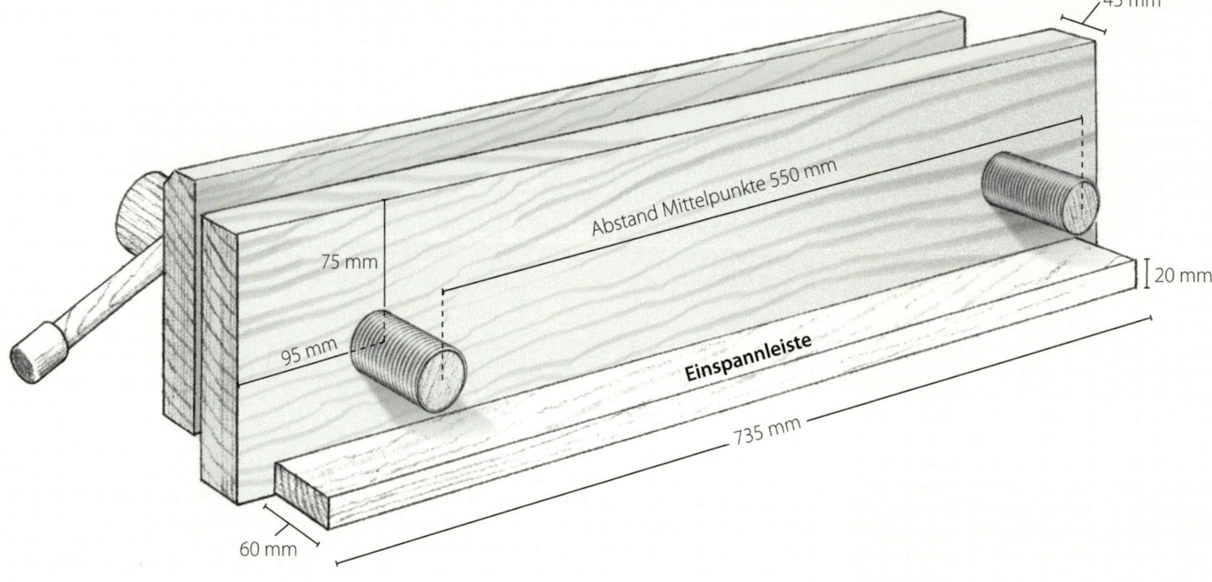

Die Spindelpresse wird mit Niederhaltern an der Hobelbank befestigt.

Außer den Spindeln benötigt man eigentlich nicht viel Material. Ich hatte für einige der Möbelstücke in diesem Buch Nussbaumbohlen gekauft und es ist bei Rohholz immer so, dass es auch Aststellen, Risse oder andere Fehlstellen aufweist, die man für feinere Möbelarbeiten nicht verwenden kann. Das war bei diesem Nussbaum nicht anders, am Ende einer der Bohlen waren einige Aststellen mit gegenläufiger Holzfaser und breiten Splintholzstreifen. Dieses Material sollte für die Backen und die Einspannleiste der Spindelpresse dienen. In diesem Fall ging es mir weniger um das Aussehen des Holzes als um das Gewicht und die Größe. Meine Nussbaumbohle war etwas über 50 mm stark und etwa 330 mm breit.

Materialvorbereitung

Sägen Sie zuerst das Holz auf die gewünschte Länge und Breite zu. (Vielleicht fällt Ihnen auf, dass sich der Schlitz zum Abbreiten an der neuen Sägebank schon als nützlich erweist!) Wenn die beiden Backen grob zugeschnitten sind, richten Sie sie an der Hobelbank auf Endmaß ab. Sie werden in der Zeichnung erkennen, dass die vordere Backe meiner Presse mit 685 mm etwas kürzer ist als die hintere (750 mm). Durch diesen Längenunterschied ergeben sich an der hinteren Backe Überstände, die nützlich sind, wenn man die Presse während der Verwendung festspannen muss.

Stückliste

Vorderbacke	1	45 x 155 x 685 mm
Hinterbacke	1	45 x 155 x 750 mm
Einspannleiste	1	20 x 60 x 700 mm
Rundstange für Gewindeschrauben	2	Ø 38 mm x 340 mm
Buchsen	2	Ø 60 mm x 85 mm
Rundstange für Griffstangen	2	Ø 20 mm x 400 mm
Endkappen für Griffstangen	4	25 x 25 mm

Die Löcher bohren

Wenn die beiden Backen auf Endmaß zugeschnitten und rechtwinklig abgerichtet sind, werden die Löcher für die Spindeln gebohrt. Es ist gar nicht so leicht, mit der Hand ein 38-mm-Loch durch ein 45 mm starkes Stück Nussbaum zu bohren. Körperlich ist es nicht schwierig. Einen passenden Bohrer zu finden

KOMMERZIELLE SPINDELSÄTZE

Es gibt eine Reihe von Bausätzen für Spindelpressen wie die hier vorgestellte. Teilweise werden sie unter dem Namen Moxon-Zange vermarktet. Manche sind auch im deutschsprachigen Raum erhältlich. Eine beliebte Variante hat Gewindestangen aus Metall, die in der hinteren Backe verschraubt werden und durch die vordere herausragen. Vorne werden Handräder aus Gusseisen an den Gewindestangen befestigt, die für den nötigen Anpressdruck sorgen. Bei dieser Variante bewegen sich nur die Handräder, die Gewindestangen sind fest montiert.

Eine andere Version ähnelt der Spindelpresse, die ich hier vorstelle. Sie hat Metallgewindestangen, die von vorne durch die Backen reichen und hinten in fest installierte Muttern greifen. Solche Bausätze sind eine geeignete Alternative für jene, die nicht selbst Gewindestangen aus Holz herstellen möchten.

Bei diesem Werkstück bekommen meine alten verstellbaren Bohrer des Herstellers Irwin einiges zu tun.

dagegen schon. Glücklicherweise habe ich einen Satz verstellbarer Bohrer, die Mitte der 1950er-Jahre in den USA hergestellt wurden. Falls Sie nicht über etwas Ähnliches verfügen oder sich anschaffen möchten, können Sie es auch mit Flachbohrern passender Größe versuchen.

Reißen Sie die Lage der Bohrlöcher anhand der Zeichnung auf S. 80 sorgfältig an. Die Löcher in der Vorderbacke haben einen Durchmesser von 38 mm, damit die Spindeln frei hindurch passen, die in der hinteren Backe 35 mm, damit das Gewinde eingeschnitten werden kann. Falls Sie gekaufte Spindeln verwenden, reißen Sie die Lage der Löcher entsprechend der Herstelleranweisungen an.

1. Auf dunklem Holz sind Markierungen mit einem weißen Stift leichter zu sehen. **2.** Schneiden Sie das Material auf Breite.

Bohren Sie die beiden 38-mm-Löcher in die vordere Backe und verlängern Sie sie dann mit einer Raspel, um ihnen eine ovale Form zu geben. Die Löcher müssen nur in waagerechter Richtung um etwa 3 mm erweitert werden; die Spindeln sollten in senkrechter Richtung immer noch stramm sitzen. Die verlängerten Löcher ermöglichen es, ein eingespanntes Werkstück in der Presse neu auszurichten, indem man nur die Spindel an einer Seite löst. Die ovale Form der Löcher erlaubt es, die Vorderbacke etwas schräg zu stellen, was sich in diesem Fall als nützlich erweist.

Reißen Sie dann die Lage der Löcher in der hinteren Backe an. Diese Löcher werden nicht erweitert. Sie werden mit einem Innengewinde als Aufnahme für die Spindeln versehen und sollten einen Durchmesser von 35 mm haben.

1. Die 38-mm-Löcher in der Vorderbacke werden mit einem verstellbaren Bohrer gebohrt. **2.** Gewindeschneidsätze für Holz werden im Versandhandel angeboten. **3.** Das Innengewinde wird in die 35-mm-Löcher in der Hinterbacke geschnitten.

Die Innengewinde in der hinteren Backe schneiden

Der Gewindeschneidsatz, den ich für die Anfertigung der 38-mm-Spindeln verwende, erfordert eine 35-mm-Bohrung für das Innengewinde. Ich verwende reichlich Leinölfirnis und achte darauf, alles damit gut zu schmieren, bevor ich versuche, die Innengewinde zu schneiden. Setzen Sie den Gewindeschneider so senkrecht wie möglich an, und arbeiten Sie sich langsam nach unten, bis Sie auf der Rückseite der Backe herauskommen.

Ich habe viele Berichte von Holzwerkern gelesen, die mit Gewindeschneidern keine befriedigenden Ergebnisse erzielt haben. Meist wird das auf den Gewindeschneidsatz zurückgeführt, dessen Qualität angeblich zu wünschen ließe. Ich habe jedoch festgestellt, dass das Problem meist in den Rundstangen zu suchen ist, die für die Schrauben verwendet werden. Achten Sie darauf, Rundstangen aus Laubholz mit geradem Faserverlauf zu verwenden, die vollkommen rund sind. Ich rate deshalb auch davon ab, die Stangen selbst zu drechseln, wenn man nicht ein sehr erfahrener Drechlser ist. Ich würde auch davon abraten, die Rundstangen im Baumarkt zu kaufen, weil sie dort oft einen eher ovalen Querschnitt aufweisen. Die Ergebnisse, die man erzielt, wenn man sie mit einem Gewinde versieht, sind oft schlecht.

TIPP

Auf S. 81 finden Sie die Stückliste für die Spindelpresse. Bedenken Sie jedoch, dass die angegebenen Maße nicht unveränderbar sind; verwenden Sie das Material, das Sie zur Hand haben. Die beiden Backen sollten gleich hoch sein, ansonsten können Sie die Maße nach Belieben verändern. Lesen Sie das ganze Kapitel, bevor Sie die Maße festlegen. Das ist übrigens auch bei den anderen Werkstücken sehr zu empfehlen.

Spannen Sie die Rundstange in der Bankzange ein und schneiden Sie bis 50 mm vom Ende das Gewinde an.

Reißen Sie vier Kreise an, um die Rohlinge für die Buchsen zu schneiden.

Kaufen Sie bei einem guten Fachhändler hochwertiges, gut abgelagertes Material. Die Rundstange, die ich hier verwende, besteht aus Ahorn und zeigt einen sehr schönen geraden Faserverlauf. Sie ist absolut rund und wurde sorgfältig getrocknet und gelagert. Eine Nacht, bevor ich die Gewinde anschneiden werde, länge ich zwei Stücke auf 345 mm ab und lege sie über Nacht in Leinölfirnis ein. Wenn man diese Hinweise sorgfältig befolgt, sollte das Gewindeschneiden von Erfolg gekrönt sein.

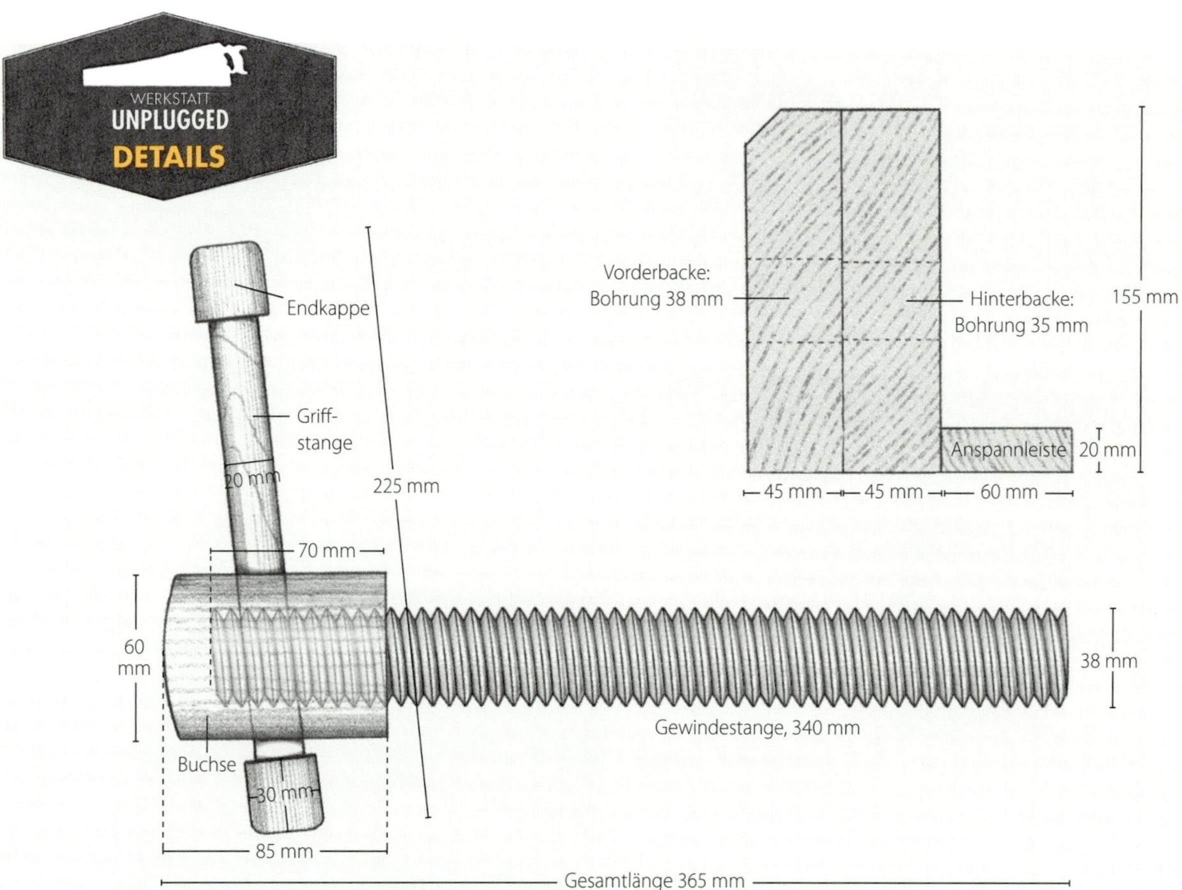

1. Leimen Sie die Rohlinge für die Buchsen zusammen. **2.** Hobeln Sie die vier Kanten bis zu den Bleistiftrissen ab. **3.** Die vier Seiten werden erst zu 8 und dann zu 16 Seiten abgehobelt. **4.** Die fertige Buchse ist nicht vollkommen kreisrund, für den vorgesehenen Zweck reicht sie aber vollkommen aus.

Spannen Sie die mit Firnis getränkten Rundstangen in der Bankzange ein, und richten Sie sie mit dem Tischlerwinkel genau senkrecht aus. Schneiden Sie das Gewinde langsam und vorsichtig, indem Sie sanften, aber anhaltenden und gleichmäßigen Druck ausüben. Arbeiten Sie sich nach unten und spannen Sie nach Bedarf die Rundstange jeweils höher ein. Lassen Sie die letzten 50 mm der Rundstange ohne Gewinde; sie wird später in die Buchse eingeleimt. Wiederholen Sie den Vorgang mit der zweiten Rundstange. Lassen Sie auch hier die letzten 50 mm unbearbeitet. Hier wird im nächsten Schritt die Buchse angebracht.

Die Buchsen

Die Buchsen sorgen dafür, dass die Spindeln nicht durch die Löcher in der Vorderbacke gezogen werden, und dienen der Befestigung der Griffstangen. Die Ränder der Buchsen übertragen auch den Druck auf die Vorderbacke, der zum Einspannen notwendig ist.

Bereiten Sie Material mit 45 mm Stärke vor (ich habe auch hier Ahorn verwendet). Reißen Sie mit dem Zirkel vier Kreise mit 45 mm Durchmesser an und dann um jeden konzentrisch einen zweiten Kreis mit 65 mm Durchmesser (siehe rechtes Foto auf der gegenüberliegenden Seite).

Wenn die Buchsen so angerissen sind, bohren Sie die Mitte mit einem 45-mm-Bohrer aus. Zwei der Bohrlöcher gehen ganz durch das Material, zwei sind Sacklöcher, die nur durch die halbe Stärke des Materials gehen. Sägen Sie die Rohlinge aus. Sie müssten jetzt zwei Rohlinge mit durchgehenden Bohrungen haben, und zwei mit Sackbohrungen, die halb hindurch reichen. Leimen Sie jeweils einen der Rohlinge mit durchgehender Bohrung auf einen mit dem Sackloch.

Wenn der Leim trocken ist, haben Sie Gelegenheit, Ihre Fähigkeiten mit dem Handhobel etwas zu üben. Spannen Sie den Rohling in der Bankzange ein, und hobeln Sie ihn zu einem achteckigen Querschnitt. Im Wesentlichen heißt das, dass man die vier Eckkanten abhobelt. (Man könnte auch etwas Zeit sparen und die Eckkanten absägen. Aber wo bliebe da das Vergnügen?) Wenn die Kanten abgenommen sind, wird der Schritt wiederholt, um aus dem achtseitigen Rohling einen mit 16 Seiten zu machen. Wiederholen Sie den Vorgang so oft, bis Sie eine mehr oder weniger runde Außenform erreicht haben. Die Form muss nicht perfekt sein – es geht nicht darum, das Rad neu zu erfinden! Richten Sie die beiden Enden mit dem Hobel ab, und verputzen Sie Faserausrisse, die eventuell beim Abrunden entstanden sind. Ein schönes Detail ist es, wenn man die vordere Kante anfast oder abrundet. Gehen Sie bei der zweiten Buchse genauso vor.

Je nach Wunsch kann die äußere Form der beiden Buchsen dann mit Feile und Schleifpapier geglättet oder auch rau belassen werden. Ehrlich gesagt, können Sie sie auch rechteckig lassen, wenn Sie möchten: Das Abrunden ist eine rein ästhetische Entscheidung, die sich auf ihre Funktion nicht auswirkt. Leimen Sie die fertigen Buchsen an die Enden der Spindeln.

Die Buchsenlöcher bohren

Wenn der Leim trocken ist, werden Löcher mit 20 mm Durchmesser durch die Buchsen gebohrt, in die man 20-mm-Rundstangen als Drehgriffe steckt. Wenn die Drehgriffe senkrecht durch die Buchsen geführt werden, verbleibt nicht viel Platz, um sie anzufassen, deshalb habe ich die Bohrlöcher in den Buchsen etwas angewinkelt, sodass die Drehgriffe etwas schräg zur Vorderbacke stehen. Der leichte Winkel (etwa 2° vom rechten Winkel abweichend) schont die Knöchel bei der Verwendung und macht das Drehen der Spindeln etwas einfacher. Solche kleinen Details können bei der Arbeit einen großen Unterschied machen.

Die Länge des Drehgriffs bleibt Ihnen überlassen; versuchen Sie es zuerst im Bereich von 200 bis 250 mm. Meine sind 200 mm lang, mit den Endkappen sind es dann 225 mm. Experimentieren Sie, bis Sie ein Maß gefunden haben, das Ihnen behagt.

Leimen Sie die Buchsen an den Enden der Spindeln an, und legen Sie sie zum Trocknen beiseite.

Leimen Sie die Buchsen an den Enden der Gewindestangen fest und legen Sie sie zum Trocknen beiseite.

1. Bohren Sie 20-mm-Löcher in die Buchsen. (Foto Nelson Fidgen, 7 Jahre alt) **2.** Wenn man die Löcher etwas schräg bohrt (etwa 2° vom rechten Winkel abweichend), treffen die Griffstangen bei Gebrauch nicht auf die Backen. **3.** Die fertigen Buchsen

Die hintere Einspannleiste

Das letzte Teil der Spindelpresse ist die hintere Einspannleiste. Sie besteht aus 20 mm starkem und 60 mm breitem Material, die Länge entspricht etwa der hinteren Backe. Ich hatte ein Reststück, das etwa 25 mm kürzer war als die Länge der hinteren Backe, aber auch sehr gut funktioniert. Bereiten Sie das Material wie gewohnt vor und leimen Sie es unten an der Außenseite der hinteren Backe an. Die Einspannleiste ist wichtig, wenn man Niederhalter verwendet, um die Spindelpresse an einer Arbeitsplatte zu befestigen. Wenn der Leim trocken ist, verputzen Sie die Leimfuge mit einem scharfen Handhobel.

Nachdem die hintere Backe und die Einspannleiste fertiggestellt sind, hobele ich noch eine breite Fase an der äußeren Oberkante der Vorderbacke an (siehe „Anfasen der Vorderbacke" auf S. 88).

DIE VORDERBACKE ANFASEN

Eine Fase an der Außenkante der Vorderbacke ist nützlich, wenn man halbverdeckte Schwalbenschwanzzinkungen schneidet und die Säge in einem Winkel von 45° zum Werkstück halten muss. Reißen Sie Hilfslinien in etwa 12 mm Abstand von der Oberkante an und hobeln Sie die Fase so an, wie im Foto zu sehen.

1. Reißen Sie Hilfslinien für die Fase an der Vorderbacke an. **2.** Hobeln Sie bis zu den Rissen.

Verleimen Sie die Einspannleiste an der unteren Außenkante der Hinterbacke.

Endkappen für die Griffstangen

Ein letztes Detail fehlt noch, bevor die Presse montiert wird: die Endkappen für die Griffstangen. Es ist im Grunde das gleiche Verfahren wie bei der Herstellung der Buchsen (siehe S. 85), nur in kleinerem Maßstab. Reißen Sie mit dem Zirkel auf 25 mm starkem Material Kreise mit 20 mm Durchmesser an, und konzentrische 25-mm-Kreise jeweils darum. Bohren Sie 20-mm-Sacklöcher bis etwa zur Hälfte der Materialstärke und sägen Sie die Kappen aus. Runden Sie die Kappen mit Hobel, Feile und Schleifpapier ab, bis sie angenehm anzufassen sind. Die Kappen werden nach der Endmontage an den Enden der Griffstangen angeleimt.

Endmontage und Details

Wenn die Teile der Spindelpresse fertiggestellt sind, werden alle Oberflächen mit einem Öl-Lack-Gemisch eingerieben. Falls Sie Lederreste von einem anderen Werkstück übrig behalten haben, können Sie damit die Innenseiten der Backen belegen. Das ist ein schönes Detail, aber nicht unbedingt notwendig.

Die Presse wird zusammengebaut, indem man die Backen auf den Werktisch stellt, die Spindeln durch die vorderen Löcher steckt und sie in das Gewinde der hinteren Backen einfädelt. Stecken Sie die Drehgriffe aus 20-mm-Rundstange in die Buchsen ein. Leimen Sie die Kappen an den Drehgriffen an. Wenn der Leim trocken ist, kann die Spindelpresse entweder mit Niederhaltern an der hinteren Einspannleiste (das ziehe ich vor) oder mit Zwingen an den Überständen der hinteren Backe am Werktisch befestigt werden. Dann steht der Arbeit mit Ihrer neuen Spindelpresse nichts mehr entgegen.

DESIGN GALLERIE

1. Die Spindelpresse ist das perfekte Hilfsmittel, um breite Werkstücke einzuspannen, deren Kanten man bearbeiten möchte. **2.** Die schräg stehenden Griffstangen erleichtern die Bedienung. **3.** Die beiden Gewindestangen durch den Gewindeschneider gesehen.

veritas®
From the workbench of:
Date
Innovation in tools

Der MALER-KOFFER

„Das Zeichnen ist
das unmittelbarste und spontanste
Ausdrucksmittel des Künstlers.“

Edgar Degas

Seitenansicht

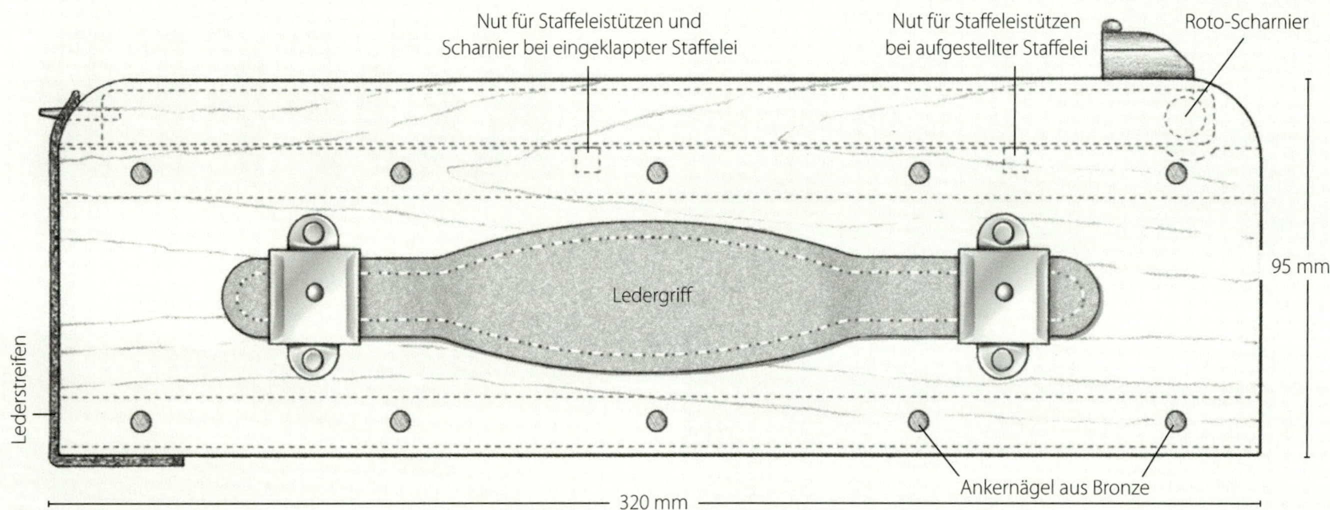

Vorderansicht

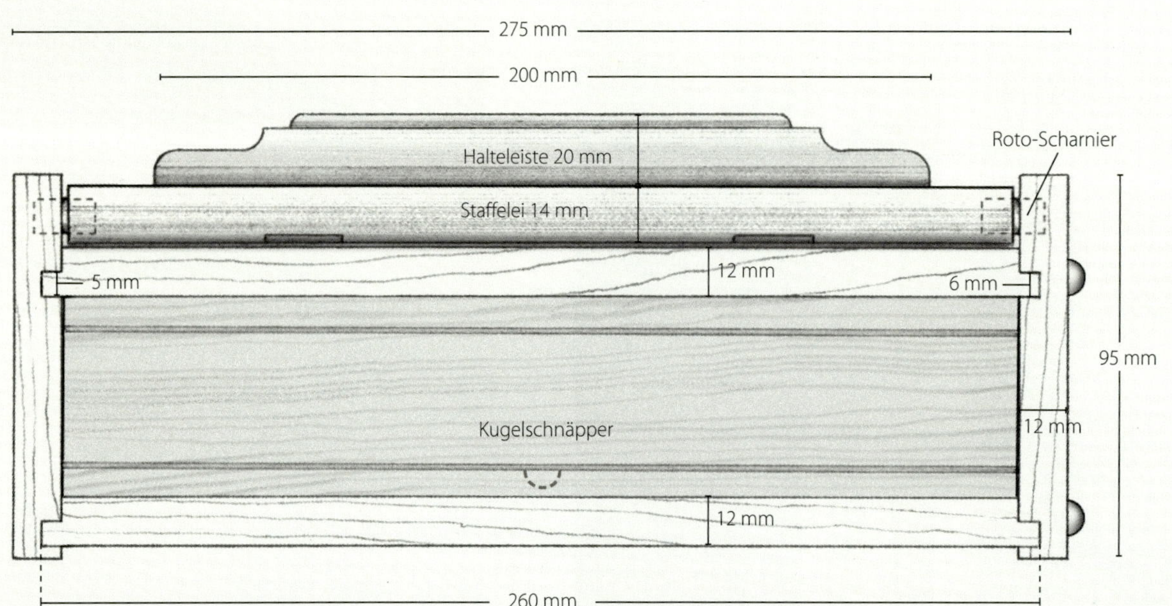

Malerkoffer wie dieser kamen im 18. und 19. Jahrhundert in Frankreich auf. Sie dienten den Malern als kleine tragbare Transportbehältnisse, in denen sie alles Notwendige verstauen konnten, vor allem, wenn sie "en plein air" (im Freien, also nicht im Atelier) malen wollten. Ein mit Scharnier befestigter Deckel dient als Staffelei, im Inneren werden Pinsel, Farben und anderes untergebracht. So konnte man schnell ein Bild, eine Szene oder Idee festhalten, die dann später weiter ausgearbeitet wurden. Solche Skizzen wurden „pochade" genannt, im Englischen heißen die Koffer deshalb auch "pochade box". Mir gefällt die Vorstellung, aufkommende Ideen schnell festhalten zu können, deshalb habe ich den Malerkoffer immer in Reichweite meiner Hobelbank, falls mich eine Inspiration überfällt.

Stückliste

Schubladenseitenstück	2	11 x 50 x 300 mm
Schubladenvorder- und -hinterstück	2	16 x 50 x 250 mm
Schubladenboden (besteht aus 2 Teilen)	1	7 x 235 x 290 mm
Träger für Stiftablage	2	3 x 150 x 285 mm
Stiftablage (in Schublade eingepasst)	1	12 x 150 x 225 mm
Korpusseiten	2	12 x 95 x 320 mm
Korpusdeckel u. -boden	2	12 x 260 x 320 mm
Staffelei (aus Streifen von Restholz)	1	15 x 245 x 315 mm
Stützen für Staffelei	2	3 x 22 x 170 mm
Halteleiste	1	20 x 20 x 200 mm

Ein Malerkoffer ist auf Vincent van Goghs Bild „Der Maler auf dem Weg nach Tarascon" zu sehen. Das 1888 entstandene Bild gehörte zu einer Sammlung in Magdeburg und wurde vermutlich im 2. Weltkrieg zerstört.

Der hier vorgestellte Entwurf ist meine Interpretation des Malerkoffers. Ich benutze ihn, wenn ich mit Stift und Papier Skizzen festhalte, die ich dann später mit einem Computerprogramm wie SketchUp oder anhand von technischen Zeichnungen oder Modellen ausarbeite. Mich hat die romantische Aura eines solchen Malerkoffers angeregt, mir eine Verbindung aus Staffelei und Aufbewahrungsmöglichkeit für die Werkstatt herzustellen, damit ich meine Bleistifte und Skizzenhefte immer greifbar habe. Der Malerkoffer ist eine großartige Einführung in die grundlegenden Prinzipien der Korpuskonstruktion mit einfachen gefälzten Verbindungen und Ankernägeln. Außerdem ist es ein vergnügliches kleines Werkstück für ein Wochenende in der Werkstatt.

Schubladenseitenstück

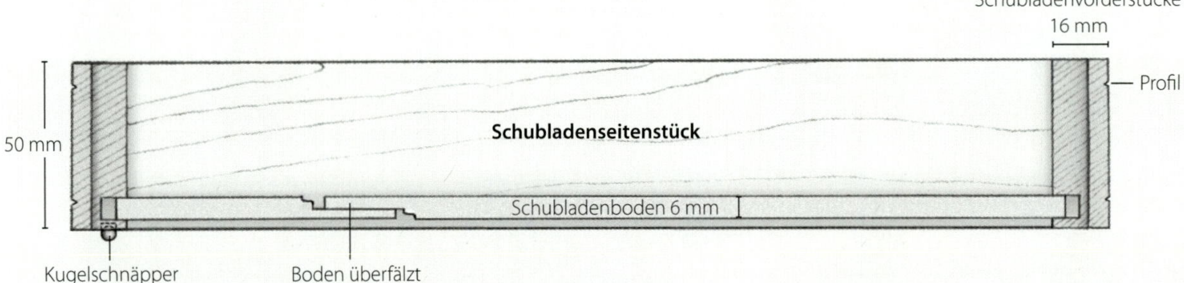

Draufsicht Schublade

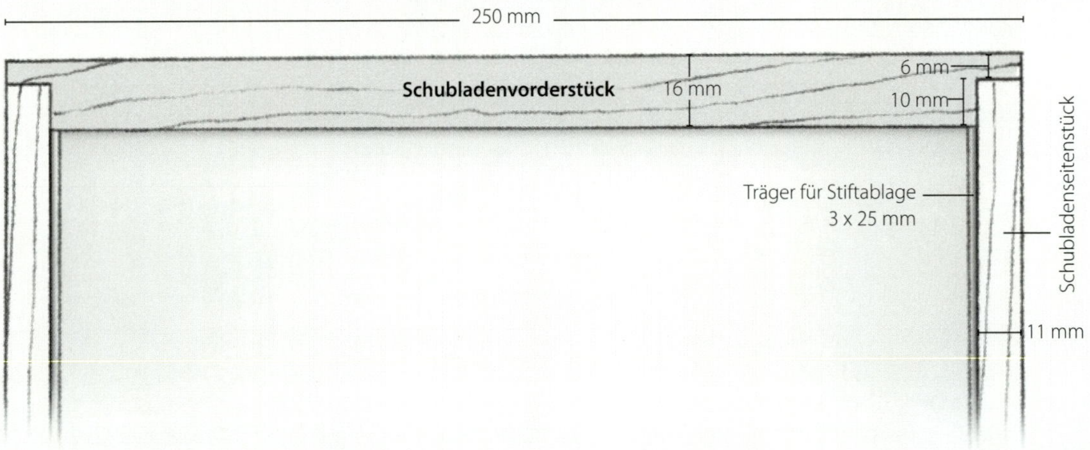

Schubladenkonstruktion auf die Schnelle

Bei neun von zehn Möbelstücken, die Schubladen enthalten, wird zuerst der Korpus angefertigt und dann passt man die Schubladen sorgfältig in die Öffnungen ein. Bei diesem Werkstück ging ich umgekehrt vor. Warum? Weil die Konstruktion ein offener Kasten ist, in dem eine von beiden Seiten ausziehbare Schublade steckt. Eine solche Schublade mit zwei Vorderstücken in einen Korpus einzupassen, kann schwierig sein. Ich entschied mich für die leichtere Reihenfolge, zuerst die Schublade zu bauen und dann den Kasten drum herum zu konstruieren.

Eine Schublade mit gefälzten und genagelten Eckverbindungen lässt sich schnell und leicht bauen, ist aber für diesen Zweck ausreichend belastbar. Falls Sie eine etwas aufwändigere Schublade haben möchten, sind halbverdeckte Schwalbenschwanzzinkungen vielleicht eine gute Wahl (siehe S. 185). Bei diesem Werkstück habe ich mich für eine einfache Konstruktion entschieden, aber Sie können sich darauf verlassen, dass bei den späteren Stücken in diesem Buch noch viele Schubladen vorkommen, sodass Sie reichlich Gelegenheit haben, das Zinken zu üben!

Beim traditionellen Schubladenbau wird das Hinterstück flacher ausgeführt als die Seiten und das Vorderstück, falls der Boden aus Vollholz ist. Der Schubladenboden liegt in Nuten, die unterhalb des Hinterstücks enden, damit das Holz des Bodens arbeiten kann. In diesem Fall haben wir eine doppelseitige Schublade mit Vorderstücken, bei der alle Teile aus Vollholz bestehen. Dadurch mag die Katastrophe eingeplant sein, aber wir werden den Problemen des arbeitenden Holzes dadurch begegnen, dass wir dem Boden etwas Platz geben, um zu quellen. Wie das genau gemeint ist, wird während des Baus deutlich.

Beginnen Sie mit der Holzauswahl für die Schublade und dem Zuschnitt laut Stückliste. Markieren Sie die Kanten mit Dreiecken wie in Foto 2 unten zu sehen, dann fällt Ihnen die Ausrichtung der Bauteile während der Arbeit leichter.

Die Fälze anschneiden

Reißen Sie mit dem Streichmaß die Fälze an den beiden Vorderstücken der Schublade an. Die Breite des Falzes wird von der Stärke der Seitenstücke abgenommen. Die Brüstungen der Fälze werden dabei an den Innenseiten der Vorderstückenden angerissen. Die Falztiefe beträgt 10 mm. Schneiden Sie mit der Sägelade und einer Rückensäge die Brüstungen ein. Spannen Sie dann die Bauteile in der Vorderzange der Hobelbank ein, und schneiden Sie die Wangen, um die Fälze fertigzustellen.

Arbeiten Sie gegebenenfalls die Passung der Verbindungen mit dem Stechbeitel nach und überprüfen Sie die Verbindungen: Stecken Sie die Seitenstücke und die beiden Vorderstücke trocken zusammen und kontrollieren Sie auf

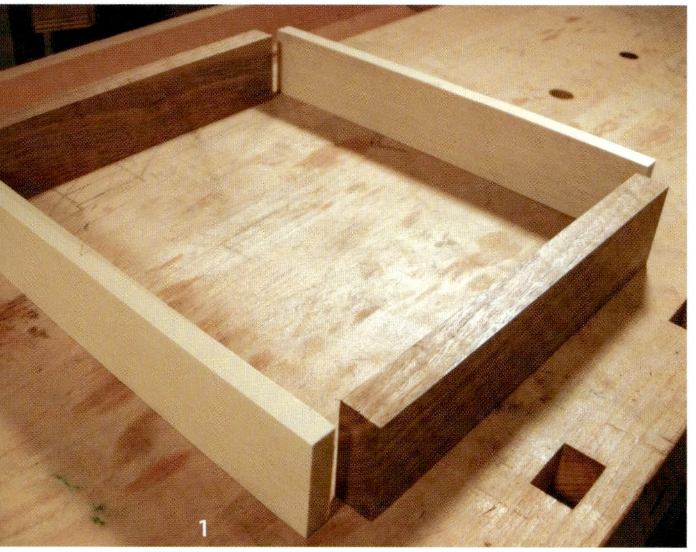

1. Die Teile für die Schublade sind zugeschnitten, jetzt können die einfachen Verbindungen angeschnitten werden. **2.** Die Dreiecksmarkierungen kennzeichnen zusammengehörende Teile.

1. Das Streichmaß wird auf die Stärke des Seitenstücks eingestellt – so muss man nicht messen! **2.** Die Stärke wird auf der Innenseite der Vorderstücke angerissen. **3.** Die Brüstungen werden eingesägt. **4.** Die Wange wird freigeschnitten. Dann wird die Verbindung wie sonst auch mit einem scharfen Stechbeitel verputzt und auf Rechtwinkligkeit kontrolliert.

Rechtwinkligkeit. Sorgfältiges Arbeiten in dieser Phase zahlt sich später aus, wenn Sie den Korpus um die Schublade bauen. Falls die Schublade nicht rechtwinklig ist, bekommen Sie später nie eine gute Passung hin.

Den Schubladenboden einpassen

Schneiden Sie als nächstes mit einem kleinen Nuthobel eine 6 mm breite Nut in 3 mm Entfernung von der Unterkante der Seitenstücke. Mein Nuthobel hat einen auf 5 mm eingestellten Tiefenanschlag; wenn er keine Hobelspäne mehr auswirft, weiß ich, dass die Nut tief genug ist. Die beiden Vorderstücke der Schublade erhalten auch eine Nut, die ich jedoch 12 mm tief schneide. Die zusätzliche Tiefe erlaubt es dem Schubladenboden zu arbeiten.

Wenn die Seiten- und Vorderteile genutet sind, wird das Material für den Boden zugeschnitten. Ich habe zwei Pappelbretter mit 8 mm Stärke verwendet. Bei dieser Stärke wird die Schublade recht stabil und überdauert jahrelange Nutzung. Sägen Sie das Material auf Breite, lassen Sie es aber vorerst etwas länger. Die beiden Teile des Bodens werden überfälzt eingelegt, sodass das Holz arbeiten kann (das ist der "Platz zum Quellen", den ich in der Einleitung erwähnt habe). Schneiden Sie zuerst einen Falz an der Unterseite der Bodenteile an, damit sie stramm in die 6 mm breite Aufnahmenut passen. Ich stelle dafür meinen Falzhobel auf geringe Schnitttiefe ein.

Mit dem Falzhobel wird auch die 25 mm breite Überfälzung an der Fuge zwischen den beiden Bodenteilen angeschnitten. Diese Überfälzung sorgt in Verbindung mit den tiefen Nuten in den beiden Vorderstücken für reichlich Platz, damit der Boden schwinden und quellen kann, wenn sich die Luftfeuchtigkeit der Umgebung ändert. Stecken Sie die fertigen Bodenteile trocken in die Seiten- und Vorderstücke ein, um zu sehen, wie viel Platz für das Arbeiten des Holzes vorhanden ist.

DEN VERSCHNITT SCHRAFFIEREN

Es ist eine gute Angewohnheit, bei allen Verbindungen das Material zu schraffieren, das abgenommen werden soll. Auch bei einer einfachen Überblattung sollte man nicht darauf verzichten. Eine Minute Arbeit kann einem so stundenlanges Nacharbeiten ersparen, falls man versehentlich auf der falschen Seite des Risses sägt.

Mit dem Nuthobel sind die Nuten für einen Schubladenboden schnell geschnitten. Seiten- und Tiefenanschlag sorgen für präzises Arbeiten.

Der Schubladenboden besteht aus zwei überfälzten Brettern. So kann das Holz über die Breite quellen und schwinden.

MIT WACHSSCHNUR ARBEITEN

Vor einigen Jahren bekam ich von meinem Schwiegervater eine Rolle Wachsschnur. Er erzählte, sie würde von Metzgern verwendet, um Fleisch zu verpacken, und von Kurierdiensten, um schwere Lasten einzupacken. Falls Sie Wachsschnur erhalten können, werden Sie feststellen, dass sie bei Trockenmontagen gute Dienste leistet, um die Bauteile zusammenzuhalten. Es finden sich aber noch viele andere Verwendungszwecke in der Werkstatt. Hier sieht man, wie ich sie mit einem Knebel verwende, um eine Schublade trocken zusammenzustecken. Mögliche Bezugsquellen sind Händler für Schuhmacher- oder Polstererbedarf.

Die Stiftablage und ihre Träger

Kontrollieren Sie nach der Trockenmontage die Schublade auf Rechtwinkligkeit. Bereiten Sie dann das 3 mm starke Material für die Träger der Stiftablage vor. Sägen Sie es auf Breite (25 mm) und Länge (lichte Innenlänge der Schublade, etwa 280 mm). Die Träger werden bei der Endmontage an den Innenseiten der Schubladenseitenstücke angeleimt. Es ist deshalb wichtig, dass die Faserrichtung in den Teilen gleich verläuft (siehe Foto unten auf S. 100).

Dann wird die Stiftablage hergestellt. Ich habe dafür 12 mm starkes Pappelholz mit 200 mm Länge und 150 mm Breite verwendet. Ein auf der Unterseite angeschnittener Falz liegt auf den Trägern auf, die an der Innenseite der Schublade befestigt sind. Mit einem Profilhobel wird über die Breite der Ablage eine Reihe von 6 mm breiten Hohlkehlen angeschnitten. Verwenden Sie für die erste Hohlkehle eine Zulage in etwa der Größe des Hobels, um ihn an der Außenkante des Materials entlang zu führen. Wenn die erste Hohlkehle angeschnitten ist, wird die provisorische Führung immer in der jeweils letzten Hohlkehle geführt, bis die gesamte Stiftablage mit Hohlkehlen versehen ist. Ohne eine Art Anschlag wäre es schwierig, eine Reihe von parallelen Hohlkehlen zu hobeln, und diese Methode ist schnell und einfach und liefert zuverlässige Ergebnisse.

1. Mit einer Zulage als provisorischem Anschlag am Profilhobel wird die erste Hohlkehle geschnitten. **2.** Bei den weiteren Hohlkehlen wird der Anschlag jeweils in der zuletzt geschnittenen geführt. **3.** Auf halber Strecke ... **4.** Wenn alle Hohlkehlen geschnitten sind, wird die Stiftablage trocken in die Schublade eingepasst.

Montage der Schublade und Profilierung

Wenn die Bestandteile der Schublade angefertigt sind, kann sie verleimt werden. Diese Teile werden oft angefasst. Brechen Sie deshalb alle Kanten an den Bauteilen und runden Sie die Ecken der Stiftablage ab.

Wenn der Leim an der Schublade trocken ist, hobeln Sie an den Ober- und Unterkanten der beiden Vorderstücke Schmuckprofile an. Bei meinem Exemplar sind es schmale Nuten, die etwa 6 mm von der Außenkante liegen, weil ich ein entsprechendes Eisen für meinen Profilhobel verfüge. Bei dieser Arbeit bietet sich die Spindelpresse an, um die Schublade sicher einzuspannen. Wenn die Schublade fertig ist und Sie mit der Passung zufrieden sind, treiben Sie einige Ankernägel durch die gefälzten Verbindungen, um die Belastbarkeit zu erhöhen.

Wenn die beiden Vorderstücke der Schublade verputzt sind, werden zwei kleine Hohlkehlen als Dekor angeschnitten. Die Spindelpresse ist das perfekte Hilfsmittel, um an Schubladen zu arbeiten.

TIPP

Bringen Sie die Ankernägel an, nachdem Sie das Innere des Malerkoffers ein letztes Mal trocken zusammengesteckt haben. So können Sie nötigenfalls die Passung noch nacharbeiten, indem Sie die Seitenstücke etwas schmaler hobeln.

Der Korpus

Bis auf den Schnappverschluss, der später angebracht wird, ist die Schublade jetzt fertig. Es ist also Zeit, das Material für den Korpus vorzubereiten. Ich habe 12 mm starken Riegelahorn verwendet und Deckel und Boden aus jeweils zwei Teilen zusammengefügt. Die Endmaße sollten 320 x 260 x 12 mm betragen. Beachten Sie, dass die Faser von Seite zu Seite verläuft, damit das Holz arbeiten kann. Auch die Korpusseitenteile werden jetzt auf Maß geschnitten (320 x 100 x 12 mm).

Wenn der Leim an Deckel und Boden trocken ist, werden sie rechtwinklig abgerichtet und verputzt. Dann reißt man an ihren Seitenkanten die 6-mm-Fälze an. Entfernen Sie den Großteil des Verschnitts mit einem Falzhobel und arbeiten Sie die Verbindungen dann mit einem Simshobel nach. Schneiden Sie dann die Nuten als Aufnahme für Deckel und Boden in die Korpusseitenteile. Die obere Brüstung der unteren Nut liegt 10 mm von der Unterkante entfernt, die obere Brüstung der oberen Nut 75 mm. Schneiden Sie die Nuten mit einem kleinen Nuthobel und stecken Sie die Verbindung dann trocken zusammen. Einfache Verbindungen sind für dieses Werkstück ausreichend belastbar. Mit etwas Leim und einigen Ankernägeln hält der Malerkasten viele Jahre.

Die inneren Träger für die Stiftablage werden eingeleimt.

Die Nuten in den Korpusseiten werden mit dem Nuthobel geschnitten.

Wenn die Verbindungen angeschnitten sind, wird der Korpus trocken zusammengesteckt.

Die Staffelei

Die Staffelei besteht aus einer Sammlung von Holzresten: eine gute Gelegenheit, endlich all' die schönen kleinen Stücke zu verwerten, die man schon so lange gesammelt hat. Ich habe einige Streifen zugeschnitten und rechtwinklig abgerichtet. Sie werden auf 250 mm Länge zugeschnitten und zu einer Platte verleimt.

Wenn der Leim trocken ist, werden die Flächen verputzt und die Kanten rechtwinklig abgerichtet. Ich habe die Ecken abgerundet, an denen die Roto-Scharniere (siehe S. 41) angebracht werden, die das Heben und Senken der Staffelei erlauben. Stecken Sie die Teile nochmals trocken zusammen.

Details an der Staffelei

Die Staffelei lässt sich aus der waagerechten Lage anheben und wird dann von zwei kleinen Stützen gehalten, die mit Scharnieren an der Rückseite befestigt sind. Die Platte ist mit zwei Roto-Scharnieren versehen, die an einem Ende in den Schmalkanten der Platte eingelassen sind und mit dem anderen Ende in den Seitenteilen des Korpus' sitzen. Mit der Bohrwinde und einem Forstnerbohrer sind die Löcher schnell gebohrt und ich kontrolliere die Passung mit eingesteckten Holzdübeln, die etwas dünner sind, damit sie sich leicht wieder herausziehen lassen. Hobeln Sie mit einem Profilhobel eine 20 mm breite Hohlkehle in die Oberseite des Korpus'. Die Hohlkehle muss nicht tiefer als 5 mm sein, damit das Ende der Platte Platz findet, wenn die Staffelei aufgestellt wird.

Die Klappbeine, von denen die Platte in der angehobenen Stellung gehalten wird, müssen in einer Aufnahme liegen, wenn die Platte waagerecht liegt. Ich habe dafür zwei flache Nuten in die Unterseite der Platte geschnitten. Legen Sie die Umrisse der Aufnahmenuten mit tiefen Rissen fest. Stechen Sie an den Wandungen mit dem Beitel ein, und entfernen Sie den Verschnitt. Putzen Sie mit dem Grundhobel nach. Dann können Sie die Beine einpassen und mit zwei kleinen Messingscharnieren anbringen. Bohren Sie Führungslöcher für die

1. Beim Zuschneiden des dünnen Materials für die Platte der Staffelei erweist sich die Fuge zum Abbreiten in der Sägebank als nützlich. Da das Material auf beiden Seiten des Sägeschnitts gestützt wird, ist das Sägen sehr viel einfacher. **2.** Für die Platte wird ein Mosaik aus Holzresten zusammengeleimt.

1. Für die Stützen werden zwei flache abgesetzte Nuten ausgestemmt, die als Aufnahme dienen, wenn man die Staffelei nicht nutzt. **2.** Mit dem Grundhobel werden die Nuten auf gleichmäßige Tiefe geschnitten. **3.** Die Stützen werden in die Nuten eingepasst und mit Scharnieren befestigt. **4.** Bringen Sie Roto-Scharniere an der Staffeleiplatte an, und kontrollieren Sie die Funktion der Stützen.

Befestigungsschrauben der Scharniere und kürzen Sie die Schrauben mit einer Feile an den Spitzen, falls sie zu lang sein sollten.

Wenn ich die Beine an der Platte angebracht und die Staffelei soweit aufgestellt habe, dass ich gut an ihr arbeiten kann, markiere ich die Stellung der Beine und demontiere den Korpus. Dann wird in den Korpusdeckel eine Nut geschnitten, um die unteren Enden der Beine zu halten, wenn die Staffelei aufgestellt ist, und zwei weitere kleine Ausklinkungen, in denen die Gewerbe der Scharniere Platz finden, wenn die Staffelei flach liegt. Schneiden Sie die Nut mit dem Nuthobel. Die Ausklinkungen für die Scharniere können einfach mit dem Beitel ausgestochen werden. Nach einer weiteren Trockenmontage wird der Korpus wieder auseinandergenommen, alle Flächen werden geschliffen und die oberen Kanten des Korpus werden abgerundet.

Der letzte Schritt vor der Endmontage besteht darin, eine kleine Leiste an der unteren Kante der Staffeleiplatte anzubringen. Sie hält mein Skizzenbuch, wenn ich an dem Malerkoffer arbeite. Diese Halteleiste können Sie ganz nach Wunsch gestalten: Ich habe ein kleines Reststück Nussbaumholz mit Säge, Nuthobel und Feile bearbeitet, um ein Aussehen zu erzielen, das etwas an die amerikanische "Arts and Crafts"-Bewegung erinnert, die ich sehr schätze. Wenn die Halteleiste an der Platte angebracht ist, werden alle Teile mit einer Öl-Lack-Mischung behandelt. Das ist jetzt einfacher als später, wenn der Korpus verleimt ist.

Bei abgenommenem Korpusseitenteil sind die Verbindungen und die Lage des Roto-Scharniers zu erkennen.

Endmontage

Verleimen Sie zuerst die gefälzten Verbindungen am Korpus mit Glutinheißleim. (Wenn an einem Werkstück nur wenige Bauteile verleimt werden müssen, verwende ich Glutinheißleim; bei umfangreicheren Verleimungen greife ich zu flüssigem [kaltem] Glutinleim, weil er eine längere Offenzeit hat.) Verstärkt und verschönert wird die Verbindung durch einige Ankernägel aus Bronze.

Mit Ankernägeln verstärken

Wenn der Leim trocken ist, kontrollieren Sie die Passung der Schublade im Korpus. Wenn Sie damit zufrieden sind, treiben Sie einige Ankernägel durch die gefälzten Verbindungen an den Schubladenecken. Sie dienen außerdem neben der zusammengesetzten Staffeleiplatte und der Form der Halteleiste aus Nussbaum als weiteres Schmuckelement, um den Malerkoffer ansprechender zu gestalten. Wenn Sie

1. Die Ausklinkungen für die Scharniere und die Nut für die unteren Enden der Stützen werden geschnitten.
2. An der Halteleiste ruht der Skizzenblock bei der Arbeit.

Ankernägel verwenden, achten Sie sehr genau auf ihre Platzierung: Sie sind nach dem Eintreiben so gut wie nicht mehr zu entfernen.

An den Korpusseitenteilen habe ich die äußeren Nägel etwa 25 mm von den Enden eingesetzt, dazwischen dann immer im Abstand von etwa 65 mm. An jedem Seitenteil sind es 10 Ankernägel, jeweils 5 in jeder der beiden Nuten.

Abschließende Arbeiten

Der Malerkasten ist jetzt fast fertig. Es gibt aber einige letzte Details, mit denen man sowohl die Nützlichkeit als auch das Aussehen verbessern kann.

Ich habe an einem Ende des Kastens einen Lederstreifen angebracht, der die Staffeleiplatte hält, wenn der Kasten getragen wird. Ein Ende des Lederstreifens wird mit Leim und einer kleinen Messingschraube an der Korpusunterseite befestigt. Am anderen Ende stanze ich ein kleines Loch in das Leder, das über einen 3-mm-Nussbaumdübel gelegt wird, den ich am oberen Ende der Staffeleiplatte eingeleimt habe. Der Lederstreifen wird beim Transport um das Ende des Kastens gelegt und hält alles an Ort und Stelle.

Um die Schublade geschlossen zu halten, bringe ich einen kleinen 10-mm-Kugelschnäpper an der Unterseite eines Schubladenvorderstücks an. Er übt hinreichend Druck aus, um die Schublade beim Transport zu sichern. Bohren Sie ein kleines Loch in die Unterkante eines Vorderstücks und kleben Sie den Kugelschnäpper hinein.

Polsterernägel sind ideale Standfüsse für einen Kasten dieser Größe. Nageln Sie vier Stück an eine Korpusseite. Achten Sie darauf, die Nägel am Deckel und Boden auszurichten. Sie möchten ja nicht, dass sie in den Innenraum hineinragen! An der anderen Korpusseite habe ich einen Handgriff aus Leder mit speziellen Befestigungen aus Messing angebracht. Diese Beschläge werden mit kleinen Messingnägeln angebracht.

Mit den Lederdetails, den Nägeln aus Bronze und Messing hat der Malerkasten seinen ganz eigenen Stil. Außerdem hält er nicht nur alles, was ich für Skizzen benötige, in Griffweite bereit, sondern er inspiriert mich auch jedes Mal, wenn ich ihn benutze. Damit betrachte ich dieses Werkstück dann aber auch als fertig!

1. Reißen Sie die Lage der Ankernägel sorgfältig mit einer Ahle an und bohren Sie mit einem kleinen Handbohrer Führungslöcher. **2.** Die Ankernägel aus Bronze geben der Schublade jahrelang Halt.

Die Staffelei wird während des Transports durch einen Lederstreifen und einen kleinen Dübel fixiert.

1. An der Unterseite des Vorderstücks wird in der Schublade ein Kugelschnäpper installiert, um sie zu fixieren, wenn der Malerkoffer getragen wird. **2.** Der Ledergriff wird mit Messingbeschlägen befestigt.

Hobel aus Holz

Die Rückmeldung, die Sie bei der Verwendung eines Hobels aus Holz erhalten, ist vollkommen anders als die eines Metallhobels. Die taktilen Empfindungen, die durch die Sohle eines perfekt abgerichteten und polierten Handwerkzeugs übermittelt werden, das man selbst hergestellt hat, sind ein befriedigendes und befreiendes Erlebnis. Mit einfachen Worten: Holz auf Holz fühlt sich einfach gut an.

Traditionelle Hobel aus Holz werden seit Jahrhunderten immer noch auf der ganzen Welt gebaut. Die kommerziellen Varianten mit ihren vielfältig gestuft eingeschnittenen Maulöffnungen mögen auf den Freizeit-Holzwerker zu einschüchternd wirken, um sie nachzubauen. Die Konstruktionsform, die ich hier vorführe, ist die vereinfachte „Sandwich"-Methode von James Krenov. Wenn man erst einmal gesehen hat, wie leicht die Konstruktion ist, lässt sie sich auf zahlreiche andere Hobeltypen übertragen, auch auf solche eher traditioneller Form.

James Krenov war eine der einflussreichsten Persönlichkeiten der modernen handwerklichen Holzbearbeitung in den USA und vielleicht auch darüber hinaus. Bis zu seinem Tod im Jahr 2009 war er als Autor, Lehrer, Möbeltischler und Befürworter der Holzhobel tätig, die er baute und verwendete.

Die Herstellung eines solchen Hobels ist ausführlich in Krenovs Buch „The Fine Art of Cabinetmaking" (dt.: „Die Kunst des Möbelbaus", Berlin 2000) beschrieben. Krenov zeigt darin, wie ein Holzhobel in einer gut mit Elektrowerkzeugen und -maschinen ausgestatteten Werkstatt angefertigt wird. Wie ist es aber in einer Werkstatt ohne solche Maschinen? Lassen sich Hobel dieser Konstruktion auch ohne Elektrowerkzeuge oder Maschinen bauen? Zweifelsohne! Im Folgenden wird Schritt für Schritt gezeigt, wie man mit nur wenigen Werkzeugen hochwertige Handhobel herstellen kann, mit denen sich die allerfeinsten Späne abnehmen lassen.

Kurze Raubank

Die Kurzraubank ist eines der nützlichsten Werkzeuge in der Holzwerkstatt; man kann mit ihr Rohholz grob zurichten, Kanten für Breitenverleimungen abrichten und auch feinere Arbeiten ausführen. Wenn man bei der Anfertigung darauf achtet, die Korpusseiten senkrecht zur Sohle zu stellen, kann man ihn auch mit einer Stoßlade verwenden. Dieser vielseitige Hobel macht sich in der Werkstatt immer wieder nützlich.

Im Englischen wird die hier gezeigte Gestaltung als „Razee style" bezeichnet. Der Begriff stammt vom

---

„Wenn man sich der Arbeit mit Holz mit Sensibilität und vielleicht sogar mit Raffinesse nähern möchte, dann ist die Herstellung von Hobeln aus Holz ein guter Anfangspunkt."

James Krenov

Vordersansicht

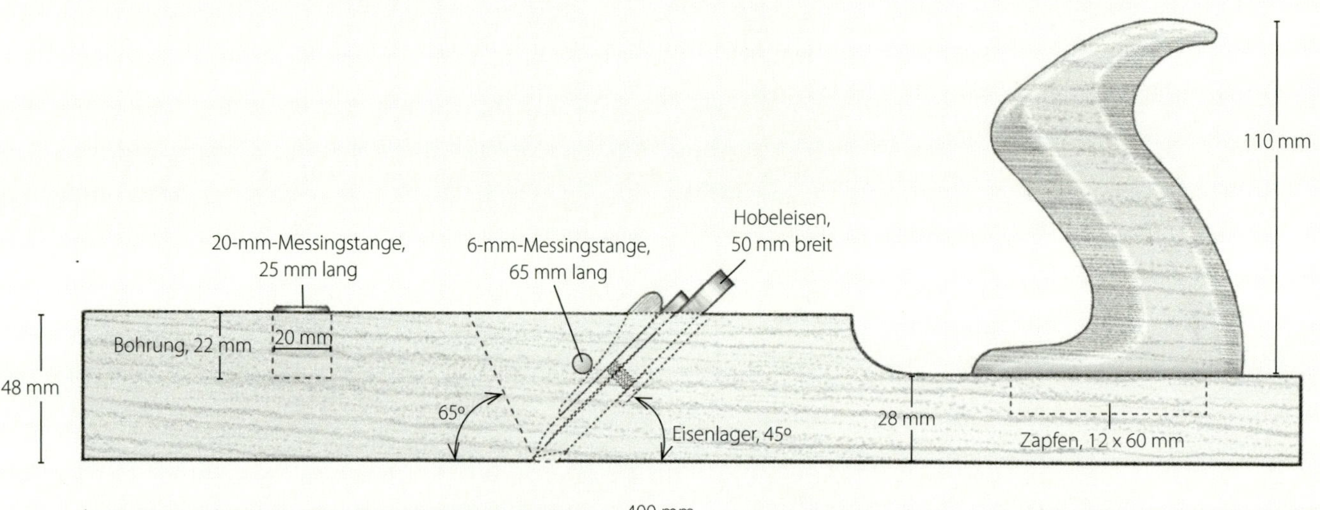

Draufsicht

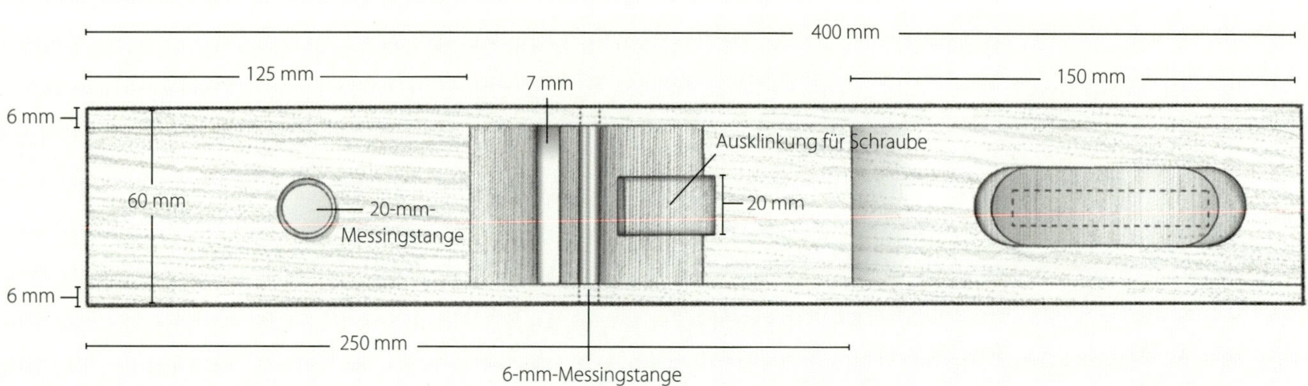

französischen Verb „raser" – abschneiden. Bei Segelschiffen wurden in der Vergangenheit oft ein oder mehrere der oberen Decks entfernt, unter anderem, um Gewicht einzusparen. Aus diesem Grund wird auch bei dieser Kurzraubank der hintere Teil des Korpus flacher gestaltet: Der Hobel ist so im Vergleich zu einem konventionellen Modell leichter.

Materialvorbereitung

Für den Bau eines Holzhobels ist maßhaltiges, hartes Laubholz mit geraden Fasern unabdingbar. Ich verwendete ein Stück Nussbaumbohle, das ich zur Hand hatte. Falls man schon im Vorhinein weiß, dass man einen Hobel anfertigen möchte, ist es eine gute Idee, das Material einige Wochen liegen zu lassen, nachdem man die wichtigsten Teile grob zugeschnitten hat. So kann sich das Holz an die Bedingungen in der Werkstatt anpassen.

Wenn Sie ein weniger hartes und abriebfestes Laubholz für den Korpus verwenden, müssen Sie einen 6-mm-Streifen eines

HOBELEISEN

Hobeleisen sind auch im deutschsprachigen Raum im Versandhandel in verschiedenen Varianten erhältlich, darunter auch die des kalifornischen Herstellers Ron Hock, der 1981 zuerst Eisen für Krenov-Hobel herstellte und immer noch der führende Hersteller dieser Kombination aus Spanbrecher und Hobeleisen ist. Ich würde dringend dazu raten, nicht auf vorhandene alte Eisen zurückzugreifen, die man auf das gewünschte Maß bringt, sondern stattdessen ein solches Hobeleisen aus hochreinem Kohlenstoffstahl mit dem zugehörigen Spanbrecher zu erwerben. Das Ergebnis beim Hobeln spricht allemal für diese Entscheidung.

1. Dieser Rohling aus Nussbaum ist groß genug, um sowohl die Kurzraubank als auch den Putzhobel daraus anzufertigen. **2.** Schneiden Sie den Rohling auf Länge und sägen Sie dann die beiden 6 mm starken Wangen ab. Lassen Sie den Rohling dann einige Wochen liegen, damit er sich unter den Bedingungen in der Werkstatt akklimatisieren kann.

EINE GEHRUNGSLADE AUS EIGENER FERTIGUNG

Mit einer Gehrungslade kann man präzise Ablängschnitte in vorgegebenen Winkeln durchführen. Die beiden Winkel fixieren das Werkstück in der Lade.

Falls das Sägen mit der Handsäge nicht zu Ihren Stärken gehört, können Sie in kurzer Zeit eine Gehrungslade herstellen, mit der präzise Schnitte fast von alleine gelingen. Sie benötigen nur etwas Material in 25 mm Stärke, Leim und einige Nägel. Reißen Sie die Winkel sorgfältig an, die Sie benötigen werden, und schneiden Sie sie mit der Säge, die Sie auch beim Zuschneiden des Hobelrohlings verwenden werden. Ich habe bei dieser Lade Führungen für Winkel von 45° für das Eisenbett, 65° für das Vorderteil und 50° für die Nut im Putzhobel mit hohem Schnittwinkel vorgesehen. Wenn Sie dabei sind, können Sie auch gleich eine Führung für rechtwinklige Ablängschnitte schneiden.

dichteren Laubholzes als Sohle anleimen, um die Dauerhaftigkeit zu erhöhen. Die hier gezeigte Raubank besteht aus einem einzigen Holzstück. Die Maße der Einzelteile sind der Zeichnung auf S. 108 zu entnehmen.

Das Eisenbett anreißen und zusägen

Sägen Sie mit einer selbstgefertigten Sägelade (siehe Kastentext oben) das Eisenbett sorgfältig auf 45° und den Spanblock für die Maulöffnung auf 65° zu. Legen Sie den Verschnitt für den Keil beiseite. Diese Bauteile müssen

1. Richten Sie die Teile mit 220er Schleifpapier ab, das Sie auf einer Granitplatte auflegen. **2.** Schneiden Sie mit Bohrer und Stechbeitel eine Nut für die Schraube am Spanbrecher. **3.** Kontrollieren Sie die Passung, und vergewissern Sie sich, dass das Eisen vollkommen eben aufliegt.

vollkommen eben und rechtwinklig sein. Ich verwende Schleifpapier auf einer Granitplatte, um Unebenheiten der Rohlinge zu beseitigen (siehe Foto 1 links), und verputze dann mit einigen Stößen eines Flachwinkel-Hirnholzhobels.

Wenn das Eisenbett eben und rechtwinklig abgerichtet ist, schneidet man die Nut für die Spanbrecher-Schraube. Entfernen Sie den Großteil des Verschnitts mit dem Bohrer und arbeiten Sie mit dem Grundhobel nach. Überprüfen Sie die Passung des Hobeleisens.

Die Teile für den Widerlagerstift ausrichten

Der Widerlagerstift und der Keil sichern den Spanbrecher und das Eisen, während der Hobel benutzt wird. Meinen Widerlagerstift habe ich aus einer 6-mm-Messingstange angefertigt, die in der Gerümpelschublade meiner Werkstatt lag. Ich finde die Messingstange ansprechend, weil sie gut zum Schlagknopf aus Messing passt, den ich später noch anbringe. (Man kann auch Holz verwenden, falls man keine Messingstange zur Hand hat.) Der Widerlagerstift sollte 30 mm oberhalb der Hobelsohle und etwa 10 mm vor dem Spanbrecher sitzen (siehe Zeichnung auf S. 108). Reißen Sie diese Position sorgfältig auf der Innenseite einer Wange an.

Legen Sie die beiden Wangen so zusammen, dass die Außenseiten nach innen weisen, und halten Sie sie mit Klebeband zusammen, während Sie die Löcher für den Widerlagerstift bohren (mit der Bohrwinde und einem Holzbohrer mit Zentrierspitze ist das schnell erledigt). Stecken Sie die Messingstange ein, und markieren Sie die notwendige Länge.

Zusammenbau des Hobels

Wenn der Widerlagerstift abgelängt und die Bauteile des Hobels abgerichtet sind, können Sie den Korpus verleimen. Ich markiere auf der Innenseite der Wangen mit Bleistift die Lage des Eisenbetts und des Spanblocks. Ich möchte vermeiden, dass Leim in die Maulöffnung gerät; allerdings ist es auch nicht schwierig, eine geringe ausgetretene Menge zu entfernen.

Wenn der Leim vollkommen trocken ist (nach etwa 24 Stunden, wenn Sie wie ich flüssigen Hautleim verwenden), können Sie die Zwingen abnehmen und den Hobelkorpus verputzen. Ich entferne dazu den Widerlagerstift und nehme mit der Raubank sehr feine Späne ab. Stecken Sie den Widerlagerstift danach wieder ein, und passen Sie ihn gegebenenfalls genau ein.

Jetzt können Sie aus dem zuvor beiseitegelegten Verschnittstück den Keil herstellen. Sie haben es doch beiseite gelegt, oder? Schneiden Sie den Keil zu und passen Sie ihn ein. Er sollte stramm sitzen, aber nicht so sehr, dass man ihn gewaltsam eintreiben muss. Leichte Hammerschläge sollten ausreichen, um ihn zu bewegen. Die Vorderseite des Keils wird

1. Reißen Sie die Lage des Widerlagerstifts an. **2.** Bohren Sie die Löcher in die Wangen, stecken Sie die Messingstange an und markieren Sie die gewünschte Länge.

Die Hobelsohle wird mit einer fein eingestellten Raubank abgerichtet.

zwar geformt, aber rau belassen, sodass er dem Widerlagerstift etwas Reibungswiderstand entgegensetzt. Mit ‚rau' meine ich die Spuren, die meine Raspel bei der Formgebung hinterlassen hat. Wenn der Keil fertiggestellt ist, richte ich mit der Raubank die Hobelsohle ab. Wenn das Verleimen gut gelaufen ist, sollte diese Arbeit nicht sehr viel Zeit in Anspruch nehmen. Nach einigen durchgehenden Spänen kontrolliere ich mit einer Fühlerlehre und einem Haarlineal aus Metall, ob die Hobelsohle eben ist. Etwas Schleifpapier auf einer ebenen Unterlage ist beim Abrichten der Sohle ebenfalls nützlich.

Zu diesem Zeitpunkt sollten Sie einen großen, langweiligen Klotz von einem Hobel in den Händen halten: vollkommen funktionsfähig, aber nicht so gestaltet, wie ich es gerne möchte. Setzen Sie das Eisen und den Spanbrecher ein, und kontrollieren Sie den Sitz des Keils. Überprüfen Sie, ob das Eisen rechtwinklig in der Maulöffnung sitzt. Falls Nacharbeiten notwendig sind, sollte man sie jetzt ausführen. Am besten eignet sich dafür eine feine Feile.

Flach gemacht

Ich höre häufiger Kritik an Hobeln im Krenov-Stil, die das Fehlen eines Einstellmechanismus und von Handgriffen bemängelt. Mir persönlich fehlen mechanische Einstellmöglichkeiten nicht. Aber ich kann es verstehen, wenn man gerne vorne einen Knauf und hinten einen Griff hat, um den Hobel zu führen.

Ich verwende in allen Phasen der Holzbearbeitung Hobel, deshalb kann ich nachvollziehen, wenn man einen Hobel mit Griffen haben möchte, um große Flächen abzurichten oder dicke Späne abzunehmen, wenn man Rohholz zurichtet. Bei einem Hobel mit Griff kann man sehr viel mehr Kraft in den Schnitt legen. Deshalb habe ich mich schließlich entschlossen, Abhilfe zu schaffen.

Wenn Krenov es sehen könnte, würde er mir sicher bei dem nächsten Schritt auf die Finger hauen. Aber im Ernst: Sie können natürlich den Hobel grundsätzlich so lassen, wie er jetzt ist, seine äußere Form so nacharbeiten, dass er angenehm in der Hand liegt, und mit der Arbeit anfangen. Ich arbeite nicht gerne mit einer Kurzraubank ohne Griff; meist führe ich mit ihr schwere Arbeiten aus und dabei habe ich gerne etwas zum Anfassen. Dieser Hobel mit dem abgeflachten hinteren Teil ist, wie in der Einleitung erwähnt, leichter und der Griff befindet sich hinter dem Eisen, wodurch er besser in der Hand liegt – wenigstens in meiner. Ich beginne damit, dass ich am hinteren Teil den Verschnitt markiere. Dann dauert es nur wenige Momente mit der Schlitz- und der Absetzsäge und die Tat ist vollbracht. Arbeiten Sie die abwärts führende Fläche mit Raspel und Feile nach Ihren Vorstellungen nach.

1. Beim Hobel mit abgeflachtem hinterem Korpus wird zuerst grob der Verschnitt entfernt. **2.** Dann wird der Übergang mit einer Halbrundfeile herausgearbeitet.

Herstellung und Befestigung des Griffs

Auch bei den folgenden Schritten kommt sehr viel persönlicher Geschmack ins Spiel, weil jeder Holzwerker andere Vorlieben bei der Form seiner Hobel hat. In diesem Fall entschloss ich mich zu einem offenen Griff. Ich begann damit, dass ich die gewünschte Form auf einem Nussbaumrohling aufzeichnete und grob ausschnitt. Ich trennte das 50-mm-Material zu 25 mm Stärke auf (siehe Foto 1 auf S. 114).

Werkzeug der Wahl für die Formgebung am Griff ist für mich die Bohrwinde mit einem 25-mm-Spiralbohrer. Bevor ich dann weiter forme, reiße ich unten den Zapfen an und schneide ihn frei. Das ist jetzt einfacher, da das Werkstück noch rechtwinklig ist, und ich kann es dann bei der weiteren Bearbeitung an diesem Zapfen einspannen. Arbeiten Sie den

1

Zapfen nach und kehren Sie dann zur Formgebung des Griffs zurück. Nach einer Reihe von Sägeschnitten wird die Form mit Raspel und Feile nachgearbeitet. Abschließend wird leicht geschliffen.

Dann können Sie am hinteren Teil des Hobelkorpus' einen Schlitz anreißen. Ich entferne den Großteil des Verschnitts mit Bohrwinde und Bohrer und steche den Schlitz mit dem Beitel rechtwinklig nach. Nach den eventuell anfallenden Einpassarbeiten wird der Griff in den Schlitz eingeleimt. Lassen Sie den Leim trocknen und tragen Sie dann auf den gesamten Hobel satt Leinölfirnis auf. Danach geht es an die Schärfstation, um das Eisen zu schärfen und abzuziehen, bevor man die ersten Schnitte damit ausführt.

Abschließende Arbeiten

Bei meinem ersten Probeschnitt glitt der Hobel sauber über ein Stück Kirschholz und nahm einen kräftigen Span ab. Er ratterte nicht. Die Fasern rissen nicht aus. Man hörte nur das schöne hohe Singen eines frisch geschärften Hobeleisens in einem gut eingestellten Handhobel. Ich verstellte das Eisen, um einen feineren Schnitt auszuprobieren. Wieder das schöne Singen, und ein dünner Span Kirschholz kräuselte sich aus der Maulöffnung. Mir gefällt dieser Hobel außerordentlich gut. Er ist leicht, gut ausbalanciert und einfach zu verwenden.

Bei Hobeln dieser Bauart wird das Eisen mit leichten Hammerschlägen verstellt. Dabei bekommt das Holz im Laufe der Zeit meist Dellen, deshalb bringe ich vorne einen Schlagknopf an. Er besteht aus einem 25 mm langen Abschnitt einer Messingrundstange mit 20 mm Durchmesser, der in ein entsprechendes Loch geklebt wird, das etwa 40 mm vor der Maulöffnung mittig in den Korpus gebohrt wird.

1. Das Material für den hinteren Griff wird aufgetrennt. Der zweite Riss unterhalb des Griffs markiert den Zapfen, mit dem der Griff im Hobelkörper befestigt wird. **2.** Verwenden Sie einen großen Spiralbohrer, um die Rundungen am Griff zu schneiden. **3.** Der Zapfen wird angeschnitten, solange der Rohling noch rechtwinklig ist. **4.** Der Griff wird am Zapfen in der Bankzange eingespannt, während man ihn formt. **5.** Abschließend wird leicht geschliffen.

ÄTZENDER KNOBLAUCH

Mit diesem kleinen Trick kann man sich das Verkleben von Metallteilen mit warmem Glutinleim erleichtern. Dazu schneidet man eine frische Knoblauchzehe durch und reibt die Metallflächen mit ihr ein, bevor man den Leim angibt. Das ätherische Öl der Knoblauchzehe ätzt das Messing leicht an und sorgt für eine bessere Haftung des Leims. Funktioniert wirklich!

Reißen Sie am hinteren Teil des Hobels den Schlitz an, entfernen Sie den Großteil des Materials mit dem Bohrer und stechen Sie den Schlitz dann rechtwinklig nach.

WERKSTATT
UNPLUGGED
PUTZHOBEL

Vorderansicht

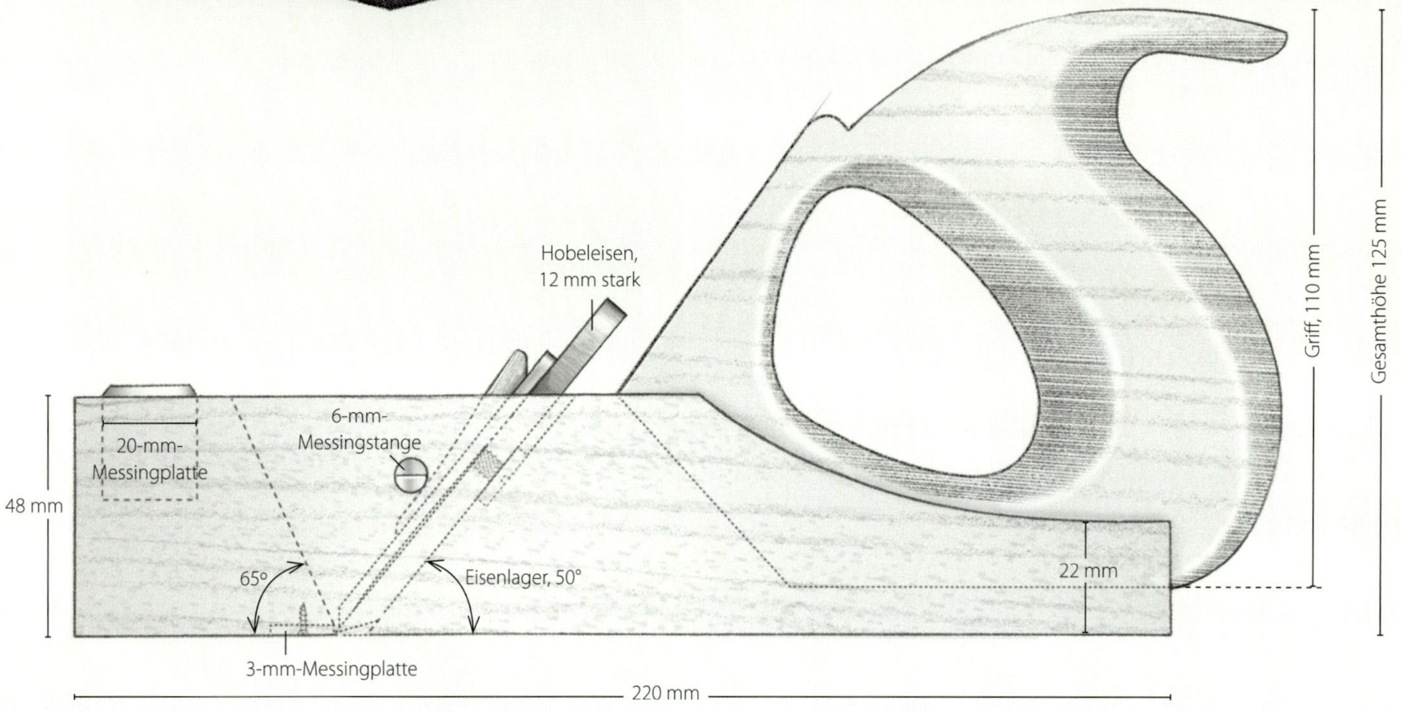

Hobeleisen,
12 mm stark
6-mm-
Messingstange
20-mm-
Messingplatte
48 mm
65°
Eisenlager, 50°
22 mm
3-mm-Messingplatte
220 mm
Griff, 110 mm
Gesamthöhe 125 mm

Draufsicht

220 mm
Griff, 135 mm
20-mm-
Messingstange
6 mm
3-mm-
Messingplatte
Ausklinkung
für
Schraube
38 mm
35 mm
55 mm
6-mm-Messingstange
125 mm

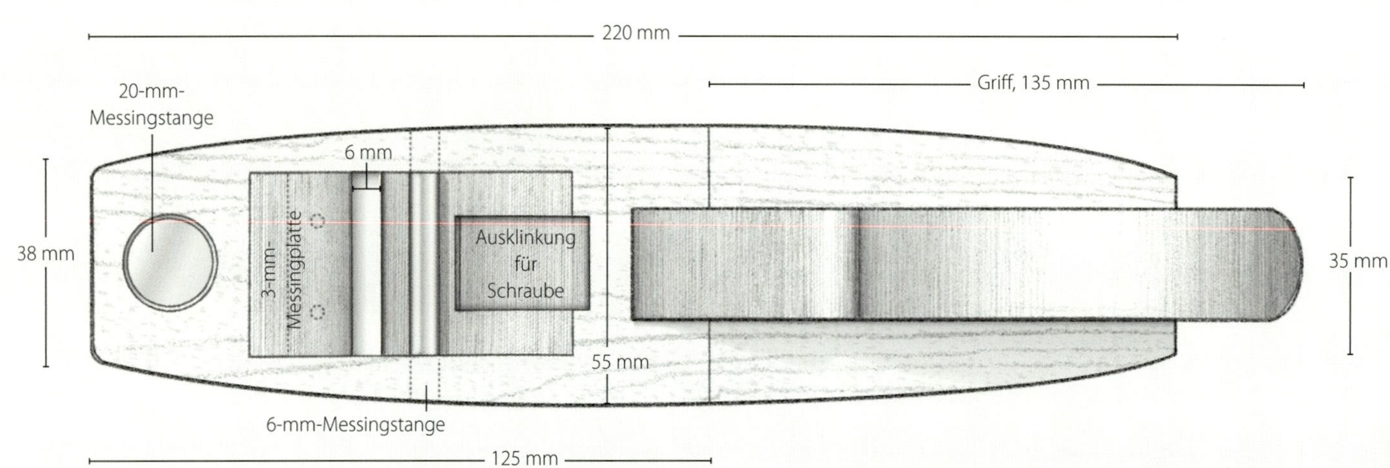

Die fertige Kurzraubank. Vorne ist der Schlagknopf zu sehen.

Man schlägt auf den Knopf, wenn das Eisen zurückgezogen werden soll und/oder Eisen und Keil entfernt werden sollen. Um das Eisen auszufahren, schlägt man mit einem kleinen Hammer vorsichtig auf sein Ende, bis es so weit herausragt wie gewünscht. Wenn man Metallhobel mit Verstellmechanismus gewöhnt ist, mag dieses Einstellen zuerst etwas fremd wirken, aber mit etwas Übung geht es einem bald wie von selbst von der Hand.

Tragen Sie eine weitere dünne Schicht Öl auf den Hobel auf, dann etwas Wachs, und Sie können anfangen, mit ihm zu arbeiten.

Putzhobel mit großem Schnittwinkel

Bei den meisten Handhobeln wird das Eisen mit 45° im Korpus gelagert. Dieser Standardwinkel ist für die meisten Zwecke geeignet, aber ein Hobel mit großem Schnittwinkel wird auch mit sehr wildem Faserverlauf fertig und ist eine großartige Ergänzung Ihres Werkzeugbestands. Mit der Kurzraubank und diesem Putzhobel mit großem Schnittwinkel sind Sie für die meisten anfallenden Hobelarbeiten gerüstet. Die Herstellung dieses Hobels und jedes anderen im Krenov-Stil gleicht dem im vorherigen Abschnitt beschriebenen. Ich habe bei diesem Putzhobel einige Details hinzugefügt, auf die ich in der folgenden Beschreibung hinweise.

Der Rohling

Wenn ich den Rohling rechtwinklig und eben abgerichtet habe, reiße ich eine Wange in einer Stärke von etwa 8 mm an und säge sie ab. Die Sägespuren an beiden Teilen werden mit dem Hobel verputzt. Dann wird der mittlere Block angerissen, wobei Eisen/Spanbrecher als Lehre dienen, um das Streichmaß einzustellen (siehe Foto oben auf S. 118). Der mittlere Block sollte etwa 3 mm breiter sein als die Gesamtbreite des Eisens, damit man dieses während der Arbeit seitlich verstellen kann. Sägen Sie den mittleren Block zu und verputzen Sie auch hier die Sägespuren, bevor Sie fortfahren. Die erste Wange wird als Lehre benutzt, um die zweite anzureißen, dann wird diese abgesägt.

Die Kurzraubank (im Hintergrund) ist ideal, um die Teile des Putzhobels mit großem Schnittwinkel (im Vordergrund) abzurichten.

Das Eisenlager und das Vorderteil zusägen

Wenn der Rohling für den Hobelkorpus zugeschnitten ist, wird das Eisenlager mit einem Winkel von 50° angeschnitten. Der vordere Winkel bleibt der gleiche wie bei der Kurzraubank und wird auf 65° geschnitten. Um präzise Winkelschnitte zu erhalten, wird die selbst gefertigte Gehrungslade verwendet (siehe Seite 110).

Das Eisenlager wird auf 60° zugeschnitten.

Anbringen des Sohleneinsatzes

Einer der wenigen Unterschiede zwischen diesem Hobel und der Kurzraubank ist – außer der Gesamtform und -größe – der Messingeinsatz in der Sohle. Er schützt den Hobel gegen vorzeitigen Verschleiß und wird in der Mitte des Vorderteils eingesetzt, bevor die Teile des Hobelkorpus‘ verleimt werden.

Stellen Sie das Streichmaß anhand des Messingeinsatzes ein, und reißen Sie die Breite und Tiefe an der Unterseite des Vorderteils an. Schneiden Sie mit der Absetzsäge ein und entfernen Sie den Verschnitt mit dem Grundhobel. Bohren Sie dann Schraubenlöcher in den Messingeinsatz wie in den Hobelkorpus. Befestigen Sie den Einsatz mit Klebstoff und Schrauben. Die Schraubenköpfe ragen dabei über die Sohle des Hobels hinaus. Sie werden abgefeilt, wenn der Klebstoff trocken ist und die Seiten und die Vorderkante des Korpus‘ sorgfältig mit dem Messingeinsatz bündig abgerichtet worden sind.

1. Sägen Sie das Vorderteil ein, um eine 3 mm tiefe Ausklinkung für die Messingplatte zu schneiden. **2.** Entfernen Sie den Verschnitt mit dem Grundhobel bis zur vorgegebenen Tiefe. **3.** Bohren Sie das Vorderteil und die Messingplatte vor. **4.** Die Platte wird mit Leim und Schrauben befestigt ... Die Schrauben werden mit der Hobelsohle bündig gehobelt. **5.** Richten Sie den Rohling auf Schleifpapier ab, das Sie auf einer Granitplatte angebracht haben. **6.** Überprüfen Sie die Passung.

1. Schneiden Sie die hintere Schräge vor. **2.** Der Umriss des Griffs wird mit Papierschablonen bestimmt. **3.** Kleben Sie die Schablone direkt auf dem Nussbaumrohling fest und schneiden Sie die runden Stellen mit dem Bohrer aus. **4.** Arbeiten Sie die Form mit der Schweifsäge nach. **5.** Entfernen Sie den Verschnitt im hinteren Schlitz.

Details am Eisenbett und das Verleimen

Wenn der Messingeinsatz vorbereitet und trocken eingepasst worden ist, geht es mit den gleichen grundsätzlichen Schritten weiter, die für die Kurzraubank beschrieben wurden: dem Abrichten des Eisenbetts, dem Schneiden der Nut für die Spanbrecher-Schraube, dem Anreißen der Löcher für den Widerlagerstift und dem Verleimen des Hobelkorpus‘.

Feineinstellung des Hobelmauls

Wenn der Leim trocken ist, werden die Zwingen abgenommen und die Hobelsohle wird mit Schleifpapier abgerichtet, das auf einer Granitplatte befestigt ist. Dann wird das Hobelmaul rechtwinklig verputzt. Besonders wichtig ist dabei die Größe der Maulöffnung. Bei einem Putzhobel mit großem Schnittwinkel wie diesem belasse ich die Maulöffnung sehr klein, sodass nur die feinsten Späne hindurch passen.

Formgebung des Hobels und Anbringung des Handgriffs

Auch hier wäre der Hobel in diesem Stadium bereits gebrauchsfähig. Ich habe aber noch einen geschlossenen Griff angebracht und die Korpusseiten abgerundet, um ihnen die Form eines Schiffsrumpfes zu geben. Die Formgebung ist Geschmackssache, sie sollte Ihren Vorlieben und Gewohnheiten entsprechen. Ich habe den Korpus auch vorne etwas abgerundet und außerdem am Vorderteil oben in der Mitte einen Schlagknopf aus Messing angebracht. Das Verfahren ist auf S. 117 beschrieben. Abschließend wird der Hobelkorpus mit 220er Schleifpapier geschliffen und mit einigen Schichten Öl behandelt. Schließlich wird er auch noch gewachst. Vor der Verwendung wird die Sohle nochmals mit Schleifpapier auf einer Granitplatte absolut eben abgerichtet. Wenn man dann noch ein frisch abgezogenes Hobeleisen anbringt, kann es losgehen.

Der Korpus ist verputzt und kann geformt werden.

Der neue Putzhobel bei ersten Probeschnitten auf Mahagoni mit schwierigem Faserverlauf.

Schlitzhobel

Es war wirklich die Not, die mich bei diesem Werkzeug erfinderisch machte. Inzwischen ist es mir unentbehrlich geworden. Das erste Werkstück, das ich für dieses Buch baute, war der Stumme Diener (siehe S. 171). Wenn Sie sich die Beschreibung ansehen, werden Sie feststellen, dass der Schubladengriff aus Stechpalmenholz besteht. Es war das erste Mal, dass ich Stechpalme in anderer Form denn als Furnierader verwendete.

Ich war begeistert davon, wie gut sich das Holz bearbeiten ließ, und hätte gerne ein ganzes Möbelstück daraus gebaut. Ich besaß allerdings nur ein Brett Stechpalmenholz. Also würde ich mich auf eine kleine Schatulle beschränken oder das Brett zu 3 mm starken Furnieren auftrennen müssen, um ein etwas größeres Stück herstellen zu können. Ich entschied mich für die Furniere. Das stellte mich aber vor das Problem, die beste Methode zu finden, um das Brett mit Handwerkzeug aufzutrennen.

Dank der Hilfe von Mark Harrell, dem Eigner von Bad Axe Tool Works™ (www.badaxetoolworks. com), stattete ich die Klobsäge, an deren Entwurf ich gerade arbeitete (siehe S. 135), mit verschiedenen maßgearbeiteten Sägeblättern aus. Aber auch mit einer Klobsäge ist das präzise Auftrennen zu 3 mm starken Furnierblättern alles andere als einfach. Ich brauchte etwas, um das Verfahren etwas fehlersicherer zu machen.

Eine Handsäge folgt immer dem Weg des geringsten Widerstands. Wenn ich also diesen Weg auf irgendeine Weise vorgeben könnte, dürfte das Abwandern der Säge kein Problem mehr darstellen. Meine erste Idee war es, einen Nuthobel zu verwenden. Wenn ich an den Kanten des Bretts vor dem Auftrennen eine schmale Nut anarbeiten könnte, würde das Sägeblatt vielleicht der Nut folgen. Ich rüstete meinen kleinen Nuthobel mit dem schmalsten passenden Eisen aus. Aber auch dieses 3 mm breite Eisen war noch zu breit. Ich spielte mit dem Gedanken, das Eisen abzuschleifen, bis es nur noch etwas breiter war als das Sägeblatt der Klobsäge. Dann wäre es zu empfindlich und zu schwierig zu schärfen.

Die Erleuchtung kam mit dem Gedanken, ein Sägeblatt anstatt eines Hobeleisens zu verwenden. Die ersten Prototypen (bisher waren es acht) hatten feste Anschläge und waren rechteckig wie traditionelle Profilhobel. Man konnte einen Schlitz mit ihnen sägen, aber die Bearbeitung von langen Kanten an einem Brett war nicht sehr bequem. Also arbeitete ich einen Griff am Korpus an, der sich zu einem Mittelding zwischen einem Handsäge- und einem Hobelgriff entwickelte.

Bei der Arbeit erinnert der Schlitzhobel etwas an einen Profilhobel.

Das war die Geburtsstunde des Schlitzhobels. Im Grunde ist dieses neue Werkzeug die Kombination eines Hobels mit einer Schlitz-

---

„Solange es Menschen gibt, die nicht vergessen haben,
wie man mit den Händen arbeitet,
wird ein helles Hoffnungslicht
für das Erbteil des Handwerkers brennen,
das schon in der Morgenröte der Zivilisation
entzündet wurde."

Sam Maloof

WERKSTATT UNPLUGGED

SCHLITZHOBEL

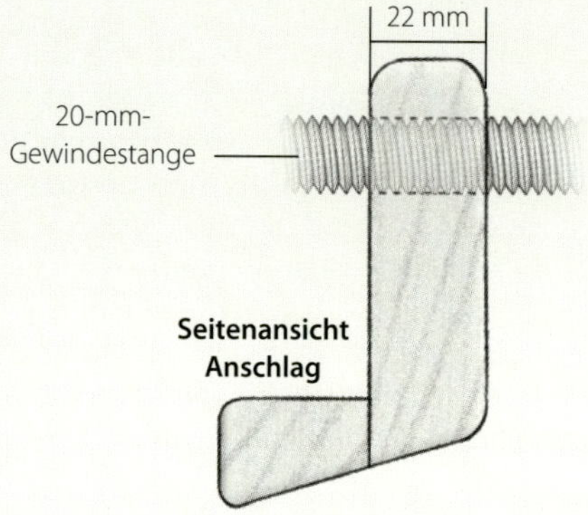

22 mm
20-mm-
Gewindestange
Seitenansicht
Anschlag

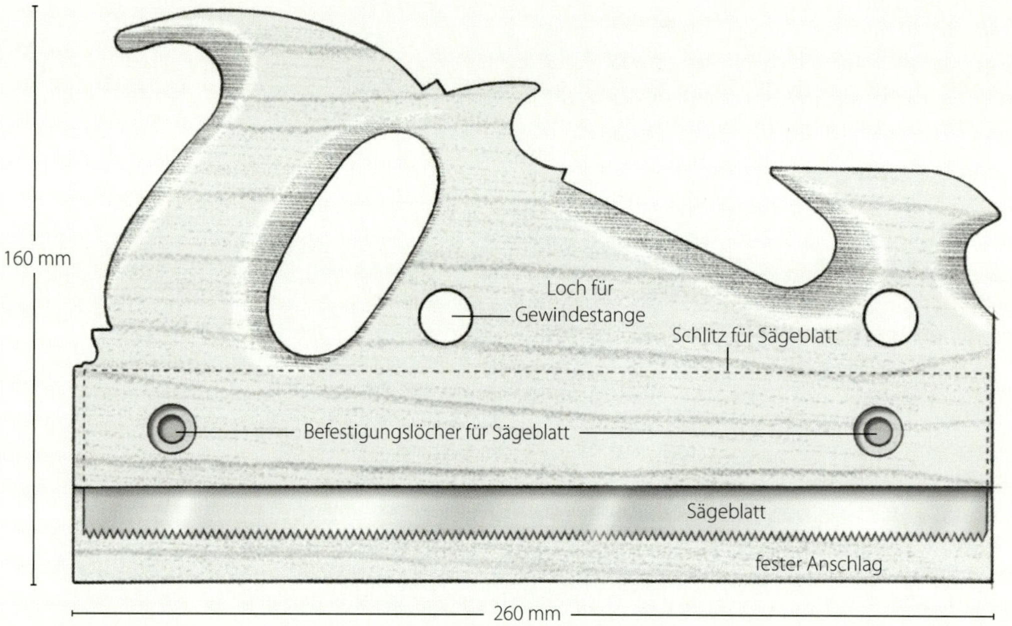

160 mm
Loch für
Gewindestange
Schlitz für Sägeblatt
Befestigungslöcher für Sägeblatt
Sägeblatt
fester Anschlag
260 mm

Bohrer für die Befestigungslöcher:

- 12-mm-Forstner-bohrer von beiden Seiten
- 7-mm-Forstnerbohrer für Sackloch
- 6-mm-Spiralbohrer für durchgehende Bohrung

verstellbarer Anschlag

Loch für
Gewindestange
Seitenansicht
Anschlag
80 mm
265 mm

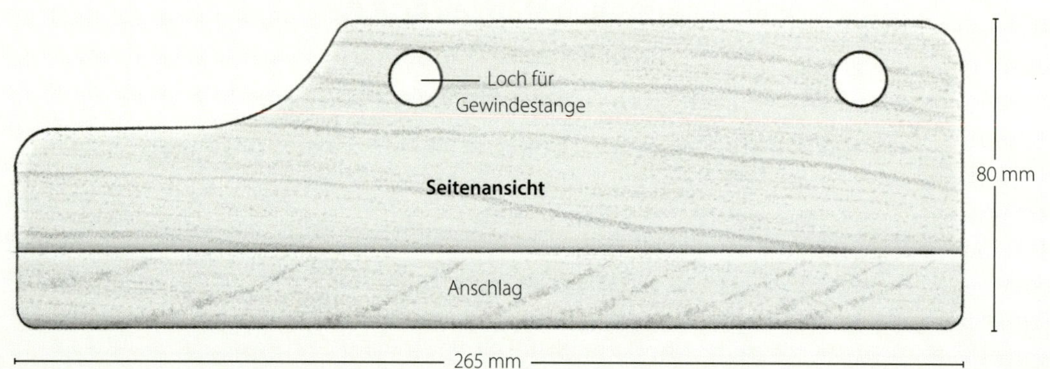

Der Schlitzhobel funktioniert mit seinem festen Anschlag ähnlich wie ein Profilhobel.

säge. Man kann mit ihm leicht und ohne Anstrengung in 3 mm Entfernung von der Sichtseite eines Bretts einen Schlitz einsägen, in den man dann das Sägeblatt einer Klobsäge einlegt. Wenn man beginnt, mit der Klobsäge zu sägen, stellt man schnell fest, dass die vorgeschnittenen Schlitze an den Kanten des Bretts das Sägeblatt der Klobsäge führen, sodass man genauer sägt und sich keine Sorgen um das Abwandern der Säge machen muss. Wenn man für den Schlitzhobel wie für die Klobsäge hochwertige Sägeblätter verwendet, ist das Auftrennen von Brettern in einer nur mit Handwerkzeug ausgestatteten Werkstatt schlagartig sehr viel leichter geworden.

Das Modell mit festem Anschlag

Das erste Modell, das ich vorstelle, ist ein Schlitzhobel mit festem Anschlag im Abstand von 3 mm. Es ist ein Sonderwerkzeug, das genau auf eine Arbeit ausgerichtet ist. Das zweite Modell hat einen verstellbaren Anschlag wie ein traditioneller Nuthobel. Dies ist ein wunderbares Mehrzweckwerkzeug, aber manche Leute arbeiten nicht gerne mit verstellbaren Anschlägen. Man muss sie vor der Arbeit einstellen und während der Verwendung darauf achten, dass sie sich nicht verstellen. Bei einem festen Anschlag besteht nie die Gefahr des Verstellens: Das Werkzeug arbeitet zuverlässig und präzise, ist aber nur für eine Aufgabe geeignet.

Stückliste

Korpus	1	25 x 160 x 260 mm
Befestigungs-schrauben	2	12 mm
Sägeblatt	1	255 mm
Verstellbarer Anschlag (optional) aus zwei Teilen:		
Oberteil	1	22 x 80 x 265 mm
Unterteil	1	20 x 22 x 265 mm
Gewindestangen	2	20 x 150 mm
Holzmuttern	4	25 mm starkes Material

Materialvorbereitung

Für den Schlitzhobel mit festem Anschlag benötigt man nur wenig Material. An Holz ist ein 25 mm starkes, gut abgelagertes Stück in den Maßen 260 x 160 mm erforderlich. Etwas an-

Stellen Sie eine präzise Schablone her, auf der die wichtigsten Elemente gekennzeichnet sind: der Falz, der Schlitz für das Sägeblatt und die Befestigungsschrauben. Der Umriss kann ganz nach Wunsch gestaltet werden.

deres als Laubholz mit stehenden Jahresringen würde ich bei diesem Werkzeug aus Gründen der Verschleißfestigkeit und Langlebigkeit nicht verwenden.

Als erstes wird aus Papier eine Schablone im Maßstab 1 : 1 hergestellt, um genaues Anreißen zu gewährleisten. Markieren Sie die wichtigen Elemente auf der Schablone: den Falz, den Schlitz für das Sägeblatt und die Befestigungsschrauben.

Den Falz schneiden

Schneiden Sie den Rohling auf Maß (ich habe riftgeschnittenes Kirschholz verwendet), richten Sie ihn rechtwinklig ab und reißen Sie dann den Falz an der Hobelsohle an. Entfernen Sie den Großteil des Verschnitts mit einem verstellbaren Falzhobel. Ich wechsele meist von

Verwenden Sie ein Streichmaß mit Messer, um einen möglichst tiefen Riss für den Falz zu markieren, der beim Schneiden der Verbindung eine saubere Kante ergibt. Der Falz ist 10 mm breit und 24 mm tief.

1. Mit dem Simshobel kann man sich langsam an die Risse des Falzes „heranschleichen" **2.** Kontrollieren Sie während der Arbeit auf Rechtwinkligkeit.

Ich schneide den Schlitz mit einer großen Rückensäge. Man sieht das blaue Klebeband, mit dem die 3 mm starke Zulage während des Sägens gehalten wird.

diesem Falzhobel zu einem Simshobel, wenn ich mich dem Riss nähere.

Der Simshobel gibt m. E. einen besseren Blick auf den Schnitt, sodass es leichter ist, die Risse bis zum letzten hauchdünnen Span intakt zu halten. Außerdem kann man mit ihm genau bis in die Ecke schneiden. Man kann den Falz aber auch mit einer größeren Rückensäge schneiden und dann mit dem Hobel verputzen. Wie so oft bei der Arbeit mit Holz gibt es mehr als einen Weg zum Ziel. Kurz gesagt: Falz schneiden! Rechtwinklig verputzen!

Den Schlitz für das Sägeblatt schneiden.

Für den nächsten Schritt benötigen Sie eine gute Schlitzsäge: eine Rückensäge mit Bezahnung für Schnitte in Faserrichtung. Reißen Sie die Tiefe des Schlitzes und seine Entfernung von der Innenkante des Anschlags an. Dieser Schlitzhobel schneidet im konstanten Abstand von 3 mm vom Anschlag. Das ist eine gute Holzstärke für gebogene Laminierungen, selbstgefertigte Furnierblätter und Furnieradern. Stechen Sie mit einem breiten Beitel eine schmale Nut ein, die als Führung für die Säge dient, wenn Sie den Schlitz sägen.

Es ist sehr wichtig, dass die Sägefuge genau senkrecht zum Anschlag verläuft. In der Fuge, die Sie jetzt sägen, wird das Sägeblatt befestigt. Sie legen also jetzt auch fest, wie groß der Abstand vom Anschlag bis zum Schnitt ist, wenn Sie den Schlitzhobel später verwenden. Um das Sägen etwas zu erleichtern, wird eine 3 mm dicke Zulage provisorisch als Sägeführung an dem Anschlag des Hobels befestigt. Halten Sie die Säge dicht an diese Führung, und sägen Sie senkrecht in die Hobelsohle ein. Behalten Sie dabei die Schnitttiefe im Auge.

Sägen Sie bis zur angerissenen Tiefe, aber nicht über sie hinaus. Stecken Sie das Sägeblatt, das Sie für den Hobel verwenden wollen, zur Probe in den gesägten Schlitz. Die letzten Züge mit der Säge sollten nicht mehr wirklich schneiden, sondern nur die Sägespäne ausräumen, damit das Sägeblatt besser eingesetzt werden kann. Wenn der Schlitz gesägt ist, können Sie die Löcher für die Befestigungsschrauben sägen.

Das Sägeblatt anbringen

Kontrollieren Sie, dass die Lage der Muttern auf beiden Seiten des Hobelkörpers genau angerissen ist (die Löcher werden von beiden Seiten gebohrt). Bohren Sie mit zwei Forstner- und einem Spiralbohrer die Löcher für die Befestigungsschrauben, wie in den Fotos auf S. 128 zu sehen.

Als Sägeblatt können Sie ein altes Blatt von einer Gestellsäge wiederverwenden. Falls Sie es sich zutrauen, können Sie auch aus einem

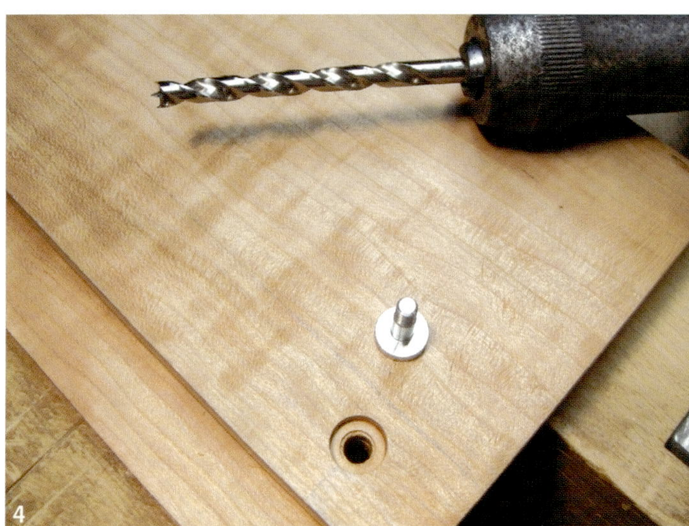

1. Bohren Sie mit einem 12-mm-Forstnerbohrer auf beiden Seiten des Hobelkorpus' Sacklöcher, deren Tiefe genau der Kopfstärke der Befestigungsschrauben entspricht. **2.** Kontrollieren Sie die Bohrtiefe, während Sie arbeiten. Der Kopf der Schraube sollte auf beiden Korpusseiten bündig abschließen. **3.** Mit einem 8-mm-Forstnerbohrer wird dann auf der Korpusaußenseite die Aufnahme für den Schaft mit Innengewinde der Schraube gebohrt. **4.** Auf der gegenüberliegenden Seite (mit dem Sägeblatt) wird das Loch mit einem 6-mm-Spiralbohrer zu Ende gebohrt. Stecken Sie die Schrauben zur Probe ein, und arbeiten Sie die Bohrungen gegebenenfalls nach.

entsprechenden Stück neuen Stahls nach den entsprechenden Angaben selbst ein Sägeblatt herstellen. Meine Fähigkeiten als Sägenmacher sind noch verbesserungsfähig, deshalb bat ich Mark Harrell von Bad Axe Tool Works mir einige Sägeblätter herzustellen. Sie können sich auch an einen Fachmann wenden oder entsprechende Teile (Sägeblätter und/oder Befestigungsschrauben) aus dem Versandhandel bestellen (Bezugsquellen siehe S. 234) Mark hat mir mehrere verschiedene Blätter hergestellt, die sich in Blattstärke, Zahnteilung und Zahngeometrie unterscheiden. Ich glaube, diese Variante ist in Hinsicht auf Geschwindigkeit und Funktion ein Treffer: Sie hat Wechselzähne mit 5 PPI (points per inch).

Den Korpus formen

Wenn das Sägeblatt angebracht ist, kann der Hobel verwendet werden. Man könnte die Kanten des Korpus' anfasen und erste Probearbeiten mit dem Werkzeug ausführen. Bei dem hier gezeigten Modell entschied ich mich für eine aufwändigere Formgebung. Nehmen Sie dazu das Sägeblatt wieder aus dem Rohling und übertragen Sie den Umriss von der Schablone auf das Holz.

Entfernen Sie zuerst mit einem 20- und einem 25-mm-Bohrer den Verschnitt an den größeren Krümmungen. Ich habe dazu mit der Bohrwinde von beiden Seiten des Rohlings aus gebohrt, sodass sich die Bohrungen in der Mitte trafen (siehe Fotos auf S. 130). Dadurch wird die Gefahr von Faserausrissen geringer. Arbeiten Sie danach mit Raspeln, Feilen, Ziehklingen und schließlich Schleifpapier weiter, bis Sie die gewünschte Form erzielt haben. Nehmen Sie den Hobel während der Arbeit öfter am Griff in die Hand, damit der Korpus entsprechend der Anatomie Ihrer Hände seine Form annimmt.

Abschlussarbeiten

Wenn die Form herausgearbeitet ist, können Sie die Oberfläche nach Ihren Wünschen behandeln. Ich habe einige Schichten Öl aufgetragen. Vielleicht möchten Sie nach einiger Zeit des Gebrauchs noch etwas Wachs auftragen. Bringen Sie das Sägeblatt wieder an, und machen Sie einige Probeschnitte. Achten Sie auf Leichtgängigkeit und darauf, ob das Sägeblatt parallel zum Anschlag schneidet. Falls das nicht der Fall ist, macht es sich sofort durch einen breiteren Schlitz im Werkstück bemerkbar. Führen Sie dann einen zweiten Probeschnitt durch, um auszuschließen, dass Sie das Werkzeug versehentlich gegenüber dem Werkstück schräg gehalten haben. Falls auch beim zweiten Schnitt der Schlitz zu breit ist, müssen Sie den Anschlag nacharbeiten. Sie können die Lage des Sägeblatts nicht mehr verändern, aber Sie können ein oder zwei sehr feine Späne vom Anschlag hobeln, um ihn parallel zum Sägeblatt abzurichten. Falls er in die andere Richtung abweicht, müssen Sie vielleicht eine Zulage anleimen und den Falz rechtwinklig zum Schlitz nacharbeiten, in dem das Sägeblatt eingesetzt ist. Vielleicht ist das aber auch eine gute Gelegenheit, den vorhandenen Anschlag abzuhobeln und sich einen Schlitzhobel mit verstellbarem Anschlag zu bauen.

Stecken Sie das Sägeblatt in den Schlitz und justieren Sie seine Lage mit einer Ahle, die Sie durch die Schraubenlöcher stecken. Setzen Sie die Schrauben ein, um das Blatt zu fixieren.

Das Sägeblatt und der Anschlag müssen so parallel wie möglich verlaufen. Auch die Höhe der Zahnspitzen über dem Falzgrund sollte auf der ganzen Länge möglichst einheitlich sein.

1. Um das Risiko von Faserausrissen zu verringern, bohrt man bei der Formgebung von einer Seite bis etwa zur halben Materialstärke und dann von der anderen Seite zu Ende. **2.** Die Form wird mit geraden Sägeschnitten grob vorgearbeitet. **3.** Die Innenrundungen werden mit der Gestellsäge geschnitten. **4.** Details werden während der Arbeit mit Bleistift angerissen. Dieser Übergang wird mit einigen Sägeschnitten gestaltet. **5.** Zwischen den Zierstegen wird mit kleinen Feilen gearbeitet. Deren Breite gibt an dieser Stelle die Gestaltung vor. **6.** Man kann so viele Ornamente anbringen, wie man möchte, man kann aber auch beim unverzierten und rein nützlichen Entwurf bleiben. Die endgültige Form sollte vor allem davon bestimmt sein, was sich gut anfühlt, wenn Sie das Werkzeug in die Hand nehmen, um damit zu arbeiten.

DER SCHLITZHOBEL IN DER PRAXIS

Wenn man den Schlitzhobel verwendet, beginnt man mit einem leichten Schnitt über die Länge der Kante des Werkstücks. Damit stimmt man seine Hände und sein Hirn auf die Arbeit ein und gewinnt einen ersten Eindruck von der Lage des Schlitzes. Wenn diese drei Faktoren in Ordnung sind, setzt man den Hobel an einem Ende des Werkstücks an, und beginnt, den Schlitz zu schneiden. Ich neige dazu, am Anfang meinen Daumen unten am vorderen Griff zu platzieren und die Finger unten am Anschlag.

Mit der vorderen Hand wird der Anschlag dicht am Werkstück gehalten, die hintere liegt am Griff und schiebt den Hobel nach vorne. Arbeiten Sie sich bis zum hinteren Ende des Werkstücks. Wenn der Anschlag oben auf dem Werkstück zu liegen kommt, ist der Schlitz fertig. Falls Sie mit Grünholz arbeiten, nehmen Sie sich jeweils nach einigen Stößen Zeit, um die Sägespäne aus der Fuge zu räumen.

Der Schlitzhobel ist angenehm zu verwenden und sägt so schnell wie präzise zur vorgegebenen Tiefe.

Das Modell mit verstellbarem Anschlag

Wenn man den Hobel mit einem verstellbaren Anschlag versieht, kann man beliebige Materialstärken bis zur durch das Sägeblatt vorgegebenen Tiefe schlitzen. Das hier gezeigte Beispiel kann Schlitze in einer Entfernung bis zu 60 mm vom Rand des Materials schneiden. Man könnte es aber auch mit längeren Einstellschrauben ausstatten, um in noch größerer Entfernung vom Materialrand arbeiten zu können, was vielleicht beim Schneiden von Nuten im Inneren von Möbelkorpussen nützlich sein könnte. Die gesamte Umänderung nahm einen Vormittag in Anspruch.

Reißen Sie zuerst sorgfältig die Lage der Bohrlöcher am Hobelkorpus an (siehe "Schlitzhobel" auf S. 123). Bohren Sie die Löcher und schneiden Sie mit einem 20-mm-Gewindeschneider für Holz Innengewinde hinein (siehe S. 83). Für ein 20-mm-Gewinde müssen sie 16-mm-Löcher bohren. Schneiden Sie dann die Außengewinde an die Einstellschrauben aus 150 mm langen Rundstangen mit 20 mm Durchmesser. Ich habe die Rundstangen aus Kirschholz über Nacht in Leinölfirnis eingelegt, bevor ich die Gewinde mit einem Gewindeschneider angeschnitten habe. Danach habe ich die Passung kontrolliert und die Enden der Einstellschrauben verputzt.

Als nächstes werden die vier hölzernen Muttern angefertigt. Ich habe dafür fladergeschnittenes Kirschholz verwendet, das ich in meiner Werkstatt auf dem Land noch zur Hand hatte, aber wenn ich wieder in der Stadtwerkststatt bin, werde ich vier neue aus riftgeschnittenem Material anfertigen, das ich dort noch auf Lager habe. Die Muttern müssen nicht vollkommen kreisrund sein! Wichtig ist die Innenseite. Wenn man sie geformt und durchbohrt hat, wird das Innengewinde angeschnitten und der Sitz auf den Einstellschrauben kontrolliert.

Der Anschlag

Falls Sie den einfachen Schlitzhobel umbauen wollen, den wir soeben hergestellt haben, müssen Sie zuerst den vorhandenen festen Anschlag entfernen (tief Luft holen!). Ich habe den Anschlag abgesägt und die Sägefläche mit der Kurzraubank nachgearbeitet. Falls Sie das Modell mit verstellbarem Anschlag von Grund auf neu bauen, sägen Sie den Schlitz für das Sägeblatt in die Hobelsohle (siehe Foto 3 unten). Sie können auch einen Holzklotz als Anlage zuschneiden, um die Säge bei diesem Schnitt zu führen.

Stellen Sie den verstellbaren Anschlag aus zwei Stücken eines abgelagerten Laubholzes her (ich hatte ein Reststück Mahagoni für das hier gezeigte Beispiel zur Hand). Das größere

1. Zwei hölzerne Gewindestangen werden in entsprechende Löcher mit Innengewinden im Korpus des Schlitzhobels eingedreht. Auf ihnen lässt sich dann der verstellbare Anschlag verschieben. **2.** Die vier Holzmuttern, die auf den Gewindestangen angebracht werden. Schleifen Sie die Seiten auf einem Stück Schleifpapier eben. **3.** Schneiden Sie gegebenenfalls den festen Anschlag vom Schlitzhobel ab und richten Sie die Unterkante rechtwinklig zur Seite ab.

1. Mit Querschnitten erleichtert man sich das Abnehmen des Verschnitts am Anschlag. **2.** Wenn der Anschlag fertig ist, wird das Sägeblatt wieder eingesetzt und der neue Anschlag angebracht. **3.** Ich stelle die Lage des Anschlags mit einem kleinen Hammer mit Messingkopf ein – etwa so, wie man das Eisen eines Holzhobels einstellt. Ziehen Sie die Holzmuttern etwas an und bringen Sie den Anschlag mit sanften Schlägen auf die gewünschte Schnittbreite. **4.** Vor dem ersten Probeschnitt. Die angefaste Unterseite des neuen Anschlags ist ein perfekter Werkzeugständer!

Stück ist für den Körper des Anschlags und wird auf 265 x 80 x 22 mm zugeschnitten. Das zweite, kleinere Stück bildet den unteren Teil des Anschlags und misst 265 x 22 x 20 mm.

Die beiden Teile des Anschlags werden nach dem Zuschneiden und Abrichten miteinander verleimt. Die genauen Maße sind nicht so wichtig. Der Anschlag kann etwas kürzer oder länger gestaltet werden, je nachdem, was Ihnen besser in der Hand liegt. Ein längerer Anschlag bietet eine größere Anlagefläche am Werkstück, was vielleicht nützlich ist. Die untere Außenkante des Anschlags ist angefast und seine Seite ist so geformt wie der hintere Griff am Hobelkorpus, sodass man mehr Platz für die Finger hat. Viele traditionelle verstellbare Falzhobel weisen an ihren Anschlägen breite Zierprofile auf. Vielleicht möchten Sie das nachahmen. Die Gestaltung des Schlitzhobels würde dadurch sicher ästhetisch gewinnen.

So. Und dann hatten wir auch noch über eine Klobsäge gesprochen...

Der Anschlag ist auf 3 mm eingestellt und ich schneide das Stechpalmenbrett, das für den Medizinkoffer (siehe S. 145) verwendet wird.

„Details sind nicht Details,
sie machen den Entwurf aus.“

Charles Eames

Klobsäge

Eine Klobsäge ist eine wunderbare Ergänzung des Werkzeugbestands, wenn man ohne Maschinen arbeiten möchte. In Verbindung mit einem Schlitzhobel (siehe S. 123) kann man Material bis hinunter zu einer Stärke von 3 mm auftrennen. Breitere Schnitte bis zur inneren lichten Weite des Gestells sind ebenfalls möglich und in manchen Situationen auch leichter als mit anderen traditionellen Handsägen (man denke etwa an das Abbreiten stärkerer Hölzer). Das dünne Sägeblatt, in diesem Fall 52 mm breit, wird in ein Gestell aus Laubholz eingespannt. Das dünne Sägeblatt ist leicht auch durch das schwierigste Holz zu führen und leistet sehr viel weniger Widerstand als andere Sägetypen.

Mein Gestellentwurf ist eine moderne Version der traditionellen Gestaltung. Der wichtigste Unterschied ist die Größe, der zweitwichtigste die Form der Griffe.

Los geht's!

Vorbereitung der Beschläge

Suchen Sie zuerst die Beschläge für die Säge aus. Falls Sie einen Schmied kennen, können Sie die Teile so aufwändig gestalten lassen, wie Sie möchten. Ich habe für unser Beispiel käufliche Beschläge verwendet.

Ich habe im örtlichen Metallwarenhandel ein kurzes rechteckiges Stück Metallrohr (50 x 100 mm Querschnitt, 3 mm Wandstärke) erworben und zwei Stücke mit 28 mm Länge absägen lassen. (Die Arbeit hat mich etwa so viel gekostet wie eine Tasse Kaffee.) Die Schnittkanten habe ich entgratet und an beiden Stücken jeweils an einem Ende eine Mittellinie eingeritzt, die eine Schnitttiefe von etwa 40 mm ergab. Details sind aus der Zeichnung zu ersehen.

Beim Sägen des Schlitzes für das Sägeblatt ist es wichtig, am Anfang mit langsamen stetigen Schnitten zu arbeiten. Eine scharfe Metallbügelsäge schneidet Stahlrohr dieser Abmessungen ohne Probleme. Sägen Sie so gerade wie möglich an den Rissen entlang. (Sie können auch den Metallwarenhändler bitten, die Schlitze für sie zu schneiden.) Entfernen Sie auch an den Schlitzen die Grate mit einer Metallfeile.

Kontrollieren Sie nochmals, ob die Schlitze so gerade wie möglich sind. Kleine Abweichungen führen zu geringen Verwindungen des Sägeblattes, wenn es eingespannt wird. Das muss nicht das Ende der Welt sein. Falls der Schlitz jedoch sehr schief steht, kann das den Sägeschnitt im Holz beeinflussen. In diesem Fall sollten Sie zu einem neuen Stück Metallrohr greifen und es schlitzen.

Der Rundstahl mit 5 mm Durchmesser, aus denen ich die Haltestifte geschnitten habe, hat ebenfalls nur wenig Geld gekostet. Belassen Sie ihn zuerst in voller Länge, weil er dann leichter zu biegen ist. Biegen Sie den Rundstahl und prüfen Sie, ob beide Enden durch die Löcher im Sägeblatt passen. Nach einigen Versuchen sollten Sie in der Lage sein, ein Paar gut passende Haltestifte zu biegen (siehe Foto 1 auf Seite 138).

WERKSTATT
UNPLUGGED
KLOBSÄGE

Haltebügel

Vorderansicht

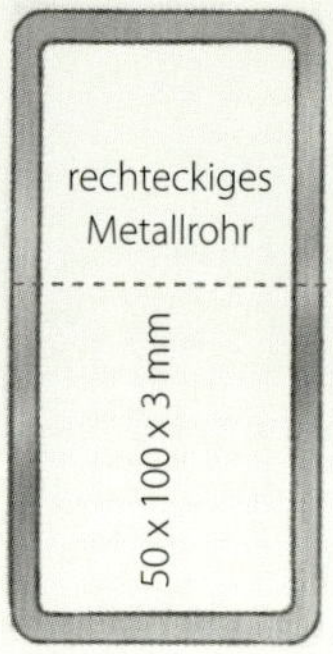

rechteckiges
Metallrohr
50 x 100 x 3 mm

Seitenansicht

Sägeschnitt, 40 mm tief

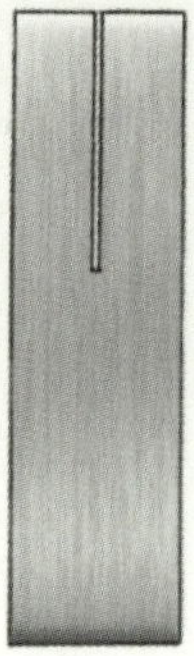

Haltestift, 5-mm-Rundstahl

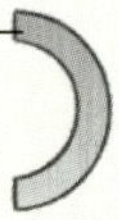

Draufsicht vorderes Querstück

20 mm
Ecklöcher werden mit einem 5-mm-Bohrer gebohrt

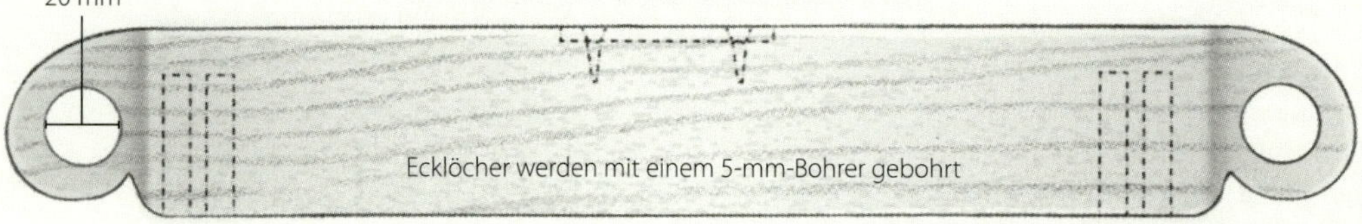

Vorderansicht vorderes Querstück

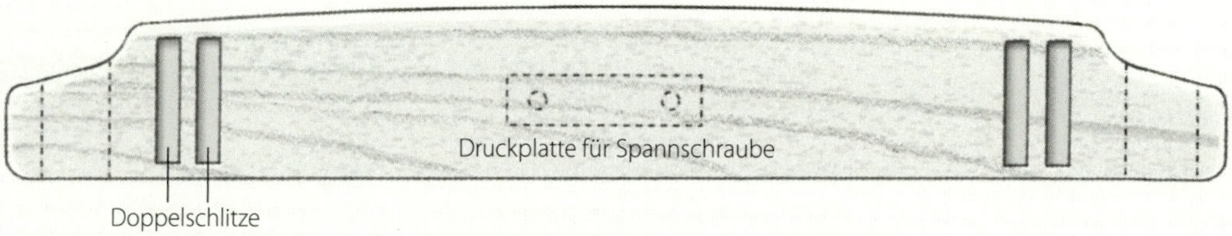

Druckplatte für Spannschraube
Doppelschlitze

Draufsicht hinteres Querstück

Doppelschlitze
Ausklinkung
für Haltebügel
145 mm

Vorderansicht hinteres Querstück

30 mm

6 mm
6 mm
28 mm

28 mm
40 mm

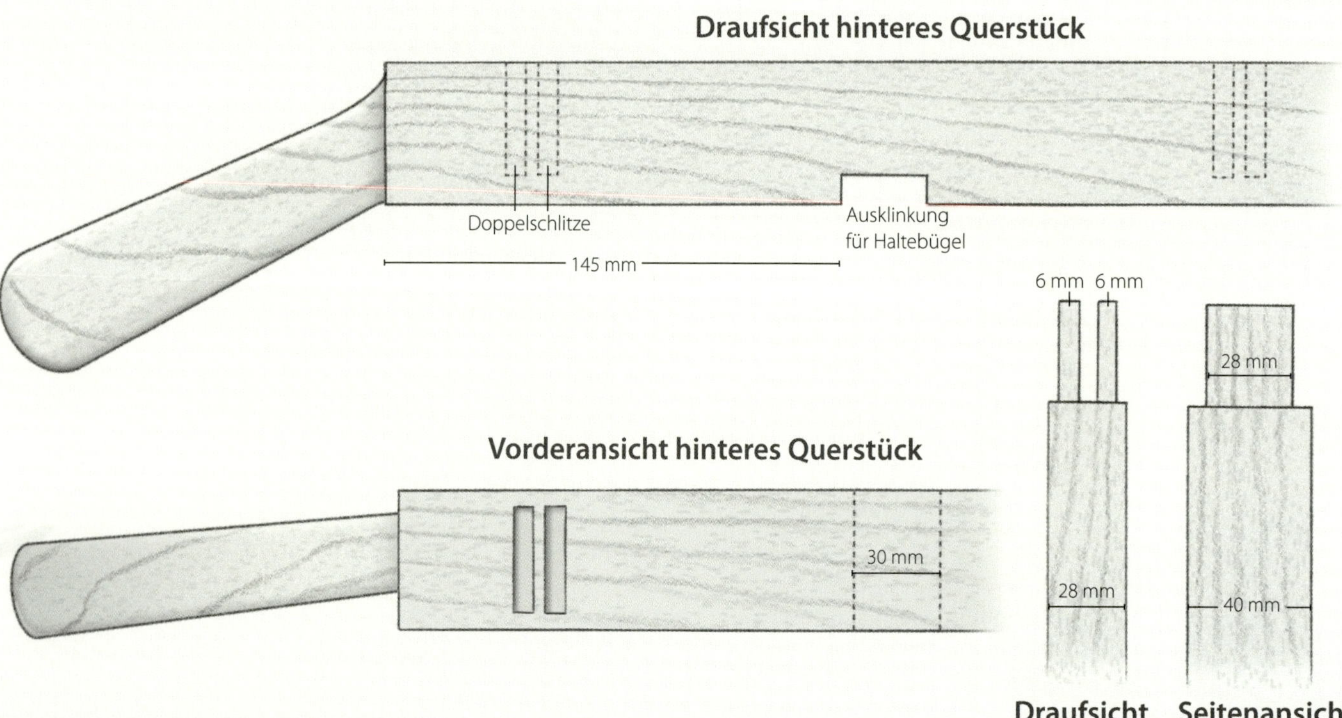

Draufsicht Längsstück

Seitenansicht Längsstück

Stückliste

vorderes Querstück	1	45 x 40 x 330 mm
hinteres Querstück	1	45 x 95 x 85 mm
Längsstücke (einschließlich Zapfen)	2	28 x 40 x 735 mm

1. Legen Sie parallel zu den Kanten einen Schnitt über das Ende des rechtwinkligen Rohrstücks an.
2. Sägen Sie bis zur vorgesehenen Tiefe von 40 mm ein.

Zum Spannen habe ich eine normale 10-mm-Augenschraube mit Mutter verwendet. Bohren Sie mittig in das Ende eines der Haltebügel ein Loch für die Schraube; die Mutter wird auf der Innenseite des Haltebügels aufgeschraubt, sodass etwa 20 mm herausragen. Wenn der Rahmen zusammengebaut ist und das Sägeblatt eingespannt wird, drückt die Mutter gegen den Haltebügel und spannt das Sägeblatt. Entgraten Sie die Ränder der Bohrlöcher. Nach dem Aufsprühen einer Metallfarbe ist der Haltebügel fertig.

Sie benötigen außerdem eine kleine Druckplatte, gegen welche die Spannschraube drückt, wenn sie angezogen wird. Meine hat die Maße 12 x 50 x 5 mm und war mit zwei versenkten Löchern für die Befestigungsschrauben versehen.

Kontrollieren Sie die Passung des Sägeblatts im Haltebügel.

DAS SÄGEBLATT FÜR DIE KLOBSÄGE

Man muss bei den Handwerkzeugen, die man in der Heimwerkstatt verwendet, immer gewisse Kompromisse eingehen. Im Laufe der Jahre habe ich für Klobsägen viele Möglichkeiten probiert, von breiten Sägeblättern, die ich mir zu schmalen Streifen zuschnitt, bis hin zu alten Bandsägeblättern, die ich in einem einfachen Holzrahmen einspannte. Technisch hat das alles funktioniert, und ich konnte auf die Schnelle so Bretter auftrennen; aber man hat nur wenig Kontrolle über die Arbeit und bekommt nur wenig Gefühl für das, was man tut.

Das Sägeblatt für diese Klobsäge hat Mark Harrell von Bad Axe Tool Works (www.badaxetoolworks.com) für mich angefertigt. Es ist 0,635 mm stark und mit 6 ppi (points per inch, Zähne pro Zoll) zugefeilt, sodass es leicht zu bewegen und zu kontrollieren ist. Mit einer maßgeschneiderten Klobsäge, deren Griffe genau auf die eigenen Hände abgestimmt sind und deren Sägeblatt professionell hergestellt wurde, ist das Auftrennen von Bohlen ein vollkommen anderes Arbeiten. Man wird inspiriert, Techniken anzuwenden, die man in einer Werkstatt mit reinem Handwerkzeug nicht für möglich gehalten hätte.

1. Biegen Sie die Stahlstange für die Haltestifte mit einer entsprechenden Vorrichtung. **2.** Die Metallteile vor dem Einbau in den Rahmen der Klobsäge.

Der Rahmen

Schneiden Sie die vier Teile für den Holzrahmen nach Maßgabe der Zeichnung und Stückliste zu. Wenn das Material vorbereitet ist, schneiden Sie die Doppelzapfen und -schlitze so zu, wie auf den Fotos der gegenüberliegenden Seite zu sehen.

Stecken Sie den Rahmen trocken zusammen und reißen Sie die Lage der Haltebügel an. Das Vorder- und Hinterstück des Rahmens werden geformt, aber die Abschnitte unter den Haltebügeln sollten rechteckig bleiben.

Reißen Sie dann die Handgriffe an. Beachten Sie, dass die Griffe sowohl senkrecht als

Schneiden Sie die Teile für den Rahmen nach Maßgabe der Zeichnung und der Stückliste zu.

1. Reißen Sie die Brüstungen der Doppelzapfen an den Enden der Längsfriese an. **2.** Reißen Sie die Wangen der Zapfen an. **3.** Sägen Sie die Zapfenwangen. Dann werden an der Sägelade die Brüstungen geschnitten. **4.** Alle Wangen werden der Reihe nach geschnitten. Ich lasse gerne etwas Übermaß stehen, das ich mit dem Stechbeitel sorgfältig verputze. **5.** Der Verschnitt zwischen den Zapfen wird mit der Laubsäge entfernt, dann putzt man die Brüstungen bis zum Grund mit dem Beitel nach. Danach werden die Schlitze geschnitten. **6.** Reißen Sie die Schlitze am vorderen Querfries an. Je nach Vorliebe kann man die Schlitze nur an einer oder an beiden Seiten anreißen. **7.** Bohren Sie den Verschnitt mit einem 6-mm-Bohrer aus, und stechen Sie den Schlitz mit einem Beitel nach. Verputzen Sie die Schlitze, und stecken Sie den Rahmen trocken zusammen.

auch waagerecht ausgestellt sind. Wenn Sie in ein oder zwei Tagen mit der Klobsäge Holz auftrennen und die Griffe länger in der Hand halten, werden Sie dankbar für die Arbeit sein, die Sie in die Formgebung der Griffe gesteckt haben. Wenn man an irgendeiner Stelle etwas mehr Aufwand betreiben sollte, dann hier. Schneiden Sie die Griffe zu, indem Sie den Rohling zwischen Schneidlade und Vorderzange der Hobelbank einspannen.

Das Hinterstück des Rahmens sollte mit einer Aufnahme für den hinteren Haltebügel versehen werden, damit der Haltebügel sich während der Arbeit nicht aus der Mitte des Rahmens zur Seite verschiebt. Die Lage dieser Ausklinkung entnehmen Sie der Zeichnung „Rahmensäge" auf S. 136. Schneiden Sie einige Male mit der Säge ein und entfernen Sie den Verschnitt mit einem breiten Stechbeitel. Verputzen Sie mit dem Beitel und kontrollieren Sie den Sitz des Haltebügels in der Aufnahme.

Druckplatte anbringen

Die Ausklinkung für die Druckplatte vorne am Rahmen sollte geschnitten werden, bevor Sie mit der Formgebung beginnen. Reißen Sie die Position der Platte am Vorderteil des Rahmens an und entfernen Sie den Verschnitt mit flachen Schnitten des Stechbeitels. Die Ausklinkung kann mit dem Grundhobel auf Endtiefe gearbeitet werden, wobei man von beiden Enden zur Mitte hin schneidet.

Bohren Sie die Löcher für die Befestigungsschrauben der Druckplatte, nachdem Sie ihre Lage mit einem Zentrierkörner angerissen haben.

TIPP

Die Handgriffe sollten auf Ihre eigenen Hände abgestimmt sein. Die hier gegebenen Maße und Formen sind für meine Hände. Es empfiehlt sich auch, anhand einer Schablone die Länge der Querfriese auf die Breite der eigenen Schultern abzustimmen, falls sich das besser anfühlt. Die Länge bei diesem Exemplar passt gut zu meinem Körperbau.

Gerundete Rahmenenden

Bequeme Handgriffe stehen immer recht weit oben auf meiner Liste wünschenswerter Details. In diesem Fall wollte ich auch gerne abgerundete Enden am Rahmen gestalten. Sie können jede Form verwenden, die Sie ansprechend finden. Ich wollte gerne schnell weiterarbeiten und habe deswegen ein geschwungenes Rahmenende mit einer 22-mm-Bohrung gestaltet,

Reißen Sie die Handgriffe an.

1. Die flache Ausklinkung für die Druckplatte lässt sich mit einigen Schnitten des Stechbeitels ausstemmen. **2.** Die Passung wird überprüft. Meine Ausklinkung ist eine Haaresbreite zu breit, aber das ist eine rein kosmetische Angelegenheit. **3.** Die Umrisse der Enden am vorderen Querfries habe ich mit einem Kurvenlineal entworfen. Stellen Sie eine Papierschablone der Form im Maßstab 1 : 1 her und übertragen Sie den Umriss auf den Querfries. **4.** Bohren Sie die Löcher mit der Bohrwinde und einem Bohrer und sägen Sie den Umriss dann grob vor. Arbeiten Sie die Form mit Feilen, Ziehklingen und Schleifpapier nach.

das von der Form traditioneller Rahmensägen angeregt war. Es trägt nicht nur zum Aussehen des Vorderteils des Rahmens bei, sondern hilft auch, etwas Gewicht einzusparen. Falls Sie die Säge auch mit zwei Personen bedienen werden, bringen Sie statt der Verzierung einen zweiten Satz Handgriffe an. Die Verbindungen sind die gleichen, nur die Orientierung der Griffe ist spiegelbildlich.

Die Griffe formen

Reißen Sie die Form der Handgriffe mit dem Stechzirkel an und feilen Sie die Ecken rund. Wie bei der Formgebung des Schlitzhobels (siehe S. 128) sollten Sie auch hier alle paar Minuten innehalten und das Werkzeug in die Hände nehmen. Schließen Sie dabei die Au-

Feilen Sie die Kanten der Handgriffe ab, und runden Sie die Griffe zur gewünschten Form.

NICHTS GEHT ÜBER DIE BOHRWINDE UND DEN BOHRER

Eine Bohrwinde und die zugehörigen Bohrer sind außerordentlich effektive Werkzeuge, um Löcher zu bohren oder Verschnitt an Verbindungen zu entfernen. Ich sehe immer wieder gute gebrauchte Exemplare bei Trödelhändlern. Falls Sie noch keine besitzen, stöbern Sie einmal danach. Im deutschen Versandhandel findet man auch moderne Ausführungen europäischer und japanischer Hersteller. Es muss nicht immer ein Akkubohrer sein...

gen. Ihr Gefühl sagt Ihnen, wann die Formgebung vollendet ist.

Nach dem Formen und Schleifen tragen Sie eine großzügige Schicht Öl-Lack-Mischung auf. Lassen Sie sie eine Stunde einziehen, und wischen Sie dann den Überstand ab. Tragen Sie so viele Schichten auf, wie Sie mögen, und beenden Sie die Oberflächenbehandlung, indem Sie mit feinster Stahlwolle etwas Zitruswachs auftragen.

Wenn Sie die Firm der Griffe möglichst handfreundlich gestalten, werden Sie jahrelanges Vergnügen an der Arbeit mit diesem schönen Handwerkzeug haben.

Zusammenbau der Säge

Schieben Sie die Haltebügel auf die beiden Enden des Rahmens. Achten Sie darauf, dass der Bügel mit der 10-mm-Bohrung vorne und über der Druckplatte sitzt. Führen Sie die Augenschraube durch das Loch und drehen Sie die Mutter auf das Ende der Schraube. Stecken Sie die Längsstücke des Rahmens ein, und drücken Sie die Schlitz-und-Zapfen-Verbindungen zusammen (und freuen Sie sich darüber, dass kein Leim angegeben werden muss). Legen Sie das Sägeblatt in die Schlitze der Haltebügel ein und stecken Sie die U-förmigen Haltestifte aus 5-mm-Stahl in die Löcher an den beiden Enden des Sägeblatts.

Die Säge ist jetzt bereit zum Auftrennen. Und Sie?

1. Wenn sie richtig eingesteckt sind, halten die 5-mm-Stifte das Sägeblatt dicht am Ende des Haltebügels. **2.** Die Spannschraube am vorderen Querfries sitzt über der Druckplatte. Ich habe die Schraube vorerst lang belassen, aber man kann sie nach Wunsch auf eine Gewindelänge von etwa 35 mm kürzen. Die längere Schraube ist beim Anziehen lediglich etwas leichter zu greifen. **3.** Die Längsfriese werden abgerundet und so geformt, dass die Verbindungsstelle zwischen ihnen und den Querfriesen gefällig wirkt und geschützt ist.

Die Klobsäge wartet auf ihren Einsatz. Sind Sie bereit?

Spannen des Sägeblatts

Legen Sie die Säge auf eine ebene Fläche. Die Zähne weisen aus Sicherheitsgründen nach unten. Sie müssen Zulagen unter den Rahmen legen, damit das Sägeblatt etwa 12 mm nach unten durchhängen kann.

Lassen Sie das Ende der Augenschraube über die Kante der Arbeitsfläche ragen und drehen Sie, bis sich das Sägeblatt straff gespannt anfühlt. Auf Druck sollte es höchstens 3 mm nachgeben. Falls Sie sehen oder fühlen, dass sich der Rahmen verzieht, hören Sie auf. Sie können jetzt erkennen, falls Sie die Verbindungen nicht präzise angeschnitten haben. Arbeiten Sie gegebenenfalls nach und spannen Sie dann das Sägeblatt bis zur Arbeitsspannung. Prüfen Sie, ob die Ecken des Rahmens während des Spannens auf der Arbeitsfläche bleiben. Falls sich der Rahmen verzieht und eine oder mehrere Ecken sich abheben, versuchen Sie, die schuldige Verbindung zu ermitteln und sie zu korrigieren.

Der Schlitzhobel und die Klobsäge sind ein gutes Gespann, es lohnt sich, Zeit in ihre Herstellung zu investieren. Mit diesen Werkzeugen eröffnen sich in der Werkstatt, die ohne elektrische Antriebe arbeitet, vielfältige neue Möglichkeiten. Erkunden Sie diese Möglichkeiten. Gönnen Sie sich aber vor allem das Vergnügen, mit den Werkzeugen zu arbeiten.

Sicher ist sicherlich habe vor, mehrere Klobsägen mit unterschiedlich großen Rahmen, verschiedenen Sägeblättern und Griffgestaltungen herzustellen. Handwerkzeuge entwickeln sich immer weiter und werden verändert, um sowohl dem Verwender als auch dem Einsatzzweck gerecht zu werden. Bevor man einen bestehenden Entwurf abändert, sollte man sich aber immer vergewissern, dass Rahmen und Sägeblatt den Belastungen gewachsen sind. Ein neues Sägeblatt, das man in einem Holzrahmen unter Spannung setzt, kann andernfalls unter Umständen zu schweren Unfällen führen. Achten Sie auf Ihre eigene Sicherheit!

TIPP

le prescrit

Das MEDIZIN-KÖFFERCHEN des guten Doktors

„Entschuldigen Sie bitte,
aber ich sehe mich gezwungen,
ungewöhnliche Maßnahmen zu ergreifen.

Dr. Henry Frankenstein

Detailzeichnung Eckfalz

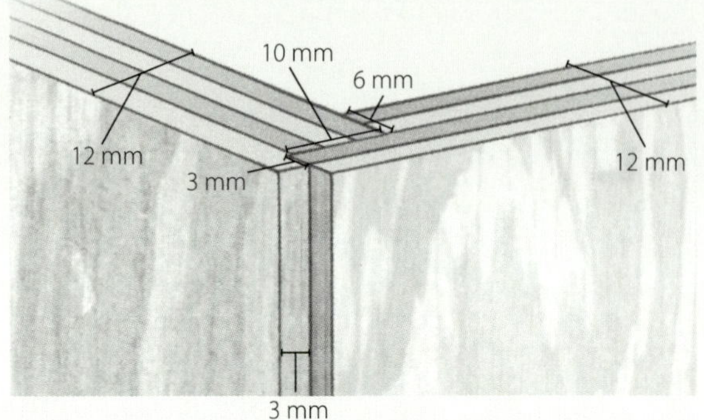

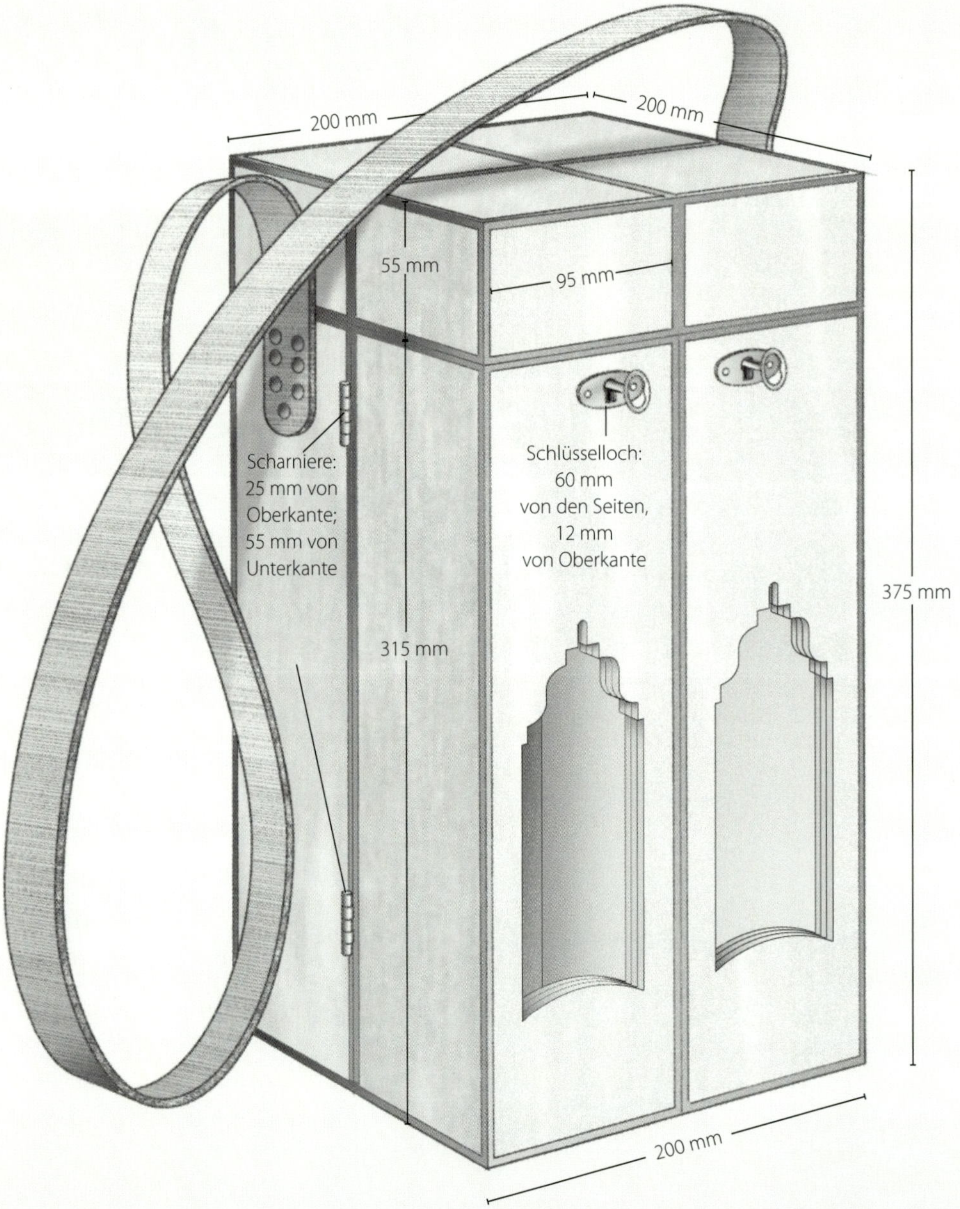

200 mm

200 mm

55 mm

95 mm

Scharniere:
25 mm von
Oberkante;
55 mm von
Unterkante

Schlüsselloch:
60 mm
von den Seiten,
12 mm
von Oberkante

375 mm

315 mm

200 mm

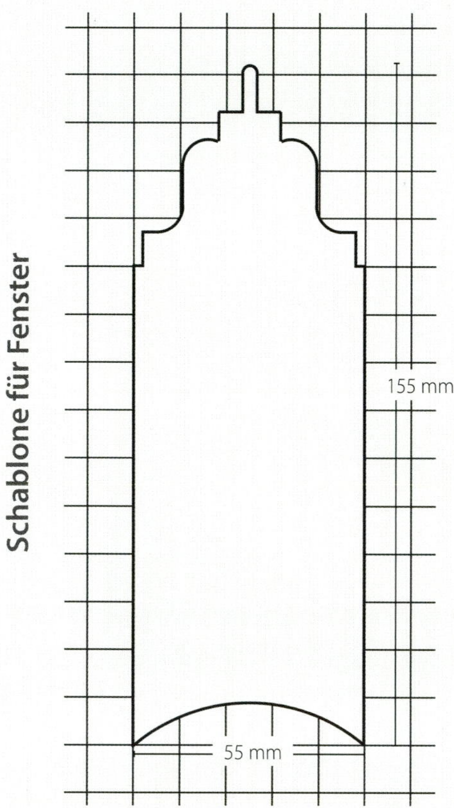

Rückansicht des fertigen Koffers

Stückliste

hinterer Kasten		
vordere und hintere Platte	2	12 x 195 x 315 mm
seitliche Platten	2	12 x 95 x 315 mm
Zwischenwand	1	12 x 80 x 300 mm
Boden	1	15 x 85 x 185 mm
vordere Kästen		
Platten	8	12 x 90 x 315 mm
Böden	2	15 x 85 x 85 mm
Deckel		
Seiten	4	12 x 45 x 185 mm
Deckplatte	1	15 x 190 x 190 mm
Furnier für Innenseiten	4	0,5 x 100 x 330 mm

Umleimer

Die Umleimer werden mit geringem Übermaß zugeschnitten und nach der Montage bündig verputzt; Längen sind aufgerundet.
3 x 3 x 4250 mm
3 x 6 x 1800 mm
3 x 12 x 2135 mm

Leder

1,5 mm Stärke: etwa 0,75 qm
3 mm Stärke: etwa 0,4 qm

In den Zeiten, als es noch nicht an jeder Straßenecke eine Apotheke oder Drogerie gab, transportierten Ärzte und verwandte Berufe ihre Therapeutika in kleinen Koffern. Der Inhalt bestand aus Salben und Tinkturen, Pillen und Pulvern, es war Absonderliches und Nützliches darunter, Selbstverständliches und Exotisches. Die schönen kleinen Transportkästen wurden vom 16. bis zum 19. Jahrhundert verwendet und man findet heute noch auffällige Beispiele aus vergangenen Zeiten.

Heute werden sie nicht mehr für ihren ursprünglichen Zweck verwendet, aber die aufwändig gestalteten Koffer lassen sich für eine Vielfalt moderner Verwendungen abwandeln. Einer meiner besten Freunde ist Weinliebhaber und meine Version des Transportkoffers sollte die perfekte Lösung sein, wenn er ein paar Flaschen seines besten Stöffchens transportieren möchte.

Die Materialmischung aus Messingbeschlägen, Stechpalmenholz an der Außenseite und Nussbaum mit Leder im Inneren geben dem Stück seinen ganz eigenen Stil. Mit Flaschen voller Spirituosen, Wein, Essig oder Olivenöl gefüllt, öffnet der Koffer vielerlei Türen.

EIN HOBELANSCHLAG IM SELBSTBAU

Dünnes Material auszuhobeln kann ohne eine geeignete Vorrichtung recht schwierig sein. Wenn man normale Bankhaken und die Hinterzange der Hobelbank verwendet, wölbt sich ein dünnes Werkstück meist, außerdem kommt man früher oder später mit dem Hobel an einen der Bankhaken. Ein einfacher Hobelanschlag aus einem Stück Material, das um ein Geringes länger ist als das längste Furnierblatt, ist eine gute Alternative.
Befestigen Sie mit Leim und Drahtstiften an der Hinterkante und einem Ende des Hobelanschlags 3 mm dicke Streifen von etwa 40 mm Breite. Der Anschlag kann dann mit den Bankhaken an der Hobelbank fixiert werden. Die beiden dünnen Anlagen halten die Furnierblätter, während man sie aushobelt. Achten Sie darauf, die Drahtstifte zu versenken! Falls Sie rutschhemmendes Klebeband zur Hand haben, können Sie einige Streifen davon auf der Fläche des Anschlags anbringen, um das Furnier zu halten, während Sie es auf Endstärke hobeln.

Mit einem selbst angefertigten Hobelanschlag ist es sehr viel leichter, dünnes Material auszuhobeln.

Materialvorbereitung

Die 12 mm starken Holzplatten für den Koffer können auf unterschiedliche Weise hergestellt werden. Die erste Überlegung würde in Richtung Vollholz gehen, aber immer, wenn ich Vollholz für derartig kleine Stücke verwendet habe, kam es wegen des Arbeitens des Holzes zu Problemen. Falls Sie über altes, sehr gut abgelagertes Material verfügen, könnten Sie es einsetzen, aber auch dann kann es zu Problemen kommen, und das Furnieren auf Vollholz ist auch nicht leicht. Die Arbeit mit Blindholz aus dem vollen Holz wird im Kapitel "Stummer Diener" beschrieben (siehe S. 171). Dort wird das Blindholz aber aus Vollholzstreifen zusammengesetzt, sodass man sich nicht um das Arbeiten des Holzes kümmern muss.

Man könnte auch Sperrholz verwenden. Es ist formstabil und leicht zu bekommen. Allerdings arbeite ich aus verschiedenen Gründen nicht so gerne mit Sperrholz. Zum einen wird es mit Formaldehyd hergestellt, was mich aus Gründen der Umweltverträglichkeit stört. Zum anderen lässt es sich nicht sehr gut mit Handwerkzeug bearbeiten. Außerdem ist man auf die Stärken angewiesen, die im Handel verfügbar sind. Allerdings kann man auch durch das Verleimen von Sperrholz mit Furnierlagen die Stärke erhalten, die man haben möchte.

Ich entschied mich, mein eigenes Sperrholz aus selbst aufgetrennten 3-mm-Stechpalmenfurnierblättern und drei Lagen 3-mm-Pappelholz herzustellen. Mit dem Schlitzhobel und der Klobsäge lassen sich Furnierbretter leicht in Handarbeit herstellen. Ich ging von einem Stechpalmenbrett aus, das etwa 115 x 1000 x 25 mm maß. Zuerst wird das Material rechtwinklig abgerichtet. Dann stellt man den Schlitzhobel so ein, dass der Schnitt etwa 5 mm von der Materialkante erfolgt. Sägen Sie auf allen Kanten des Bretts einen Schlitz ein und sägen Sie dann das erste Furnierblatt frei.

TIPP

Nachdem Sie ein Furnierblatt abgetrennt haben, sollten Sie die raue Sägeseite des Brettes mit dem Hobel verputzen, bevor Sie das nächste Blatt absägen. Es ist sehr viel leichter, das dicke Brett zu hobeln als das dünne Furnier. Am Furnierblatt müssen Sie auf diese Weise nur eine Seite verputzen.

Wenn die beiden Längskanten geschlitzt sind, werden die beiden Hirnholzenden eingesägt. In diese Schnitte wird das Sägeblatt der Klobsäge eingelegt, damit Sie den Schnitt postionsgenau ausführen können. Die Schlitze an den Längskanten führen das Sägeblatt dann beim Auftrennen des Bretts.

Falls Sie Ihr eigenes Sperrholz herstellen, achten Sie darauf, dass die Faserrichtung in den einzelnen Lagen senkrecht zueinander verläuft. Ich habe die dünnen Pappelholzbretter in meinem örtlichen Sägewerk gekauft. Das Holz ist ausgesprochen preiswert und ich verwende es dauernd, um Schablonen, Sperrholz und anfallende Schichtholzwerkstücke herzustellen. Pappelholz lässt sich leicht mit einer Furniersäge schneiden, und ich verleime die Lagen mit Glutinleim in meiner Furnierpresse (siehe S. 200). Stellen Sie als nächstes die 12-mm-Platten aus dem von Ihnen bevorzugten Material her.

Die Kästen herstellen

Schneiden Sie die 12-mm-Platten auf Maß: 95 x 315 mm. Für die beiden vorderen Kästen benötigen Sie acht Platten, für den größeren hinteren Kasten zwei Stück. Die Größe der Platten und die gefälzten Verbindungen ergeben an den äußeren Ecken einen Falz von 3 x 3 mm. In diesem Falz wird später der Umleimer angebracht.

Die Verbindungen sind bei allen Kästen gleich: Die Fälze an den Seitenplatten sind 10 mm tief und 6 mm breit; an die vorderen und hinteren Platten werden Fälze angeschnitten, die 3 mm tief und 10 mm breit sind. Wie die Fälze zusammengefügt werden, ist der Zeichnung "Weinkoffer" auf S. 146 zu entnehmen. Alle Platten werden auch an der inneren Unterkante gefälzt, sodass die Böden der Kästen eingelegt werden können, um eine bessere Verleimung zu erreichen. Diese Fälze sind 10 mm tief und 6 mm breit. Die Böden sind 15 mm stark, nach dem Einlegen in die Fälze ragen sie also 5 mm nach unten heraus. Die Böden werden mit Nussbaum furniert und die Kanten werden mit einem Umleimer versehen, wenn die Kästen verleimt sind.

Schneiden Sie alle Fälze an und stecken Sie dann die beiden vorderen Kästen trocken zusammen. Schneiden Sie die Böden zu. Für die vorderen Kästen sind sie 90 x 90 x 15 mm groß. (Ich habe meine aus wiederverwertetem Nadelholz mit geradem Faserverlauf geschnitten, das 100 Jahre alt war – mit anderen

Aus dem 25 mm starken Brett kann ich mit der hier beschriebenen Methode vier Furnierblätter von 5 mm gewinnen. Man kann so auch sehr gut stärkeres Material für Möbelteile auf Dickte schneiden.

1. Fälzen Sie die Seitenteile an den langen ... **2.** und unteren Kanten an. In den unteren Fälzen wird der Boden eingelegt. **3.** Detail der Eckverbindung. Der Falz an der Außenecke wird mit einem Umleimer gefüllt, nachdem die Kästen verleimt sind.

Worten, sehr gut abgelagert und formstabil.) Furnieren Sie die Unterseite der fertigen Böden mit Nussbaum. Ich verwendete dafür das gleiche Nussbaumfurnier in 0,5 mm Stärke, das später auch auf den Innenseiten der Kästen angebracht wird.

Als nächstes werden die Platten in doppelter Breite für den hinteren Kasten hergestellt. Sie werden beide in der Mitte mit Einleimern versehen, um das gleiche Aussehen wie die vorderen Kästen zu erhalten. Wenn die beiden vorderen Kästen geschlossen sind, sehen die 3 mm breiten Umleimer aus wie einer mit 6 mm Breite. Die doppelt breiten Platten des hinteren Kastens sollten also genauso aussehen. Die Innenseiten werden ebenfalls mit Nussbaum furniert. Das geschieht jetzt, bevor die Arbeit mit der Laubsäge beginnt (siehe oberes Foto auf S. 152).

Falls Sie Ihr eigenes Sperrholz herstellen, fügen Sie dabei gleich die 6 mm breiten und 3 mm dicken Nussbaumeinleimer in die Deckschicht der vorderen und hinteren Platte des hinteren Kastens ein. Dann müssen Sie die Einleimer nicht in einer extra geschnittenen Nut anbringen. Ich habe zuerst die beiden Platten aus Stechpalmenholz abgerichtet und den Einleimer aus Nussbaum dazwischengeleimt. Nachdem der Leim getrocknet war, habe ich diese Platte auf drei weitere Pappelplatten in 3 mm Stärke geleimt, um die Sperrholzplatte für den hinteren Kasten zu erhalten.

Die Fenster aussägen

Wenn die Platten zugeschnitten und furniert sind und die Umleimer bereit liegen, können Sie den nächsten Schritt in Angriff nehmen:

UMLEIMER SCHNEIDEN

Mit dem Schlitzhobel und der Klobsäge ist es eine leichte und vergnügliche Arbeit, Umleimer zuzuschneiden. Das Wichtigste dabei ist die Auswahl des Rohmaterials, vor allem wenn man die Umleimer zusammen mit gekauftem Furnier verwenden möchte. Versuchen Sie, ein Stück Vollholz zu verwenden, das gerade Fasern hat und in Farbe und Struktur dem Furnier, das Sie verwenden werden, möglichst ähnlich ist. Schneiden Sie die Umleimer in Breite und Höhe mit etwas Übermaß, damit Sie sie nach dem Anbringen noch bündig hobeln können.

1

2

3

1. Gehen Sie genauso vor wie beim Zuschneiden von Furnierblättern: Zuerst wird ein Schlitz gesägt, der die Breite des Umleimers festlegt. Für dieses Werkstück benötigen Sie sowohl 3 mm als auch 6 mm starkes Material. Schneiden Sie es mit etwas Übermaß zu, um es später bündig hobeln zu können. Wenn der Schlitz auf allen vier Seiten des Bretts eingeschnitten ist, werden die Streifen mit der Klobsäge freigeschnitten. **2.** Der Hobelanschlag ist beim Bearbeiten dieses dünnen Materials nützlich. **3.** Wenn das Material verputzt ist, wird der Schlitzhobel auf die gewünschte Breite eingestellt, und man schneidet die Umleimer zu. Der Schlitzhobel ist das ideale Werkzeug, um dünne Streifen von einem dünnen Brett abzusägen. (Meist wird diese Arbeit an der Tischkreissäge ausgeführt. In einer Werkstatt, in der nur mit Handwerkzeug gearbeitet wird, sieht man sie seltener.)

Das Furnier der inneren Platten wird mit warmem Glutinleim angebracht.

die Fenster in die inneren Platten schneiden. Die Fenster sind nicht unbedingt notwendig, aber ich habe mich aus ästhetischen wie aus Nützlichkeitserwägungen für sie entschieden: Bei einem Weinkoffer ist es angenehm, die Flaschenetiketten sehen zu können, ohne die Flaschen dafür entnehmen zu müssen. Entscheiden Sie sich für eine Form für die Fenster und schneiden Sie die Form mit der Laubsäge an einem Laubsägetischchen aus.

Mein Laubsägetischchen besteht einfach aus zwei Reststücken Holz, die ich mit Leim und Schrauben verbunden habe. Der Tisch selbst hat vorne eine V-förmige Aussparung.

Ich fertigte eine Schablone für den Fensterausschnitt an und übertrug die Form auf die Platten (siehe "Fenstermuster" auf S. 147). Die gerundeten Stellen werden mit einem Bohrer entsprechenden Durchmessers vorgebohrt. Das erleichtert die Arbeit mit der Laubsäge, weil ich die Kurven nicht freihändig mit der Säge schneiden muss. Außerdem habe ich einen Durchlass, durch den ich das Laubsägeblatt am Anfang einfädeln kann.

Falls Sie noch nie mit der Laubsäge gearbeitet haben, üben Sie ruhig einmal einen Vormittag lang. Es ist nicht so sehr schwer, wenn Sie sich einmal an den Bewegungsablauf gewöhnt haben. Halten Sie die Laubsäge senkrecht, und schneiden Sie mit einer Auf-und-Ab-Bewegung. Mit der einen Hand halten und drehen Sie das Werkstück, mit der anderen führen Sie die Säge (siehe Foto 3 auf der gegenüberliegenden Seite). Der Trick dabei ist, das Sägeblatt mehr oder weniger an einer Stelle zu belassen und stattdessen das Werkstück beim Sägen zu bewegen.

Wenn Sie alle vier Fenster geschnitten haben, verputzen Sie die Sägeschnitte mit der

Bevor die 12-mm-Platte hergestellt wird, leimt man den Umleimer aus Nussbaum zwischen die Stechpalmenfurniere an der Außenseite. So erspart man sich das nachträgliche Schneiden einer Nut.

1. Stellen Sie eine Schablone im Maßstab 1 : 1 her, und ermitteln Sie den Durchmesser aller Rundungen. In diesem Fall hat das obere Loch 2,5 mm Durchmesser, und das Karnies wird mit einem 12-mm-Bohrer hergestellt. 2. Reißen Sie den Umriss an und bohren Sie die Löcher. 3. Mit einer Laubsäge mit weit ausladendem Bügel lässt sich der Umriss leichter aussägen. Hier verwende ich ein 125 mm langes, mittelfeines Sägeblatt mit weiter Doppelbezahnung.

Feile und versiegeln Sie sie mit einer Schicht entwachstem und entfärbten Schellack. Der Schellack schützt die Fenster während des nächsten Schritts. (Falls Sie die Platten aus Vollholz hergestellt haben, können Sie diesen Schritt auslassen.) Decken Sie die Außenseiten der Fenster mit durchsichtigem Klebeband ab (damit die Beize nicht auf das Holz gelangt), und tragen Sie von innen mit einem kleinen Pinsel eine schwarze Beize auf die Innenkanten der Fenster auf. So wird der Übergang vom Nussbaumfurnier zum Leder auf der Innenseite weniger auffällig.

Als nächstes wird in die beiden breiten Platten auf der Innenseite jeweils eine Nut geschnitten. Dazu verwende ich einen kleinen Nuthobel mit 150-mm-Verlängerungsstangen, um in größerer Entfernung von der Kante arbeiten zu können. Die Nut dient als Aufnahme für eine 6 mm starke Feder, die an die Zwischenwand angeschnitten wird. Schneiden Sie die Feder jetzt an und stecken Sie den Kasten trocken zusammen.

Das Leder anbringen

Wenn die Platten für die drei Kästen fertig und die Verbindungen angeschnitten sind, ist es Zeit, das Lederfutter anzubringen. (Beachten Sie, dass das Futter nur eine Option darstellt. Falls Sie die Kästen nicht füttern möchten, verputzen Sie jetzt die Bestandteile der Kästen und gehen dann zum Verleimen über.)

1. Arbeiten Sie von der Innenseite der Platten, und tragen Sie auf die Schnittkanten der Fenster schwarze Beize auf. So sieht der Übergang vom Nussbaumfurnier zur Innenseite der Kästen etwas sauberer aus. 2. Die fertigen Fensterplatten, nachdem die inneren Schnittkanten schwarz gebeizt worden sind.

1. Das Leder wird mit einem Lineal und einem scharfen Messer geschnitten. **2.** Dann wird es mit warmem Glutinleim auf die Platten geklebt. Ich habe jeweils mehrere zusammen in der Furnierpresse verleimt. **3.** Das Lederfutter der Seitenplatte sollte an der Unterkante etwas kürzer sein, damit es Raum für die Holzverbindung lässt. **4.** Hier wird der Überstand an einem der Boden abgeschnitten, nachdem der Leim getrocknet ist.

Das Arbeiten mit Leder ist eine angenehme Abwechslung. Stellen Sie sich vor, es sei eine Art weiches Furnier und Sie bearbeiten es dementsprechend. Wichtig sind ein Lineal und ein scharfes Messer. Das Leder für das Futter sollte höchstens 1 - 2 mm stark sein. Es muss sorgfältig eingepasst werden, damit es nicht an den Verbindungsstellen stört. Es sollte also so geschnitten werden, dass an den Kanten quasi eingearbeitete Fälze entstehen. So muss zum Beispiel die Unterkante des Leders an der Innenseite mit der Oberfläche des Leders auf dem Boden abschließen, weil sonst die Fuge nie richtig schließt. Das Leder kann mit warmem Glutinleim schnell am Holz befestigt werden. Markieren Sie die Umrisse auf dem Leder und schneiden Sie es entsprechend zu. Ich habe es mit etwa 1,5 mm Übermaß geschnitten und sauber nachgeschnitten, nachdem der Leim getrocknet war.

Wenn das Lederfutter an allen Innenseiten angebracht ist, stecken Sie die Kästen trocken zusammen. Mit einigen Gummibändern lassen sich die Teile gut zusammenhalten, damit Sie die Passungen kontrollieren können, bevor Sie Leim angeben (siehe Foto unten).

DIE FENSTERUMRISSE SCHNEIDEN

Das Futter um die Fenster herum zu schneiden, erfordert die Anwendung eines kleinen Tricks. Schneiden Sie das Lederfutter auf Maß und legen Sie es mit der Sichtseite nach unten auf die Arbeitsfläche. Die Holzplatte mit dem Fenster wird darauf gelegt. Achten Sie darauf, das Leder an den Innenkanten der Fälze auszurichten. Übertragen Sie dann von der Vorderseite der Holzplatte her die Umrisse des Fensters mit einem Faserstift auf das Leder. Nehmen Sie die Holzplatte mit dem Fenster ab und schneiden Sie das Fenster in das Leder.

1. Übertragen Sie den Umriss der Fenster mit einem Faserstift auf die Rückseite des Leders. **2.** Verwenden Sie eine Lederpunze, um die Rundung oben am Fenster zu schneiden. Die anderen Schnitte lassen sich leicht mit Stechbeiteln ausführen. **3.** Wenn man die Fensterausschnitte im Leder etwas größer schneidet, sieht man später von außen die Lederkanten nicht.

Die Kästen verleimen

Jetzt können Sie die Platten verputzen und die Kästen verleimen. Beginnen Sie mit den beiden vorderen Kästen, und gehen Sie dann zum größeren hinteren Kasten über. Das Verleimen des hinteren Kastens gleicht dem der vorderen Kästen, Sie müssen lediglich etwas Leim an die Feder der Trennwand geben und sie in die Nuten einschieben, nachdem Sie die Seiten und den Boden zusammengesteckt haben.

Beim Verleimen gilt: Zu viele Zwingen kann man nie haben.

Die trockene Probemontage ist ein wichtiger Arbeitsschritt. Man hat dabei Gelegenheit, kleinere Fehler zu korrigieren, bevor man Leim angibt.

1. Messen Sie die Umleimer. Wenn man ihnen etwas Übermaß gibt, kann man sie auf Maß verputzen, wenn der Leim trocken ist. Fasen Sie die Innenkanten leicht an, damit sie besser in die Ecken der Fälze passen. **2.** Klebeband reicht als Befestigung für die Umleimer, während der Glutinleim trocknet. **3.** Hobeln Sie die Umleimer bündig, nachdem der Leim getrocknet ist. **4.** Wenn die Umleimer an den Längskanten eingeleimt sind, werden die oberen zugeschnitten und eingepasst. Zuerst werden die beiden längeren Stücke angebracht, dann die beiden kürzeren zwischen ihnen eingefügt. Arbeiten Sie sich mit leichten Schnitten an der Stoßlade bis an die perfekte Passung heran.

Die Umleimer anbringen

Wenn der Leim trocken ist, können Sie die Umleimer an den Kästen anbringen. Beginnen Sie an den langen Kanten und schneiden Sie die Umleimer auf Maß zu. Leimen Sie sie mit warmen Glutinleim in die Fälze ein. Die Umleimer werden mit Klebeband fixiert, während der Leim trocknet. Anschließend werden sie mit der Plattenoberfläche bündig gehobelt. (Das ist das Schöne an selbst angefertigten Umleimern: Man kann sie mit leichtem Übermaß herstellen.)

Bringen Sie abschließend die Umleimer an den oberen und unteren Kanten an. Diese Stücke können auf Gehrung geschnitten werden, um den Ecken ein traditionelleres Aussehen zu geben, oder sie können auf Stoß geschnitten sein, was zu einem moderneren Aussehen führt, das ich persönlich vorziehe.

Der Deckel

Wenn die Umleimer an den vier Kästen angebracht sind, geht es mit dem Deckel weiter. Als ich das Sperrholz für die Kästen herstellte, habe ich genügend angefertigt, um auch den Deckel daraus bauen zu können. Ich habe die Stücke angerissen und markiert, um eine fortlaufende Maserung auf den Seiten der Kästen und des Deckels zu erzielen. Die Verbindungen an den Ecken des Kastens gleichen denen der Kästen. Die Fälze an den Seitenplatten sind 10 mm tief und 3 mm breit; an die vorderen und hinteren Platten werden Fälze angeschnitten, die 6 mm tief und 10 mm breit sind. An der oberen Innenkante der Deckelplatten werden 6 mm breite und 10 mm tiefe Fälze angeschnitten. Der Vorgang ist der gleiche wie beim Boden der Kästen. Der Deckel wird in diese Fälze eingelegt, um das Stück belastbarer zu machen.

Als nächstes wird die Deckplatte für den Deckel hergestellt. Sie besteht aus 15 mm starkem Material und misst 190 x 190 mm. Schneiden Sie das 3 mm starke Stechpalmenholz und die Nussbaumumleimer für die Deckplatte zu. Ich habe der Einfachheit halber das Deckfurnier in zwei Teilen hergestellt, bevor ich es am Blindholz des Deckels anbrachte. Die vier Quadrate aus Stechpalme und das Kreuz aus Nussbaum wurden zugeschnitten, bevor die Deckplatte als Ganzes am Deckel angebracht wurde. Geben Sie Leim an die Furniere und das Blindholz der Deckelplatte, und legen Sie sie in die Furnierpresse ein, bis der Leim trocken ist. Ich habe meine Furniere etwas auf Übermaß geschnitten und dann in der Stoßlade mit den Seitenteilen des Deckels bündig gehobelt.

Stecken Sie die Seitenteile des Deckels trocken zusammen. Man sieht hier, dass die Einleimer in der Mitte bereits angebracht sind – dies ist einer der Vorteile von selbst hergestelltem Sperrholz.

Wenn die Deckplatte furniert ist, werden die Kanten in der Stoßlade gefügt und man passt sie trocken in den Deckel ein.

1. Legen Sie die Seitenteile des Deckels mit der Sichtseite nach unten in der richtigen Reihenfolge auf die Werkbank. Unter die Eckverbindungen wird Klebeband gelegt. Geben Sie Leim an und falten Sie den Deckel zu einem quadratischen Rahmen zusammen. **2.** Setzen Sie an den Ecken Zwingen an, um den Deckel zusammenzuhalten, während der Leim trocknet. **3.** Hobeln Sie die Umleimer mit dem Deckel bündig. Wenn die Fasern im oberen Umleimer im Uhrzeigersinn um den Deckel laufen, ist das Hobeln leichter.

Dann wird der Deckel verleimt. Legen Sie die vier Seitenteile mit der Sichtseite nach unten in der richtigen Abfolge auf Ihre Werkbank, sodass die Eckverbindungen auf untergelegtem Klebeband auf Stoß zu liegen kommen. Geben Sie heißen Glutinleim an die Fälze der Eckverbindungen und klappen Sie die vier Seitenteile zum Deckelkorpus zusammen. Richten Sie die Seitenteile rechtwinklig aus und geben Sie zügig Leim an die Fälze an der oberen Kante. Legen Sie die Deckplatte in die Fälze ein. Die Deckplatte sorgt dafür, dass der Deckelkorpus rechtwinklig bleibt, während der Leim trocknet. Mit vier Zwingen an den Ecken wird Pressdruck auf die Eckverbindungen ausgeübt, während der Leim trocknet.

Nehmen Sie danach die Zwingen ab und bringen die Umleimer an den Seiten und der Deckplatte des Deckels an. Das Verfahren ist das gleiche wie bei den Seitenteilen für die Kästen. Leimen Sie zuerst die 3 mm starken senkrechten Umleimer ein und verputzen Sie sie, bevor Sie die oberen waagerechten Umleimer anbringen. Die unteren waagerech-

TIPP

Mit etwas Voraussicht bei der Auswahl des Materials für die Umleimer kann man sich die Arbeit erleichtern. Wenn die Holzfasern der Umleimer alle im Uhrzeigersinn um den Deckel laufen, muss man sich beim Verputzen mit dem Hobel keine Gedanken über wechselnde Faserrichtungen machen.

Wenn das Lederfutter im Deckel angebracht ist, wird der untere Umleimer angebracht. Lassen Sie die Enden überstehen und verputzen Sie sie erst, wenn der Leim trocken ist

ten Umleimer werden erst später angebracht, nachdem das Innere des Deckels mit Leder ausgefüttert worden ist. Wenn der Leim am oberen Umleimer trocken ist, wird der Deckel mit dem Einhandhobel verputzt.

Dann wird das Leder auf der Innenseite des Deckels angebracht. Das ist sehr viel leichter als bei den Kästen des Unterteils. Zuerst wird die Innenseite der Deckplatte abgefüttert, dann zwei gegenüberliegende Seiten. Wenn der Leim trocken ist, wird das Futter mit den beiden verbliebenen Seiten fertiggestellt. Danach können Sie den Umleimer an der Unterkante des Deckels anbringen. Er kann etwas breiter als 12 mm sein, damit die untere Schnittkante des Lederfutters abgedeckt wird und das Ganze sauber aussieht. Die Teile des Umleimers werden in der gleichen Reihenfolge angebracht wie bei den unteren Kästen: zuerst an der vorderen und hinteren Kante, dann an den beiden dazwischen liegenden Seiten, sodass sich eine enge Passung ergibt. Lassen Sie die Enden überstehen und verputzen Sie sie erst, wenn der Leim trocken ist.

Mit einer Dübelsäge werden die Enden der Umleimer bündig geschnitten. Danach wird noch mit dem Stechbeitel verputzt.

Die Beschläge anbringen

Wenn der Deckel fertig ist, verputzen Sie alle Kästen sauber mit der Ziehklinge. Tragen Sie jetzt einige Schichten Schellack auf, bevor die Beschläge angebracht werden. (Der Schellack schützt die Kästen, während Sie an den Beschlägen arbeiten.) Sie benötigen für den Weinkoffer zwei Sätze Scharniere für die vorderen Kästen, einen Satz Klappeneckscharniere für den Deckel und zwei Schlösser, um das Ganze zusammenzuhalten.

1

1. Übertragen Sie die Umrisse der Scharniere auf die Kästen. 2. Stellen Sie ein Streichmaß auf die Dicke der Scharnierlappen ein, um die Ausklinkungen in der richtigen Tiefe schneiden zu können. 3. Stechen Sie rings um den Verschnitt mit dem Beitel ein. Hier sieht man die Seite an einem der vorderen Kästen. 4. Entfernen Sie den Verschnitt vorsichtig mit dem Grundhobel. Es geht auch freihändig mit dem Stechbeitel, aber mir fällt es mit dem Grundhobel leichter, die Ausklinkung gleichmäßig tief zu schneiden. 5. Kontrollieren Sie die Passung. Etwas zu flach? Nehmen Sie etwas mehr Material ab. Zu tief? Legen Sie ein dünnes Furnierstück ein, bis die Tiefe genau stimmt.

2

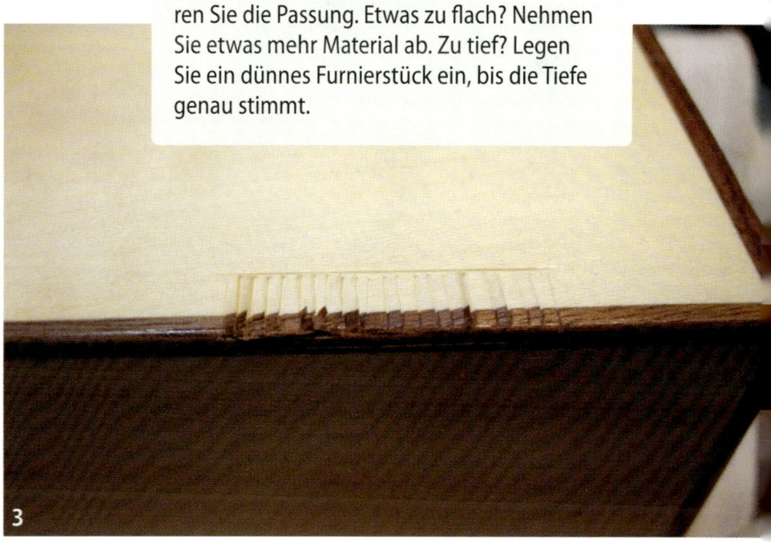

3

4

5

1. Richten Sie die Klappeneckscharniere mittig auf den Seitenwänden der Kästen aus. Legen Sie den oberen Lappen des Scharniers nach hinten herab, um die Länge der Ausklinkung in der Seitenwand zu bestimmen. Die Rolle muss über die Außenkante des Kastenrückteils hinausragen, damit das Scharnier sich bewegen lässt. **2.** Wenn die Ausklinkung angerissen ist, werden an den beiden Enden Löcher mit 8 mm Durchmesser bis zur richtigen Tiefe gebohrt, um die runden Enden festzulegen. **3.** Stechen Sie zuerst mit dem Beitel vor, und arbeiten Sie dann mit einem kleinen Grundhobel bis auf die richtige Tiefe nach. Der kleine Grundhobel lässt sich auf den dünnen Wänden der Ausklinkung leichter führen. **4.** Detailaufnahme der Ausklinkung. Kontrollieren Sie die Passung und bohren Sie Führungslöcher für die Schrauben.

Die Scharniere anbringen

Beginnen Sie mit den Scharniere am großen Kasten (siehe Fotos auf S. 161). Reißen Sie die genaue Position an, wo sie eingelassen werden müssen. Stellen Sie das Streichmaß anhand der Stärke der Scharnierlappen ein. Schneiden Sie vorsichtig mit dem Stechbeitel vor und entfernen Sie dann den Verschnitt mit dem Grundhobel oder mit dem Stechbeitel.

Das Gewerbe des Scharniers muss über die Korpusseiten hinausragen, damit die Bänder funktionsfähig sind. Das muss beim Anreißen der Ausklinkungen für die Lappen berücksichtigt werden.

Wiederholen Sie den Vorgang für alle vier Bänder. Reißen Sie die Lage der Schraubenlöcher mit einem Zentrierkörner an und bohren Sie dann die Löcher. Falls Sie passende Stahlschrauben haben, drehen Sie diese zuerst in die Bohrlöcher, um das Schraubengewinde vorzuschneiden. Falls nicht, geben Sie etwas Wachs an die Messingschrauben, sprechen Sie ein stilles Gebet und drehen Sie sie ein. Messingschrauben sind berüchtigt für ihre Neigung, schnell zu reißen. Gehen Sie also sanft mit ihnen um.

Entfernen Sie den Großteil des Verschnitts aus den Schlitzen für die Stützen mit einem 3-mm-Bohrer. Stechen Sie dann mit einem kleinen Beitel nach.

Die Klappeneckscharniere anbringen

Als nächstes kommen die Klappeneckscharniere für den Deckel. Sie können recht furchteinflößend wirken, wenn man sie nie zuvor angebracht hat, aber es gibt keinen Grund zur Sorge, wenn man ihre Lage sorgfältig anreißt, bevor man mit der Arbeit beginnt. Leichter gesagt als getan.

Reißen Sie zuerst die Position des Scharniers und den Umriss der notwendigen Ausklinkung an. Legen Sie das Scharnier so auf die hintere Kante des Kastens, dass der obere Lappen nach hinten hinab hängt. So ermitteln Sie den Abstand von der hinteren Kante des Kastens. Richten Sie die Scharniere mittig auf den

Kontrollieren Sie die Passung, nachdem Sie die Schlitze für die Stützen geschnitten haben. Ich schneide sie tiefer als notwendig, weil ich sicherstellen möchte, dass später keine Probleme wegen zu geringer Tiefe auftreten.

1. Stellen Sie das Schloss mittig an der gewünschten Stelle auf die Seitenplatte des Kastens, und markieren Sie die Lage der Schraubenlöcher. Übertragen Sie den Umriss und bohren Sie die runden Enden mit einem 8-mm-Forstnerbohrer vor. 2. Die fertige Ausklinkung für den Stulp. Bringen Sie Klebeband an der Vorderseite des Kastens an und markieren Sie die Breite des Schlitzes für den Schlosskasten. 3. Entfernen Sie den Großteil des Verschnitts mit einem 6-mm-Bohrer. Das Klebeband am Bohrer dient als Tiefenlehre. 4. Stechen Sie die Schlitze mit dem Beitel rechtwinklig nach. 5. Kontrollieren Sie den Sitz der Schlösser in den Schlitzen.

Seitenwänden der Kästen aus. Verwenden Sie auch hier den Lappen des Scharniers als Lehre, um das Streichmaß einzustellen. Reißen Sie die Lage der Schraubenlöcher an,und verwenden Sie einen 8-mm-Forstnerbohrer, um die runden Enden der Ausklinkung auszubohren. Arbeiten Sie die Ausklinkung mit dem Grundhobel und Stechbeitel bis auf volle Tiefe aus. Arbeiten Sie sich vorsichtig bis an die richtige Tiefe heran, bis das Scharnier flächenbündig in der Ausklinkung sitzt. Wiederholen Sie den Vorgang auf der anderen Seite.

Wenn die Ausklinkungen auf der Oberkante des hinteren Kastens ausgestochen sind, spannen Sie den Deckel auf dem Kasten fest und übertragen die Lage der Ausklinkungen auf den Deckel. Schneiden Sie auf die gleiche Weise dann die Ausklinkungen im Deckel.

Wenn die Ausklinkungen geschnitten sind und Sie mit der Passung zufrieden sind, drücken Sie die Scharniere in die Ausklinkung und markieren die Lage der Stützen, mit denen die Bewegung des Deckels beschränkt wird. Die Stützen legen fest, wie weit sich der Deckel öffnen lässt. Sie verschwinden in Schlitze in den Kästen und im Deckel, wenn dieser geschlossen wird. Legen Sie die Scharniere ein und reißen Sie die Lage der Schlitze für die Stützen an. Nehmen Sie die Scharniere wieder ab und entfernen Sie den Verschnitt mit einem Bohrer aus den Schlitzen. Arbeiten Sie die Schlitze mit dem Stechbeitel nach und überprüfen Sie den Sitz der Scharniere mit angebrachten Stützen (siehe Fotos auf S. 163). Die Schlitze können tiefer sein als die Länge der Stützen, damit diese in geschlossenem Zustand nicht am Grund des Schlitzes aufstoßen. Die Schlitze werden an beiden Seiten des Scharniers angearbeitet.

Die Schlösser anbringen

Die Schlösser sind nicht unbedingt notwendig, damit der Weinkoffer funktioniert. Man könnte auch einen Riegel oder einen Hakenverschluss anbringen, aber ich finde, die Schlösser sind ein schönes Zierelement und geben dem Entwurf das gewisse Etwas. Falls Sie sich zu Schlössern entschließen, müssen Sie vielleicht etwas suchen, bis Sie welche finden, die klein genug für den Koffer sind und in die 12 mm starken Platten passen.

Stellen Sie das Schloss zuerst kopfüber auf die obere Kante des vorderen Kastens und richten Sie es mittig aus (siehe Foto 1 auf der gegenüberliegenden Seite). Ich habe die Schlösser näher an die Mitte des Koffers gerückt, aber das ist Geschmackssache; die Position hängt davon ab, wo die Schlüssellöcher auf der Außenseite des Koffers Ihrer Meinung nach die beste optische Wirkung erzielen. Wenn Sie sich für eine Position entschieden haben, reißen Sie den Umriss des Stulps und die Lage der Schraubenlöcher an. Die runden Enden des Stulps haben in diesem Fall den gleichen Durchmesser (8 mm) wie jene an den Klappeneckscharnieren, die wir soeben angebracht haben. Bohren Sie also mit demselben Forstnerbohrer die Enden der Ausklinkung aus und entfernen Sie mit dem Stechbeitel den Verschnitt dazwischen. Überprüfen Sie die Tiefe der Ausklinkung für den Stulp und reißen

1. Messen Sie die Lage der Schlüssellöcher an den Vorderseiten der Kästen aus und bohren Sie dann den runden Teil der Schlüssellöcher. **2.** Verwenden Sie das Schließblech aus Messing, das mit dem Schloss geliefert wird, um die Unterkante des Schlüssellochs zu ermitteln, und stechen Sie dann den Verschnitt aus.

Sie dann den Schlitz für den Schlosskasten an. Der Schlitz wird mit einem 6-mm-Spiralbohrer vorgebohrt, um den Großteil des Verschnitts zu entfernen, dann werden die Wandungen mit dem Stechbeitel rechtwinklig nachgestochen.

Bohren Sie dann Führungslöcher für die Befestigungsschrauben und reißen Sie die Lage der Schlüssellöcher an (siehe Foto 1 auf S. 165). Stecken Sie jeweils ein Stück Restholz in den Schlitz für den Schlosskasten, bevor Sie das Schlüsselloch bohren. Dadurch verhindern Sie, dass die dünnen Wände des Koffers innen am Schlitz ausbrechen. Wenn die beiden runden Teile der Schlüssellöcher gebohrt worden sind, wird das Schlüsselschild aus Messing als Schablone verwendet, um den unteren Teil des Schlüssellochs anzureißen. Lassen Sie die Zulage aus Restholz noch im Schlossschlitz und stechen Sie den unteren Teil des Schlüssellochs mit dem Beitel frei.

Wenn der Schlosskasten gut im Schlitz sitzt und die Schlüssellöcher Ihren Vorstellungen entsprechen, stecken Sie die Schließösen in die Schlösser und bringen kleine Stücke doppelseitiges Klebeband oben an ihnen an, um sie zu fixieren. Kleben Sie Abdeckband auf die Kante des Deckels und schließen Sie den Deckel fest

Wenn der Verschluss am doppelseitigen Klebeband auf der Unterkante des Deckels haftet, kann man seinen Umriss übertragen, um die Lage der Ausklinkungen festzulegen

Im Land der Riesen? Dieser Miniatur-Grundhobel des Herstellers ist eine 75 mm große Reproduktion des Originals. Das Hobeleisen ist nur 3 mm breit und deshalb perfekt geeignet, um den Verschnitt aus dieser winzigen Ausklinkung zu entfernen.

Neben dem Schlüsselloch werden die Positionen für die Befestigungsnägel markiert. Ich habe innen an den Schlüssellöchern etwas schwarze Beize aufgetragen, um einen sauber aussehenden Übergang zu erzielen.

über den Schlössern. Wenn Sie ihn wieder öffnen, kleben die Schließösen an den richtigen Stellen am Deckel und Sie können durch das Abdeckband hindurch die Lage der Schraubenlöcher und den Umriss der Schließösen anreißen. Nehmen Sie dann die Schließösen und das Abdeckband wieder ab und schneiden Sie flache Ausklinkungen in die Kante des Deckels.

Stecken Sie die Schließösen in die Ausklinkungen und kontrollieren Sie den Sitz und die Funktion des Schlosses. Wenn alles zu Ihrer Zufriedenheit ist, entfernen Sie alle Beschläge wieder und bereiten die letzten Detailarbeiten und die Oberflächenbehandlung vor.

Oberflächenbehandlung und letzte Details

Ich habe entwachsten und entfärbten Schellack für meinen Weinkoffer verwendet. Falls Sie vorhaben, Ihr Exemplar vielleicht auch im Freien zu verwenden, möchten Sie vielleicht eine Schicht Decklack auftragen. Es gibt immer wieder Diskussionen über die Verwendung von Polyurethanlacken über Schellack, vor allem über wachshaltigem Schellack. Ich habe selbst noch nie Probleme mit einem synthetischen Klarlack über entwachstem Schellack bekommen, aber falls Sie sich deshalb Sorgen machen, können Sie auch ein anderes Mittel Ihrer Wahl verwenden. Bei dem Weinkoffer habe ich über dem Schellack lediglich eine Deckschicht Wachs aufgetragen. Ich bringe mit einem feinen Pinsel den Schellack nicht nur auf allen Flächen und Kanten auf, sondern auch an den Innenkanten der Fensterausschnitte. Verwenden Sie eine dünne Schellacklösung (Mischungsverhältnis 2 : 1), die Sie in dünnen Schichten auftragen, zwischen denen Sie immer wieder leicht schleifen.

Wenn Sie mit der Oberfläche zufrieden sind, bringen Sie die Beschläge wieder an. Geben Sie etwas Wachs an die Messingschrauben, bevor Sie sie eindrehen. Wachsen Sie das Lederfutter mit Bienenwachs ein, um es aufzufrischen. Bringen Sie die Schlüsselschilder an. Ich verwende den alten Knoblauchtrick an den Schlüsselschildern, bevor ich sie einleime (siehe S. 115). Die werden für die Befestigung außerdem einige winzige Messingnägel benötigen. Ich hatte welche zu Hand, musste sie aber auf die passende Länge zuschneiden. Die Lage des Schlosskastens in der 12 mm starken Wand des Koffers erlaubt nur eine Höchstlänge von 5 mm. Bohren Sie Führungslöcher vor, und befestigen Sie die Messingschlüsselschilder mit etwas Glutinleim, bevor Sie die Nägel eintreiben. Nageln Sie schließlich noch Polsterernägel aus Messing an die unteren Ecken des Koffers. Sie ergeben bei einem kleinen Koffer wie diesem perfekte kleine Füße.

Als letztes Detail können Sie nach Wunsch noch einen Trageriemen anbringen, wie es auf S. 168 beschrieben wird.

DER TRAGERIEMEN

Da dieses Medizinköfferchen verwendet wird, um Weinflaschen zu tragen, muss es mit einem entsprechenden Trageriemen versehen werden. Ich habe dafür einen dicken Gürtelstreifen gekauft, der zum Lederfutter passte. Die Enden waren rechtwinklig zugeschnitten, als erstes habe ich sie also abgerundet. Dann habe ich Löcher in das Leder gestochen, um die Messingnieten aufzunehmen, mit denen der Riemen am Kasten befestigt wird. Ich habe sieben Nieten in einem Muster angeordnet, das meinen Vorstellungen entsprach. Sie können die Anordnung natürlich abändern, sollten aber darauf achten, dass der Riemen sicher befestigt ist, falls Sie vier gefüllte Flaschen transportieren möchten. (Falls das Schränkchen als Schmuckkasten dienen soll oder in anderer Form als dekoratives Möbelstück daheim aufgestellt wird, können Sie selbstverständlich auf den Trageriemen verzichten.)
Wenn die Löcher in das Leder gestochen sind, wird ihre Lage auf die hinteren Seitenwände übertragen. Stecken Sie eine Zulage in den entsprechenden Maßen in den Kasten, um Faserausrisse auf der Innenseite zu vermeiden, und bohren Sie von außen die Löcher an den gekennzeichneten Stellen. Die Nieten, die ich verwendet habe, sind für Materialstärken von 12 mm bis 15 mm geeignet.

Stecken Sie die Nieten von der Innenseite her ein. Schieben Sie sie durch die Bohrlöcher, und legen Sie die Zulage wieder ein. Legen Sie den Lederriemen außen über die herausragenden Nieten, und stauchen Sie die Nieten mit dem Hammer zusammen.

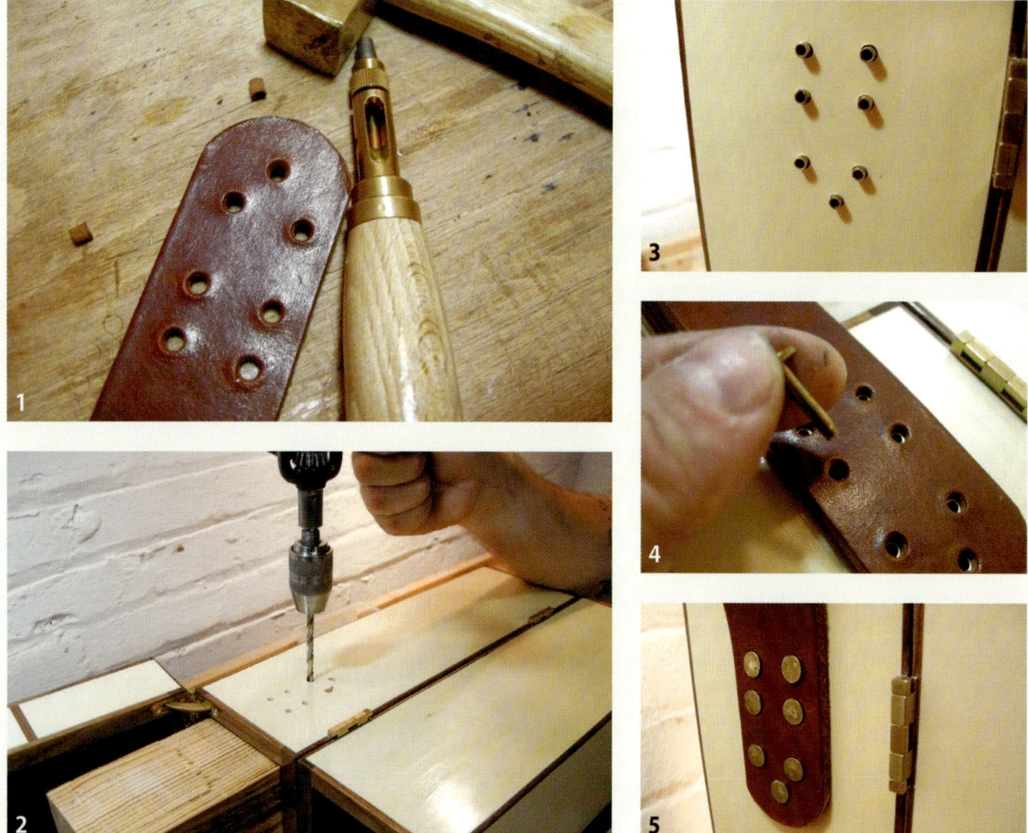

1. Stechen Sie die Löcher für die Messingnieten in den Lederstreifen. **2.** Bohren Sie die entsprechenden Löcher in die Kastenseiten. Die Zulage im Kasten verhindert beim Bohren Faserausrisse. **3.** Stecken Sie den hohlen Teil der Niete von innen durch die Kastenwände. **4.** Legen Sie den Lederstreifen über die Nieten und treiben Sie die Nietstifte ein.

Der STUMME DIENER

„Moden vergehen,
Stil ist unvergänglich."

Yves Saint-Laurent

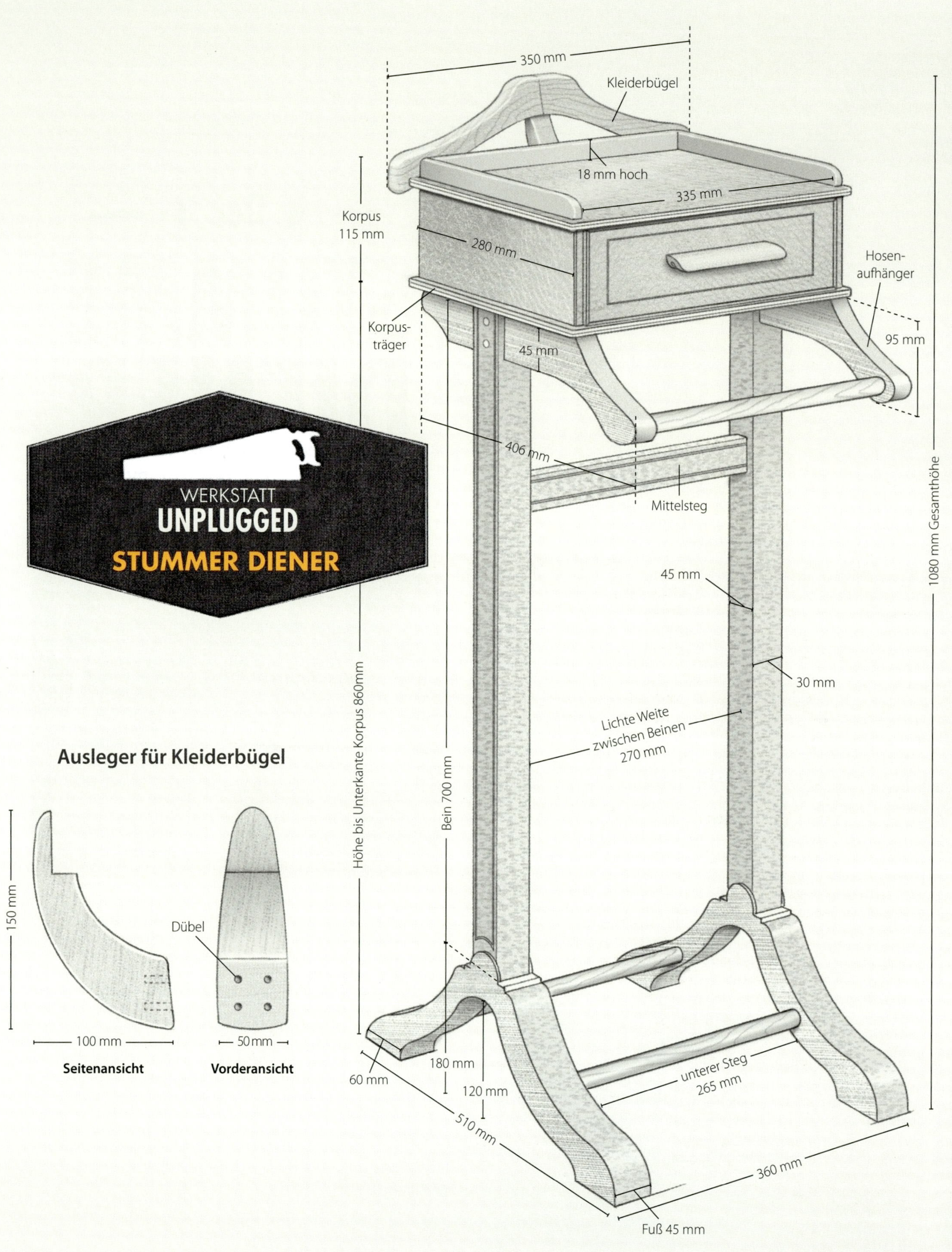
350 mm
Kleiderbügel
18 mm hoch
335 mm
Korpus
115 mm
280 mm
Hosen-
aufhänger
Korpus-
träger
45 mm
95 mm
406 mm
Mittelsteg
1080 mm Gesamthöhe
WERKSTATT
UNPLUGGED
STUMMER DIENER
45 mm
30 mm
Höhe bis Unterkante Korpus 860mm
Lichte Weite
zwischen Beinen
270 mm
Bein 700 mm
Ausleger für Kleiderbügel
150 mm
Dübel
100 mm
50mm
Seitenansicht
Vorderansicht
60 mm
180 mm
120 mm
unterer Steg
265 mm
510 mm
360 mm
Fuß 45 mm

Heutzutage ist die Zahl der Dienstboten, über die ein normaler Haushalt verfügt, eher gering. Man muss sich also anders behelfen, auch wenn es um die ordentliche Ablage der Herrengarderobe über Nacht geht. Dabei kann ein Ständer nützlich sein, an dem man seine Kleidung aufhängt, der aber auch Schuhe, Brieftasche, Armbanduhr und andere Kleinigkeiten aufnimmt. Der moderne Gentleman, der auch modisch auf dem qui vivre ist, kann so seine hochwertige Bekleidung abends so unterbringen, dass er sicher ist, sie morgens faltenfrei vorzufinden.

Der Entwurf dieses relativ kleinen stummen Dieners setzt eine Reihe von handwerklichen Techniken ein, mit denen Sie Ihre Fähigkeiten üben und verbessern können. Außerdem kommen einige grundlegende Furnierarbeiten vor. Bei einem Möbelstück wie diesem können Sie Ihren persönlichen Stil durch dekorative Elemente und Verzierungen zum Ausdruck bringen. Lassen Sie Ihrer Phantasie freien Lauf.

Der Korpus für die Schublade besteht aus selbst hergestelltem Blindholz mit Furnieren. Als Verbindung wurden Gehrungen mit losen Federn gewählt, die sehr viel belastbarer sind, als man denken möchte und jahrelanger Benutzung standhalten. Bei Werkstücken, die nur aus wenigen Teilen bestehen, sollte man auf das beste Material zurückgreifen, das man zur Verfügung hat. Die Gehrungen am Korpus werden mit einer Gehrungsstoßlade angeschnitten, einer Vorrichtung, die Ihnen vielleicht noch unbekannt ist (siehe S. 182). Außerdem stellen wir eine Furnierpresse her, um das Blindholz mit selbst angefertigten Furnierblättern zu belegen (siehe S. 200).

Arbeitszeichnungen im Maßstab 1 : 1 sind bei Werkstücken mit unregelmäßigen Formen unverzichtbar. Übertragen Sie die Zeichnung mit Kohlepapier auf das Material.

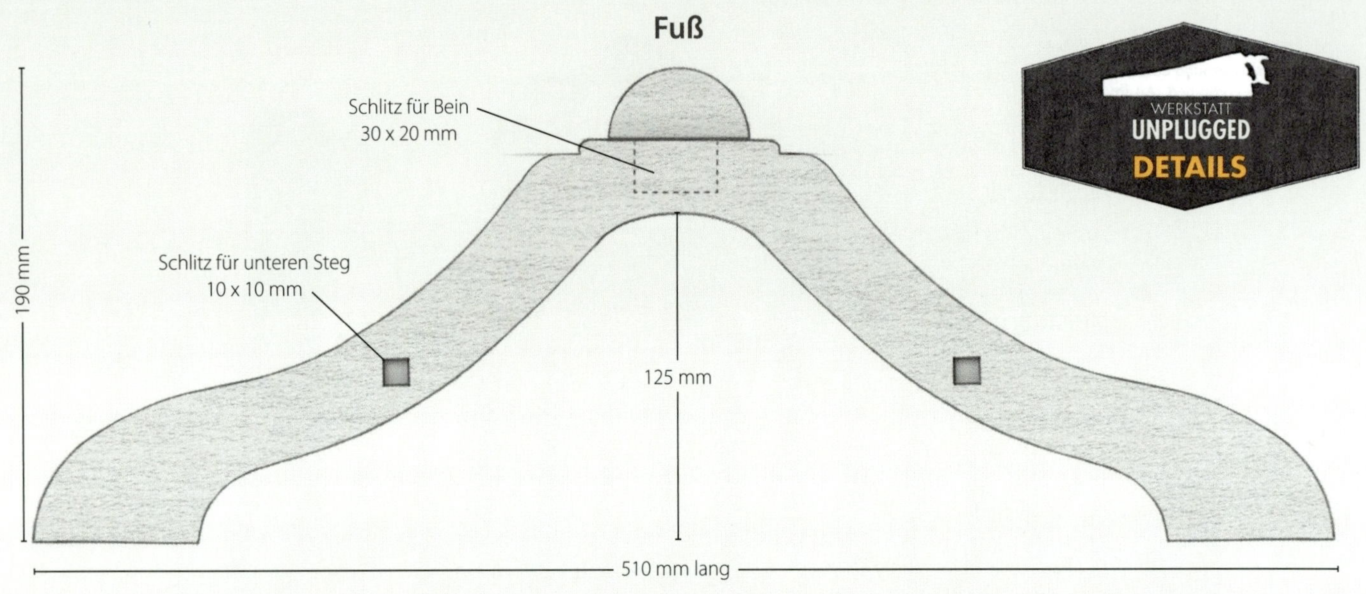
Fuß
Schlitz für Bein
30 x 20 mm
Schlitz für unteren Steg
10 x 10 mm
190 mm
125 mm
510 mm lang
WERKSTATT
UNPLUGGED
DETAILS

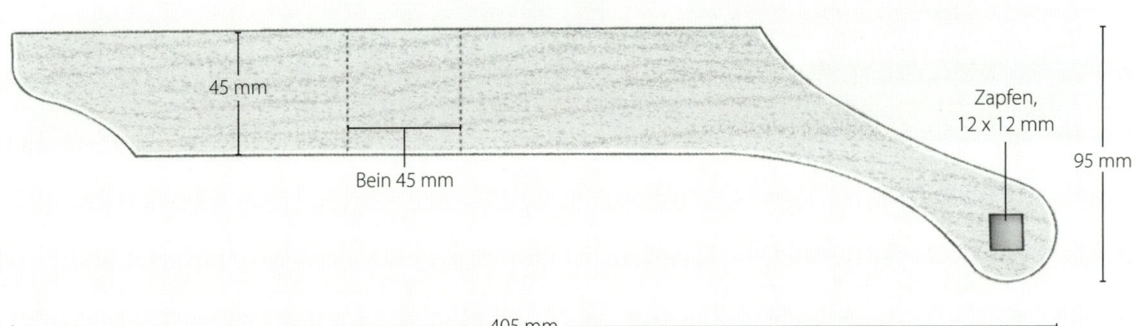
Korpusträger
45 mm
Bein 45 mm
Zapfen,
12 x 12 mm
95 mm
405 mm

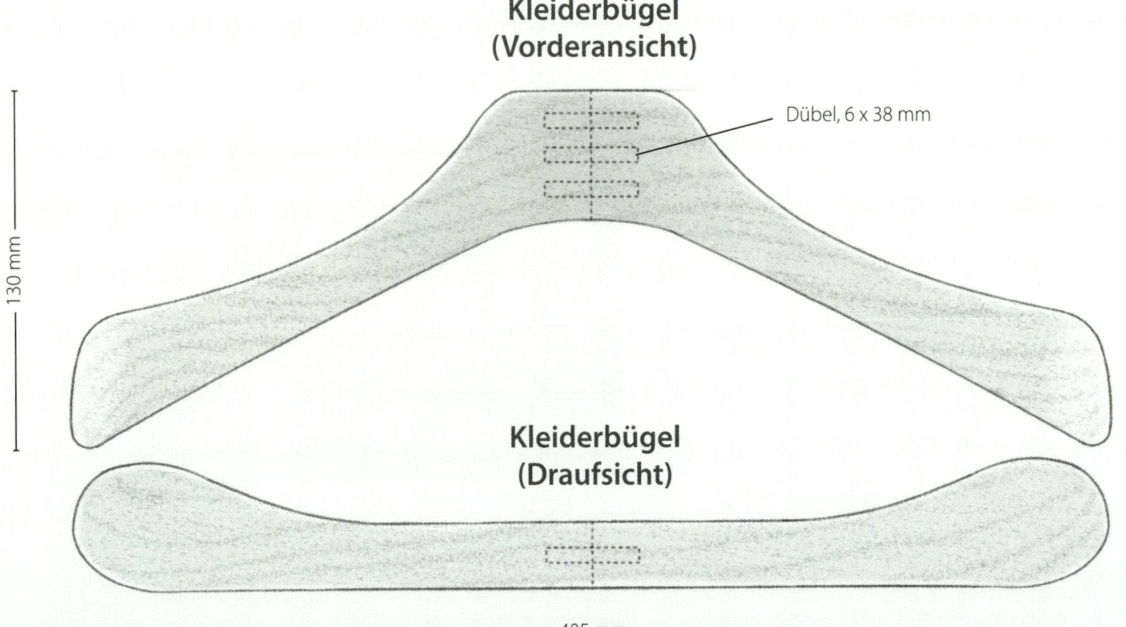
Kleiderbügel
(Vorderansicht)
Dübel, 6 x 38 mm
130 mm
Kleiderbügel
(Draufsicht)
405 mm

Arbeitszeichnungen im Maßstab 1 : 1

Wenn ich ein Möbelstück mit runden Elementen oder aufwändigen Formen baue wie diesen Stummen Diener, nehme ich mir die Zeit, Arbeitszeichnungen in voller Größe anzufertigen. Die Zeichnungen dienen als Schablonen, machen die Arbeit genauer und das Anreißen weniger mühselig. Ich verwende preiswertes Pergamentpapier für den Küchenbedarf für die Zeichnungen und übertrage sie mit Kohlepapier sorgfältig auf das Material.

Formgebung der runden Bauteile

Der Stumme Diener hat einige Bestandteile mit Krümmungen, die ich alle mit dem gleichen grundlegenden Verfahren herstelle. Ich übertrage eine Zeichnung im Maßstab 1 : 1 mit Kohlepapier auf das Material (Falls Sie mehrere Stücke in einer Kleinserie herstellen möchten, bietet es sich an, Schablonen aus 3 mm starkem Holz herzustellen). Die Teile werden grob mit der Bogensäge vorgeschnitten und die Krümmungen dann mit Raspeln, Feilen und Ziehklingen herausgearbeitet. Wenn alle runden Teile des Stücks vorgearbeitet sind, werden die Beine und die Stege ausgesägt. Alle Teile werden ausgehobelt, gegebenenfalls rechtwinklig abgerichtet und verputzt.

Wenn die Füße verputzt sind, werden die Teile für den Kleiderbügel geformt. Der Kleiderbügel besteht aus zwei in der Mitte durch Dübel verbundene Teile (siehe „Kleiderbügel“ auf der gegenüberliegenden Seite), wodurch er ein angenehm symmetrisches Aussehen erhält. Die Dübellöcher werden mit Dübelzentrierspritzen angerissen. Die Form des Bügels wird nach dem Verleimen herausgearbeitet. Danach habe ich ihn leicht eingeölt, um das Aussehen der Maserung an den symmetrischen Hälften beurteilen zu können.

Der Bügel ist an einem ausgeklinkten Ausleger angebracht, der mit Dübeln und einer Schraube an der Rückseite des Korpus befestigt ist. Sägen Sie die Form nach der Zeichnung „Ausleger für Kleiderbügel“ auf S. 172 grob zu. Arbeiten Sie die Rundungen mit Handwerkzeug nach und bohren Sie die Dübellöcher in die Unterseite des Auslegers. Die Ausklinkung für den Kleiderbügel muss sorgfältig angerissen werden, damit die beiden Teile beim Verleimen genau ineinander passen.

Stückliste

Füße	2	40 x 190 x 510 mm
Beine	2	30 x 45 x 730 mm
unterer Steg	2	20 x 20 x 310 mm
Mittelsteg	1	12 x 48 x 310 mm
Korpusträger	2	22 x 95 x 405 mm
Hosenaufhänger	1	20 x 20 x 310 mm
Kleiderbügel	2	45 x 55 x 240 mm
Ausleger für Kleiderbügel	1	48 x 100 x 150 mm
Korpus		
Boden und Deckel	2	10 x 335 x 280 mm
Seiten	2	10 x 95 x 280 mm
Rückwand	1	12 x 110 x 325 mm
Umleimer		10 x 10 x 2745 mm
Profilleisten		10 x 12 x 915 mm
Schubladenvorderstück	1	22 x 95 x 305 mm
Schubladenhinterstück	1	11 x 90 x 305 mm
Schubladenseitenstücke	2	7 x 95 x 250 mm
Schubladenboden	1	11 x 305 x 245 mm
Schubladengriff	1	20 x 45 x 125 mm
Furnier		0,5 mm x 0,65 qm
Furnieradern		3 x 3 x 2135 mm
Profilleisten Schubladenober- und -unterkante		5 x 22 x 315 mm
Profilleisten Schubladenseitenkanten		5 x 11 x 95 mm

Die Füße, der Kleiderbügel und die Korpusträger vor dem groben Vorschnitt.

Die Formen werden nach dem groben Zusägen mit Raspeln nachgearbeitet.

Das Gestell

Wenn die gebogenen Bauteile zugesägt und mit den unterschiedlichen Werkzeugen abgerundet worden sind, geht es mit den Beinen und den Stegen weiter. Die Teile werden auf Maß geschnitten, die Schlitz-und-Zapfen-Verbindungen angerissen und geschnitten. Besondere Sorgfalt sollte man bei den Schlitzen in den Füßen walten lassen, wo diese auf die Beine treffen, da sie nicht so einfach sind, wie sie aussehen. Die Füße haben ‚Wangen', die stehen gelassen werden müssen. Man muss vorsichtig arbeiten, um sie beim Schneiden des Schlitzes nicht zu beschädigen.

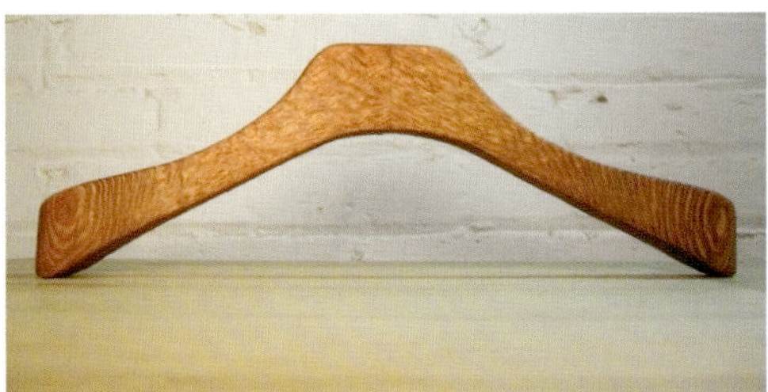

Eine dünne Schicht einer Öl-Lack-Mischung feuert die Maserung am fertigen Kleiderbügel an.

Spannen Sie die Füße zusammen, um sie gemeinsam zu formen. Die Arbeit geht so schneller von der Hand und die Stücke fallen gleichmäßiger aus. Die Korpusträger können ebenfalls so bearbeitet werden.

TIPP

1. Die Breite des Verschnitts zwischen den Wangen am Fuß wird durch Sägefugen markiert. **2.** Schneiden Sie den Schlitz für die Verbindung zum Bein vorsichtig oben in den Fuß ein, damit die Wangen nicht beschädigt werden. **3.** Mit dem Zirkel wird der gewünschte runde Umriss markiert. **4.** Arbeiten Sie die Rundung mit Raspeln, Feilen und Schleifpapier heraus. Beachten Sie die Zulage zwischen den Wangen. **5.** Trockenmontage. An diesem runden Element kann man auch gut Dekor wie Intarsien oder Schnitzereien anbringen.

Mit Papierschablonen wird die Position von Schlitzen in unregelmäßig geformten Bauteilen festgelegt (in diesem Fall an den Korpusträgern).

Reißen Sie zuerst den Verschnitt am Oberteil des Fußes an und entfernen Sie ihn mit der Säge. Die so entstehende Ausklinkung ist 25 mm tief, 24 mm breit und 45 mm lang. Das untere Beinende sollte genau hinein passen. Klebeband auf den beiden seitlichen Absätzen lässt sofort erkennen, falls man zu tief sägt. Entfernen Sie den Verschnitt mit einer Bogensäge und verputzen Sie mit dem Stechbeitel. Reißen Sie dann den Schlitz an und entfernen Sie den Verschnitt daraus mit der Bohrwinde und einem Bohrer. Stechen Sie den Schlitz mit dem Beitel rechtwinklig nach und schneiden Sie die passenden Zapfen an den unteren Enden der Beine an.

Schneiden Sie die an den Füßen stehen gebliebenen ‚Wangen' zu Halbkreisen zu. Reißen Sie die Halbkreise mit dem Zirkel an und arbeiten Sie sie mit Raspel, Feilen und schließlich Schleifpapier vorsichtig heraus. Ich habe bei der Bearbeitung der Halbkreise den Verschnitt aus der Ausklinkung wieder in diese eingelegt, um die dünnen 'Wangen' zu stützen.

Die Schlitze für den unteren Steg und für die Korpusträger müssen sorgfältig angerissen werden. Das kann schwierig sein, weil es keine

Die grob vorgeschnittene Verbindung am oberen Ende des Beins, wo der Korpusträger angebracht wird.

geraden Bezugskanten für das Anreißen gibt. Auch in diesem Fall sollte man auf Schablonen zurückgreifen, die man anhand der Arbeitszeichnungen im Maßstab 1 : 1 anfertigt, und damit die Lage der Schlitze auf die gebogenen Bauteile übertragen.

Die Korpusträger werden mit Überblattungen am oberen Ende der Beine befestigt. Schneiden Sie die Verbindungen, entfernen Sie den Verschnitt mit einer Bogensäge und verputzen Sie mit dem Stechbeitel. Wenn die Überblattung zusammengesteckt ist, wird sie durch durchgeführte Dübel gesichert.

Die beiden unteren Stege und der Steg für die Korpusträger sind rund. Das ließe sich leicht an der Drechselbank erledigen, aber es macht mir Spaß, Holz mit dem Einhandhobel zu runden. Ich spanne die Stege in einer selbst gemachten Vorrichtung ein (siehe „Hohe Bankhaken" auf S. 44), und runde Sie dann vorsichtig ab. Hobeln Sie zuerst die vier Kanten ab, um einen achteckigen Querschnitt zu erhalten. Entfernen Sie dann jede neue Kante, um einen sechszehneckigen Querschnitt zu erzielen, und wiederholen Sie den Vorgang, bis die Stege rund aussehen und sich rund anfühlen. Sie müssen nicht vollkommen zylindrisch sein, sondern nur optisch und taktil so wirken.

Nach dem Abrunden der Stege werden alle Bauteile verputzt. Ich glätte die Kurven harmonisch und fase die Kanten an. Die Korpusträger werden geformt und gehobelt, bis sie genau in die oberen Enden der Beine passen. Schließlich trage ich schnell eine Schicht Öl-Lack-Mischung auf die Füße, Stege und Korpusträger auf.

Die Querstreben nach dem Abrunden

> Wenn man schon während der Arbeit an einem Werkstück die Oberflächen behandelt, kann man sehen, wie die Maserung am fertigen Möbel aussehen wird. Außerdem werden die Flächen während der weiteren Arbeit dadurch etwas geschützt.
>
> TIPP

Stecken Sie die Korpusträger trocken in die Einhälsungen ein.

1. Das Blindholz für den Schubladenkorpus wird aus Pappelvollholz zugeschnitten. 2. An der Vorderkante werden Umleimer aus Perlholz mit warmem Glutinleim angebracht und dann mit dem Blindholz bündig gehobelt. 3. Die Korpusplatten mit Umleimern vor dem Furnieren der Innenseiten

Der Korpus

Der Korpus für die Schublade ist ein Kasten, dessen Ecken mit Gehrungen und eingelegten losen Federn verbunden sind. Der Korpus wird furniert und mit Profilleisten versehen. Ich habe verleimte Platten aus Vollholz als Blindholz verwendet, um keine Probleme durch das Arbeiten des Holzes zu bekommen, aber man könnte auch gut abgelagertes, maßhaltiges Vollholz oder sogar Sperrholz verwenden.

Schneiden Sie zuerst 50 mm breite Streifen aus Pappelholz für die Platten zu. Hobeln Sie sie auf 10 mm Stärke aus und verleimen Sie daraus die vier Platten für den Korpus. Ich habe an den Vorder- und Hinterkanten der vier Platten 12 mm breite Umleimer aus Perlholz angebracht. Die oberen und unteren Platten haben die Endmaße 285 x 335 x 10 mm, die Seitenplatten 285 x 100 x 10 mm. Die Umleimer aus Vollholz vorne und hinten am Blindholz erlauben es, die Kanten später anzufasen. Wenn man bis zu den Kanten Furnier anbringt, kann man keine Profile anarbeiten.

Leimen Sie die Umleimer aus Perlholz mit heißem Glutinleim an und fixieren Sie sie mit Klebeband, während der Leim trocknet. Hobeln Sie die Umleimer etwas stärker als das Blindholz aus und putzen Sie sie bündig, wenn der Leim ganz trocken ist.

Den Korpus furnieren

Als nächstes werden die Innenflächen des Korpus' furniert. Das Furnier wird mit etwa 3 mm Übermaß zugeschnitten. Verbinden Sie gegebenenfalls mehrere Furnierblätter mit Furnierklebeband. Ich verwende flüssigen Glutinleim für diese Innenfurniere. Die Platten werden über Nacht in die Furnierpresse (siehe S. 200) eingelegt. Mit 20 mm starken Zulagen aus Sperrholz und mit Pergamentpapier stellt man sicher, dass die Teile eben bleiben und nicht aneinander kleben, wenn der Leim anzieht.

Am nächsten Tag wird das Furnier auf Maß geschnitten und eventuell ausgetretener Leim entfernt. Dann werden die Korpuskanten mit der Gehrungsstoßlade auf Gehrung geschnitten (siehe S. 182). Reißen Sie die inneren Enden der Gehrung mit dem Streichmaß an, um einen klaren Riss zu erhalten, bis zu dem Sie hobeln können, und um die Kanten des Furniers zu schützen, während Sie den Verschnitt abhobeln. Kontrollieren Sie die Passung der Gehrungen, während Sie sie anschneiden. Verputzen Sie das Furnier mit einer Ziehklinge und schneiden Sie den hinteren Falz für die Korpusrückwand an. Der Falz ist 6 mm breit und 10 mm tief (entsprechend der Stärke der Rückwand).

Zulagen aus Sperrholz halten die furnierten Korpusplatten in der Furnierpresse eben, während der Leim trocknet.

Geben Sie eine dünne Schicht Öl-Lack-Mischung auf die Innenseite der Platten. Lassen Sie diese Schicht trocknen und tragen Sie einige Schichten Zitruswachs auf (das ist jetzt leichter als nach dem Verleimen des Korpus').

Den Korpus verleimen

Einen Gehrungen verbundenen Korpus zu verleimen ist relativ einfach, wenn man sorgfältig plant. Ich lege etwas Pergamentpapier auf meine Werkbank und lege die Platten zuerst mit den Gehrungen nach unten darauf. Die Fugen zwischen den Gehrungen werden mit Klebeband bedeckt, das als Scharnier dient, wenn der Korpus zusammengefaltet wird. Drehen Sie die Platten um, wenn Sie das Klebeband angebracht haben. Geben Sie Leim an die Gehrungen und falten Sie die Platten zusammen, um einen Kasten zu bilden. Drücken Sie eine Zulage, die Sie zuvor auf die genaue Innengröße der hinteren Öffnung und vollkommen rechtwinklig zugeschnitten haben, in die Öffnung. So bleibt der Korpus im Winkel, während der Leim trocknet. Fixieren Sie den Korpus mit Klebeband an der Außenseite und legen Sie ihn beiseite, bis der Leim trocken ist. Nehmen Sie das Klebeband ab, und verputzen

1. Die Kanten der Korpusplatten werden in der Gehrungsstoßlade angefast. **2.** Vor dem Verleimen werden die Innenseiten der Korpusplatten oberflächenbehandelt.

Gehrungsstoßlade

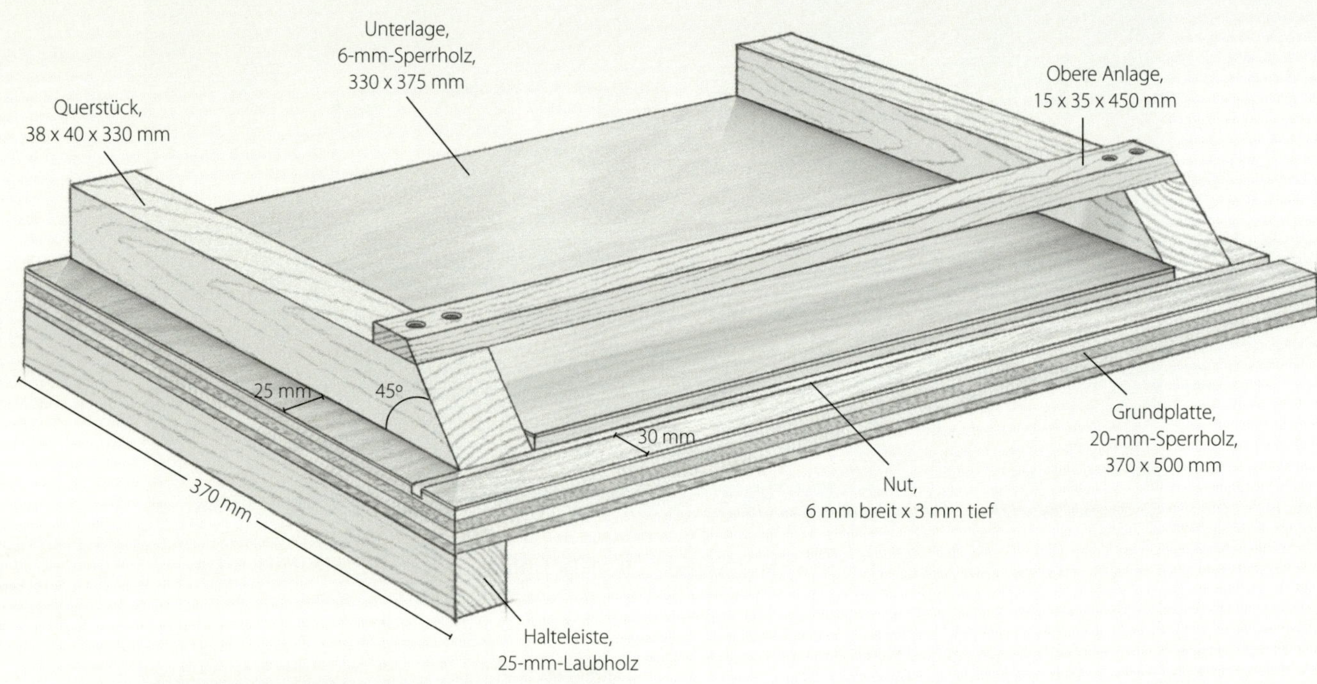

Der Entwurf für diese Stoßlade stammt aus einem Artikel von K. G. Wells, der 1964 im Woodworker Magazine erschien. Die Anlagen der Lade sind mit 45° angefast, sodass sie ideal ist, um mit einem Handhobel lange Gehrungen oder Fasen zu schneiden. Die Nut in der Bodenplatte und die angefaste obere Anlage erlauben es, einen Handhobel im gewünschten Winkel von 45° am Werkstück entlang zu führen. Das Werkstück liegt dabei eben auf der Grundplatte und der Hobel wird von der Lade schräg gehalten.

Ich verwende die Stoßlade für kleine Kästen mit auf Gehrung geschnittenen Eckverbindungen (wie der Stumme Diener) und für Bauteile von Möbeln. Ich habe nicht genau die von Wells vorgegebenen Maße verwendet, sondern mich von seiner Version für meine eigene inspirieren lassen.

Die Grundplatte

Die Grundplatte habe ich aus 20 mm starkem Kirschsperrholz auf Maß geschnitten und mit dem Nuthobel in etwa 25 mm Entfernung von einer Kante eine dünne und schmale Nut geschnitten. Die Nut dient als Führung für die Kante des Hobels. Hochwertiges Sperrholz ist eine gute Wahl für Vorrichtungen, da es formstabil ist, nicht arbeitet und sich nicht verzieht oder wirft. Ich habe eine preiswerte Handsäge in der Werkstatt, mit der ich nichts anderes als Sperrholz zusäge.

Die Gehrungen an den Querstücken

Die Querstücke bestehen aus Kirschholz, das auf etwa 40 x 40 mm ausgehobelt ist. Ich länge sie auf Maß ab und schneide jeweils ein Ende auf Gehrung. Diese 45°-Gehrungen sind sehr wichtig und sollten sehr sorgfältig angeschnitten werden.

Ich habe 3 mm starkes Sperrholz für die Unterlage verwendet, die Wells in seinem Beitrag beschrieb. Diese dünne Schicht hebt das Werkstück, das bestoßen werden soll, über die Grundplatte und vom Hobeleisen fort. Die Sperrholzunterlage wird genau auf den Abstand zwischen den Querstücken zugeschnitten und dann auf der Grundplatte angeleimt.

1. Schneiden Sie mit dem Nuthobel eine flache Nut in die Sperrholzgrundplatte. **2.** Sägen Sie Enden der Querträger auf 45° und verputzen Sie den Schnitt mit einem Hirnholzhobel mit flachem Schnittwinkel. **3.** Verwenden Sie eine Kurzraubank, um den Großteil des Verschnitts an der oberen Anlage zu entfernen, und schneiden Sie dann die Fase mit dem Einhandhobel genau auf 45°. **4.** Die Gehrungsstoßlade ist einsatzbereit.

Die obere Anlage

Die obere Anlage besteht aus einer Kirschholzleiste, die auf ganzer Länge an einer Schmalkante angefast wird. Entfernen Sie zuerst den Großteil des Verschnitts an der Fase mit einer Kurzraubank. Arbeiten Sie den Winkel der Fase mit einem frisch geschärften Einhandhobel nach. Achten Sie darauf, nicht über die Risse hinweg zu schneiden.

Wenn die Teile zugeschnitten sind, werden die Querträger und die Sperrholzunterlage an der Grundplatte angeleimt. Bohren Sie von unten Schrauben durch die Grundplatte, um die Querträger zusätzlich zu halten. Bohren Sie Führungslöcher in die obere Anlage und befestigen Sie sie mit Schrauben auf den Querträgern.

Stellen Sie aus Restholz eine Halteleiste her, die mit Schrauben und Leim an der Grundplatte befestigt wird. Eine Schicht Wachs an der Vorderseite sorgt dafür, dass die Vorrichtung sauber bleibt und der Hobel glatt läuft. Ich verwende mit der Stoßlade einen Bestoßhobel, aber eine Raubank oder Kurzraubank sind genauso geeignet. Bevor man die Querstücke auf Dickte schneidet, sollte man sich aber vergewissern, dass sie auf die Größe des Hobels abgestimmt sind, den man verwenden wird.

1. Verleimen Sie den Korpus für die Schublade und stellen Sie ihn zum Trocknen beiseite. In den hinteren Falz wird ein Stück Restholz eingepasst, das den Korpus im rechten Winkel hält, während der Leim trocknet. **2.** Sägen Sie Schlitze für lose Federn aus Laubholz in die auf Gehrung verbundenen Korpuskanten. Leimen Sie Laubholzfedern ein, und hobeln Sie sie bündig, wenn der Leim trocken ist. **3.** Passen Sie zuerst das Vorderstück der Schublade in die Korpusöffnung ein; dann die Seitenstücke.

Sie die Kanten und eventuell innen ausgetretenen Leim. Bereiten Sie dann die Außenkanten für die losen Federn vor. Ich verwende dafür meine größte Rückensäge, die ein recht dickes Sägeblatt hat, und säge mehrfach an den Gehrungsverbindungen ein. Die Sägefugen verlaufen im Winkel, etwas wie eine Zinkung, um die Verbindung auch quer zur Faser belastbar zu machen. Schneiden Sie die Federn zu, und leimen Sie sie in die Sägefugen ein. Verputzen Sie die Federn und den Korpus, wenn der Leim trocken ist.

Die Schublade

Die Schublade für den Stummen Diener zeigt traditionelle Eckverbindungen: halbverdeckte Schwalbenschwanzzinkungen am Vorderstück und durchgehende Zinken am Hinterstück. Das Vorderstück wird mit Furnieradern und Profilleisten dekoriert. Ein Schubladengriff aus eigener Herstellung vervollständigt die Schublade.

Schneiden Sie zuerst das Vorderstück aus Perlholz zu. Das Vorderstück sollte so bemessen sein, dass es fast fugenlos in die Schubladenöffnung des Korpus‘ passt (siehe Foto 3 auf der gegenüberliegenden Seite). Die Seitenstücke sind aus Riegelahorn und 8 mm stark. Auch sie werden sorgfältig so zugeschnitten, das sie ‚gerade so‘ passen.

Wenn das Vorderstück und die Seitenstücke zugeschnitten sind, wird das Vorderstück als Schablone verwendet, um das Hinterstück zuzuschneiden. Es wird niedriger geschnitten, damit später der Schubladenboden darunter passt. Als nächstes wird die Nut für den Boden an der Innenseite des Vorderstücks und der Seitenstücke geschnitten. Die Nut liegt 6 mm oberhalb der Unterkanten, ist 6 mm breit und etwas weniger als 6 mm tief. Mit dem Nuthobel ist die Arbeit schnell und geräuschlos erledigt.

Zinkungen an der Schublade

Um die halbverdeckten Schwalbenschwanzzinkungen am Vorderstück anzuschneiden, reißt man zuerst eine Linie an den vorderen Kanten an, um die Decke der Zinkung festzulegen. Ich mache die Decke meist 5 mm stark. Wenn man sie dünner gestaltet, könnte sie reißen oder brechen; wenn sie stärker ist, beeinträchtigt dies die ästhetische Wirkung der Zinkung. Übertragen Sie das Maß auf das vordere Ende der Seitenstücke, um die Grundlinie für die Schwalbenschwänze festzulegen.

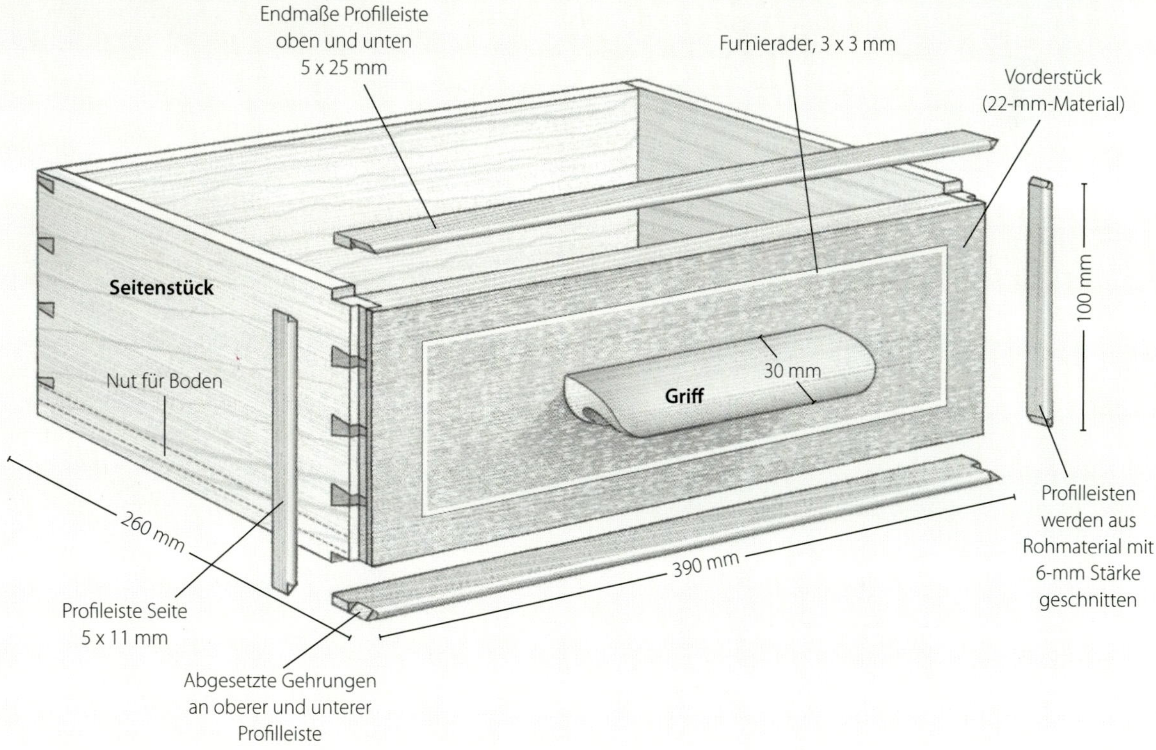

1. Reißen Sie die Decke am Vorderstück an. **2.** Übertragen Sie das Maß auf das vordere Ende der Seitenstücke. **3.** Die Spindelpresse ist die ideale Einspannvorrichtung bei der Herstellung von Schubladen.

Es ist schon viel darüber geschrieben worden, wie man eine Schwalbenschwanzzinkung am besten gestaltet: Welche Winkel man einhalten sollte, wie schmal oder breit die Zinken sein sollten, wie man den Verschnitt entfernen sollte und so weiter. Ich habe im Laufe vieler Jahre Tausende von Zinken geschnitten und inzwischen ist mir klar, dass diese Details eigentlich nicht so wichtig sind. Auch eine nicht sehr gut ausgeführte Schwalbenschwanzzinkung ist immer noch sehr belastbar – wenn auch vielleicht nicht so ansprechend anzusehen. Entscheiden Sie sich einfach für eine Methode, die Ihnen liegt, und machen Sie sich an die Arbeit.

TIPP

Reißen Sie dann die Schwalben an, und markieren Sie den Verschnitt deutlich. Spannen Sie beide Seitenstücke in der Spindelpresse (siehe S. 79) ein und sägen Sie gleichzeitig die Schwalben an beiden. Entfernen Sie den Verschnitt mit der Laubsäge und verputzen Sie mit dem Stechbeitel. Wenn die Schwalben geschnitten sind, stellen Sie die Seitenstücke auf die Kante des Vorderstücks und reißen die Zinken an. Sägen Sie die Zinken frei und entfernen Sie den Verschnitt mit dem Stechbeitel wie auf den Fotos der gegenüberliegenden Seite zu sehen.

1. Reißen Sie die Schwalbenschwänze mit dem Stechzirkel an. **2.** Entfernen Sie den Großteil des Verschnitts mit der Laubsäge. **3.** Verputzen Sie die Verbindung mit dem Stechbeitel.
4. Übertragen Sie die Umrisse der Schwalben sorgfältig auf das Vorderstück und stechen Sie die Zinken mit dem Beitel frei.
5. Die oberen und unteren halben Zinken sind schmaler als sonst, da sie später abgenommen werden, wenn die Profilleiste an der Schublade angebracht wird. Normalerweise reichen die Schwalbenschwänze nicht so dicht an die obere und untere Kante des Vorderstücks, weil sie brechen könnten.

Die einfachen Schwalbenschwanzzinkungen am Hinterstück werden etwas anders gestaltet als die halbverdeckten am Vorderstück. Hier wird außen keine Brüstung angeschnitten.

Das Hinterstück wird mit durchgehenden Zinkungen angebracht, die auf grundsätzlich ähnliche Weise geschnitten werden. Reißen Sie die Grundlinien und dann die Schwalben an den Seitenstücken und dem Hinterstück an. Die Zinkung am Hinterstück weicht etwas von der vorderen ab. Anstatt die Schwalben an den Kanten der Seitenstücke freizuschneiden, reißen wir halbe Zinken an. Eine liegt direkt oberhalb der Nut für den Schubladenboden, die andere etwa 5 mm unterhalb der Oberkante der Seitenstücke. Sehen Sie sich dazu das Foto oben und die Zeichnung "Details" auf S. 185 genau an.

Schneiden Sie die Schwalben mit der Säge und dem Stechbeitel frei, und übertragen Sie die Umrisse auf das Hinterstück. Sägen Sie die Zinken und entfernen Sie den Verschnitt mit einer Laubsäge und dem Stechbeitel. Jetzt kann das Hinterstück auf seine Endhöhe geschnitten werden. Messen Sie die Entfernung von der oberen Wandung der Nut für den Schubladenboden bis zur Oberkante des halben Zinkens am Seitenstück.

Schneiden Sie den Schubladenboden auf Maß (ich habe 12 mm starkes Pappelholz verwendet, das nach dem Aushobeln 11 mm stark war). Die Holzfasern müssen von Seite zu Seite laufen, damit das Holz arbeiten kann. Der Boden wird abgeplattet, sodass er stramm in die 6 mm hohe Nut passt, die zuvor in das Vorderstück und die Seitenstücke geschnitten worden sind. Wenn die Schublade verleimt ist, wird der Boden von hinten unter dem flachen Hinterstück eingeschoben.

Bevor die Schublade verleimt wird, werden die Innenkanten aller Teile leicht angefast, sodass keine scharfen Ecken bleiben. Danach wird der Schubladenkorpus zusammengeleimt.

Wenn der Leim trocken ist, macht sich die Spindelpresse nützlich, um die Seitenstü-

Die Zinkungen sind angeschnitten und können verleimt werden.

1. Hobeln Sie die Seitenstücke mit dem Vorderstück bündig. Die Kurzraubank mit großem Schnittwinkel ist das perfekte Werkzeug, um den Riegelahorn zu bearbeiten. Die Spindelpresse und eine stabile Zulage als Halterung erleichtern die Arbeit. **2.** Detail der hinteren Eckverbindung. Man beachte die halben Zinken oben und unten. **3.** Mit einem Profilschabhobel wird der Graben für die Furnierader geschnitten. **4.** Wenn der Leim getrocknet ist, wird die Furnierader bündig verputzt.

cke bündig zu hobeln und die Schublade zu verputzen. Nehmen Sie den Boden aus der Schublade und schieben Sie eine Zulage aus Laubholz in den Schubladenrahmen, sodass die Spindelpresse den Rahmen hält, während Sie hobeln. Der Putzhobel mit großem Schnittwinkel ist das perfekte Werkzeug für den schwierigen Faserverlauf des Riegelahorns an den Seitenstücken. Hobeln Sie die Schwalben am vorderen Ende der Seitenstücke vorsichtig nach, bis sie gerade bündig mit dem Vorderstück fluchten. Ich tue mein Bestes, nichts von der Kante des Vorderstücks abzunehmen, da ich es ja anfangs mit möglichst guter Passung zugeschnitten hatte.

Furnieradern einlegen

Als nächstes werden Furnieradern in das Vorderstück der Schublade eingelegt. Diese Arbeit muss ausgeführt werden, bevor man die Profilleisten an den Kanten anbringt, weil diese Kanten als Anlage für den Nutschneider verwendet werden, mit dem die Aufnahme für die Ader geschnitten wird.

Reißen Sie zuerst die Lage der Adern am Vorderstück an. Die Gestaltung können Sie so kreativ vornehmen, wie Sie möchten. Ich habe mich für ein einfaches Rechteck entschieden.

Der Verschnitt wird mit dem Nutschneider aus der Nut genommen. Dafür musste ich je-

EINEN PROFILSCHABHOBEL HERSTELLEN

Ein Profilschabhobel ist ein Werkzeug, mit dem man Hohlkehlen, Halbstäbe und andere Profile (wie Gräben für Furnieradern) schneiden kann. Man kann Rohlinge für die Klingen kaufen oder aus alten Ziehklingen oder Sägeblättern zuschneiden. Die Rohlinge werden dann auf das gewünschte Profil zugefeilt. Für den Furniergraben habe ich die Klinge eine Haaresbreite schmaler angefertigt. Der Profilschabhobel selbst ist lediglich eine Vorrichtung, um die Klinge zu halten.

1. Feilen Sie den Rohling im Schraubstock zur gewünschten Breite (für die Stechpalmenfurnieradern an diesem Werkstück beträgt sie 2,5 mm). **2.** Stecken Sie die Klinge so in den Hobel, dass nur das Profil herausragt.

doch zuerst eine Klinge in der richtigen Größe für die Ader herrichten.

Dann geht die Arbeit leicht von der Hand. Die Ecken werden mit einem kleinen Stechbeitel versäubert. Dann werden die Enden der Furnieradern auf Gehrung geschnitten. Ich verwende dazu einen großen Stechbeitel und die Sägelade als Unterlage. Die Furnieradern lassen sich mit warmem Glutinleim leicht und schnell einleimen. Schon nach wenigen Minuten ist der Leim trocken, und man kann die Adern mit dem Hobel und der Ziehklinge bündig mit der Oberfläche des Vorderstücks verputzen.

Profilleisten anbringen

Die Leisten mit den Rundstäben geben der Schublade ein traditionelles Aussehen, das gut zur gesamten Gestaltung passt. Außerdem verdecken sie Unregelmäßigkeiten an der Außenkante des Vorderstücks. Schneiden Sie zuerst Rohlinge aus Perlholz mit dem Querschnitt 6 x 25 mm zu. Die Länge sollte zu diesem Zeitpunkt noch das Endmaß übertreffen. Schneiden Sie mit einem Profilschabhobel oder Profilhobel das gewünschte Profil an der Kante der Leiste an.

Verwenden Sie die Leiste als Lehre, um Ihr Streifmaß auf die Stärke der Leiste einzustellen, und reißen Sie tiefe Risse an den Außenkanten des Vorderstücks an. Oben und unten wird das Vorderstück in seiner gesamten Stärke und Länge abgeschnitten, an den Seiten wird ein 10 mm breiter Falz angeschnitten, sodass die Zinkung noch sichtbar ist, nachdem die Profilleiste angebracht ist.

Schneiden Sie die Aufnahme für die Profilleiste an den Außenkanten mit einem Einhandhobel mit schräg stehendem Eisen und mit dem Simshobel. Schneiden Sie zuerst die Fälze an den Seiten und dann die oberen und unteren Kanten. Wenn man in dieser Reihenfolge arbeitet, sind Faserausrisse am Hirnholz beim Schneiden der Seitenkanten nicht so dramatisch. Sollte es dazu kommen, werden die Ausrisse beim Schneiden der oberen und unteren Aufnahme wieder beseitigt. Bei diesem Schritt wird deutlich, warum ich die Schwalbenschwänze an den Seitenstücken so dicht bis an die Kanten angerissen habe. Man sieht auf diese Weise auch dann noch

Bereiten Sie die Profilleisten vor und reißen Sie ihre Lage am Vorderstück an.

Schneiden Sie das Vorderstück in Höhe und Breite für die Profilleiste zu.

eine deutlich erkennbare halbe Schwalbe an der oberen und unteren Kante. Versuchen Sie verschiedene Varianten, bis Sie eine gefunden haben, die Sie optisch anspricht.

Schneiden Sie zuerst die obere und untere Profilleiste, die mit einer abgesetzten Gehrung versehen werden, weil die beiden seitlichen Leisten schmaler sind. Schneiden Sie die Gehrungen mit einer feinen Rückensäge an der Sägelade und arbeiten Sie sie mit einem scharfen Stechbeitel nach. Leimen Sie zuerst die beiden waagerechten Leisten ein und passen Sie dann die seitlichen Leisten ein.

Die Furnieradern und Profilleisten geben der Schublade ein traditionelles Flair, aber ich habe einen moderner gestalteten Griff angebracht, um dem etwas entgegenzusetzen und den Entwurf etwas zeitgenössischer zu machen. Eine Anleitung für die Herstellung des Schubladengriffs findet sich auf S. 194.

Die Korpusaußenseite mit dem Furnierhammer furnieren

Nach dem letzten Arbeitsschritt am Korpus war dieser verleimt, die Verbindungen waren mit Federn verstärkt und er war auf der Innenseite furniert. Nach der Fertigstellung der Schublade kann jetzt die Außenseite furniert werden. Dabei geht man wie folgt vor: Die Furnierblätter werden, falls notwendig, in der Breite verbunden und dann mit etwas Übermaß zugeschnitten. Die Fuge wird auf der Sichtseite mit Furnierklebeband zusammengehalten, das nach dem Trocknen des Leims wieder abgeschabt wird. Zuerst werden die Seiten furniert, dann der Deckel und der Boden. Wenn man mit warmem Glutinleim arbeitet, muss man einigermaßen zügig vorgehen.

Spannen Sie den Korpus in die Vorderzange ein, und geben Sie an die gesamte Fläche des Seitenteils warmen Glutinleim an. Legen Sie

1. Schneiden Sie abgesetzte Gehrungen an der oberen und unteren Profilleiste an. **2.** Detailaufnahme der oberen Profilleiste. **3.** Die angebrachte Profilleiste.

das Furnier mit der Sichtseite auf den warmen Leim, und bedecken Sie die Rückseite des Furniers ebenfalls mit Leim. Arbeiten Sie so schnell wie möglich. Drehen Sie das Furnier vorsichtig um, und verwenden Sie einen Furnierhammer, um von der Mitte aus das Furnier in den frischen Leim zu drücken. Der Leim auf der Sichtseite des Furniers dient als Gleitmittel für den Furnierhammer, während Sie das Furnier in den kühler werdenden Leim pressen. Bearbeiten Sie die gesamte Fläche in Faserrichtung mit mittlerem bis starkem Druck und drücken Sie die Luft zu den Seiten unter dem Furnier heraus.

Nach ein oder zwei Minuten hören Sie ein leises Knistern, an dem Sie erkennen, dass die Luft entweicht und der Leim anzuziehen beginnt. Bearbeiten Sie die Fläche noch eine Minute, bis das Furnier sicher haftet. Nehmen Sie den Leim an der Sichtseite mit einem feuchten Tuch ab, bevor er trocknet. Wenn Sie sicher sind, dass das Furnier gut sitzt, verputzen Sie den Überstand an den Kanten mit der Furniersäge oder einem Stechbeitel. Das Furnierklebeband wird angefeuchtet und kann dann leicht mit der Ziehklinge entfernt werden. Gehen Sie am anderen Seitenteil genauso vor, dann am Boden und Deckel. Machen Sie sich keine Sorgen, falls die Kanten nicht ganz perfekt ausgefallen sind. Sie werden im nächsten Schritt durch Profilleisten abgedeckt.

Leimtopf, Furnierhammer und fertiger Korpus für die Schublade. Man erkennt den Falz an der Korpusrückseite, in den die Rückwand eingelegt wird.

DER SCHUBLADENGRIFF

Für diese Schublade habe ich ein Stück Stechpalmenholz mit geradem Faserverlauf verwendet. Das Material ist das gleiche wie das der Furnieradern und bildet einen kräftigen Blickpunkt am Schubladenvorderstück. Sägen Sie den Rohling zu und hobeln Sie ihn rechtwinklig aus. Schneiden Sie mit einem Profilhobel eine Hohlkehle an der Unterseite des Griffs an, drehen Sie ihn um und arbeiten Sie die Form der Oberseite mit dem Einhandhobel heraus. Zeichnen Sie an den Enden die Rundungen mit Bleistift an und nehmen Sie mit einigen Sägeschnitten den Großteil des Verschnitts ab. Arbeiten Sie die Rundung mit der Feile nach und verputzen Sie die Hobelspuren an der Unterseite mit einer Schwanenhalsziehklinge.

Schleifen Sie den Griff vorsichtig, um die Kurven zu glätten. Das feinmaserige weiße Stechpalmenholz sieht jetzt fast wie Elfenbein aus. Stellen Sie eine Papierschablone der Rückseite des Griffs her, um die Lage der Dübellöcher zu bestimmen, mit dem er am Vorderstück befestigt wird. (Wenn der Griff mit Dübeln und Leim befestigt ist, wird er später noch mit einer Schraube gesichert.)

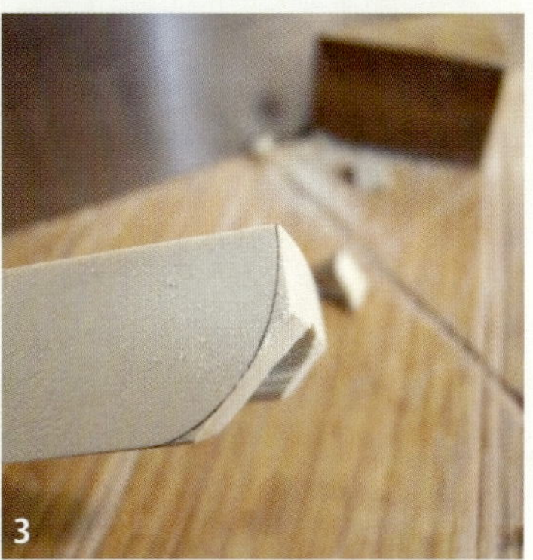

1. Die Hohlkehle an der Unterseite wird mit einem Profilhobel geschnitten. **2.** Die Oberseite wird mit dem Einhandhobel herausgearbeitet. **3.** Die Enden werden grob zugesägt und mit der Feile geformt.

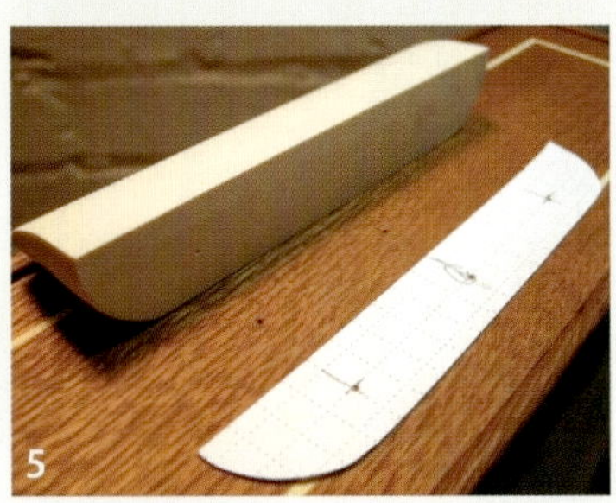

4. Stellen Sie eine Papierschablone her, um die Lage des Griffs am Vorderstück festzulegen. **5.** Reißen Sie die Lage der Dübel an und bohren Sie die Dübellöcher. **6.** Noch ist der Griff nur trocken angesteckt. Endgültig befestigt wird er erst nach der Oberflächenbehandlung.

Eine Nahaufnahme des selbst hergestellten Sperrholzes vor dem Verleimen.

Die Rückwand

Die Rückwand des Korpus besteht aus selbst angefertigtem Sperrholz, damit ich sie in den Korpus einleimen und ihn so aussteifen kann, ohne mir Sorgen über das Arbeiten des Holzes machen zu müssen. Ich stelle das Sperrholz aus mehreren Lagen Furnier her: zuerst eine Decklage Perlholz, dann eine 3 mm starke Lage Pappelholz mit waagerechtem Faserverlauf, dann eine senkrecht laufende Mittellage aus 3 mm starker Pappel, dann wieder 3 mm Pappelholz mit waagrechtem Faserverlauf und abschließend eine letzte Lage Perlholz. Das Furnierpaket wird mit flüssigem Glutinleim verleimt und über Nacht in die Furnierpresse eingelegt.

Am nächsten Tag wird auf der Innenseite ringsum ein Falz als Gegenstück zum Falz an der Rückseite des Korpus angeschnitten. Wenn das Furnier am Korpus auf Maß geschnitten und verputzt ist, kann die Rückwand in den Falz eingeleimt werden.

Die Profilleisten herstellen und anbringen

An den oberen und unteren Korpuskanten werden Profilleisten als Dekor und als Schutz für die Kanten der Furniere angebracht. Schneiden Sie aus fehlerfreiem Holz mit gerader Faser die Rohlinge auf die erforderliche Stärke von 10 mm zu. Die Breite sollte zuerst 25 mm betragen, damit die Rohlinge beim Anschneiden des Profils eingespannt werden können. Ich schneide das Profil mit meinem bewährten Profilschabhobel und einer Klinge zu, die dem gewünschten doppelten Halbstab entspricht.

Die Profile werden mit einer besonderen Klinge im Profilschabhobel angeschnitten.

Messen Sie die Profilleiste sorgfältig aus und schneiden Sie die Enden auf Gehrung. Arbeiten Sie sich um den Umfang des Korpus', indem Sie Stück für Stück ausmessen und zuschneiden, falls die Längen geringfügig unterschiedlich sein sollten. Wenn alle Profilleisten geschnitten und trocken eingepasst sind, geht das Anleimen mit warmem Glutinleim schnell von der Hand. Wenn der Leim trocken ist, werden die Außenecken abgerundet und die Rundungen mit einer Feile nachgearbeitet. Schließlich wird das Profil an diesen Ecken mit einer Nadelfeile wieder angearbeitet und mit Schleifpapier geglättet.

Die oberen Profilleisten

Für die letzten Vollholzbauteile des Werkstücks wird Material im Querschnitt 10 x 12 mm zugeschnitten. Daraus wird die umlaufende Profilleiste auf der Oberseite des Korpus' zugeschnitten. Die einzelnen Teile der Leiste werden angefast und auf Gehrung geschnitten, wie es im vorhergehenden Abschnitt über Profilleisten beschrieben wird. Die Leisten werden mit 6-mm-Dübeln befestigt. Bohren Sie entsprechende Löcher in die Unterseite der Profilleisten und reißen Sie dann die Lage der Gegenlöcher mit Dübelzentrierspitzen auf der Korpusoberseite an. Wenn die Gehrungen angeschnitten sind, runden Sie die vorderen Enden der beiden seitlichen Leisten ab.

Den Ausleger für den Kleiderbügel anbringen

Der Ausleger für den Kleiderbügel wird mit vier 30 mm langen 6-mm-Dübeln an der Korpusrückwand befestigt. Bohren Sie die Dübellöcher in den Ausleger und stecken Sie Dübelzentrierspitzen in die Löcher. Drücken Sie die Zentrierspitzen in die Rückwand, um

1. Passen Sie die Profilleisten an und befestigen Sie sie mit Klebeband. **2.** Runden Sie die Ecken ab, wenn der Leim trocken ist, und arbeiten Sie die Hohlkehle, die dabei abgenommen wird, mit einer Nadelfeile nach. **3.** Mit Dübelzentrierspitzen wird die Lage der Bohrlöcher auf der Korpusoberseite bestimmt. **4.** Die Profilleisten sind fertig, aber immer noch lediglich ohne Leim angesteckt.

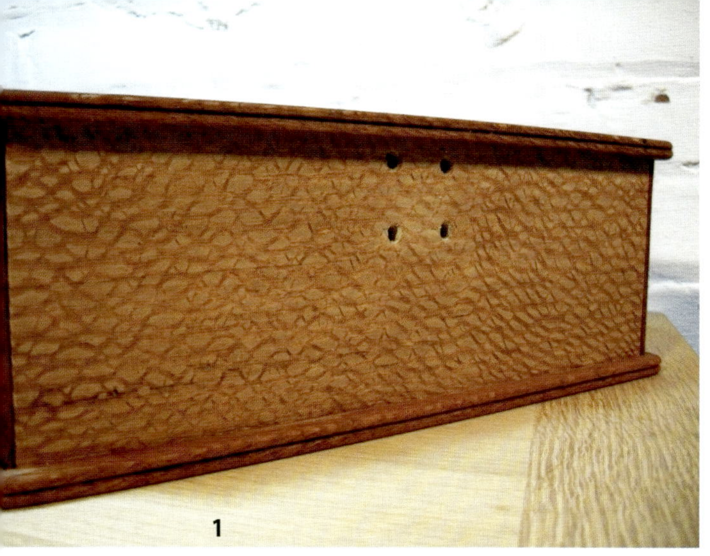

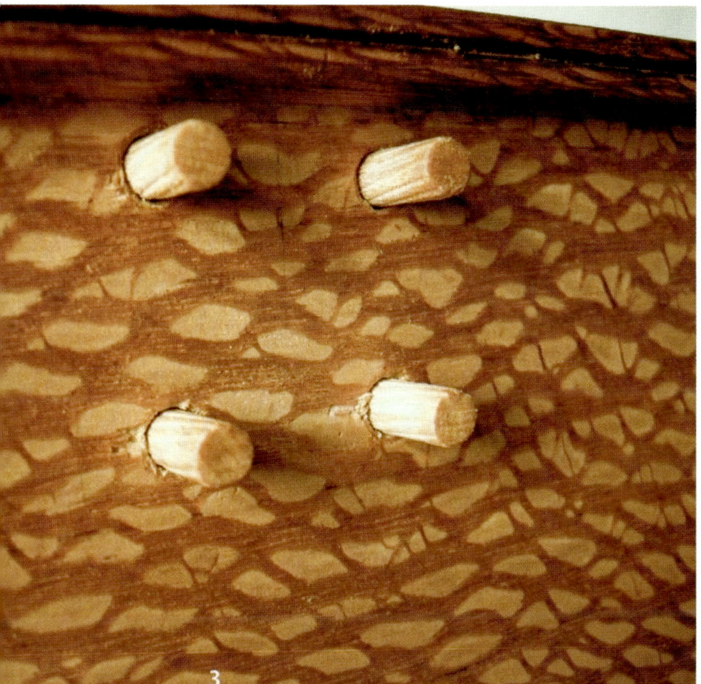

1. Bohren Sie die Dübellöcher in die Rückwand. **2.** Leimen Sie die Dübel in den Verstärkungsklotz ein. **3.** Stecken Sie die Dübel durch die Löcher in der Rückwand. **4.** Befestigen Sie den Ausleger für den Kleiderbügel vorerst ohne Leim.

die Lage der Dübellöcher festzulegen. Im Korpusinneren wird ein Restholzstück mit entsprechenden Löchern angeleimt, um die Verbindung belastbarer zu machen. Bohren Sie die Löcher in die Rückwand und leimen Sie die Dübel in die Löcher im Restholzstück. Platzieren Sie den Verstärkungsklotz im Korpus, und schieben Sie die Dübel durch die Löcher in der Rückwand nach außen. Bringen Sie den Ausleger für den Kleiderbügel an. Wenn man dann noch eine einzelne Schraube von innen durch den Verstärkungsklotz bis in den Ausleger dreht, hält die Konstruktion jahrelang.

Furnieradern und Oberflächenbehandlung

Der Korpus ist fertig, die Profilleisten und der Kleiderbügel mit Ausleger sind trocken angepasst. Jetzt können noch einige letzte Details angebracht werden. Angesichts des Stils und des Zwecks des Stücks entschied ich mich, noch einige dekorative Furnieradern als Ergänzung jener am Schubladenvorderstück anzubringen, um dem Ganzen etwas mehr ästhetischen Stil zu geben. Die Furnieradern aus Stechpalmenholz werden auf die gleiche Weise wie beim Schubladenvorderstück angebracht

Selbst hergestellter Zirkel zum Grabenschneiden

FURNIERADERSCHNEIDER

Seit einigen Jahren gibt es vom amerikanischen Hersteller Lie-Nielson einen Werkzeugsatz für Intarsien- und Furnierarbeiten. Ich verwende bei meinen Stücken nicht allzu häufig Furnieradern und konnte deshalb die Anschaffung dieser Spezialwerkzeuge nicht vor mir selbst rechtfertigen. Allerdings habe ich eine Klinge aus dem Satz gekauft. Aus einem kleinen Reststück Laubholz habe ich dann in 10 Minuten einen Zirkel mit festem Radius hergestellt, um den Kreisbogen am Bein des Stummen Dieners zu schneiden. Falls ich meine Möbel regelmäßig mit Furnieradern verzieren würde, würde ich nicht lange zögern und mir den Werkzeugsatz kaufen.

Stecken Sie zuerst den unteren gebogenen Teil der Furnierader in den Aderngraben ein, dann die geraden Seitenteile. Diese werden nach Augenmaß auf Gehrung geschnitten. Hobeln Sie die Adern bündig, wenn der Leim trocken ist.

– ich reiße den Aderngraben an und entferne den Verschnitt sorgfältig mit dem Nutschneider, den ich zuvor hergestellt habe.

Der einzige Unterschied ist dabei die Bearbeitung der unteren Enden der Beine. Ich habe einen Halbkreis hinzugefügt, um die runden ‚Wangen' an den Füßen zu betonen. Man kann den Verschnitt in diesem Abschnitt mit dem Stechbeitel entfernen oder ein besonderes Werkzeug verwenden, mit dem die Adergräben für runde Furnieradern geschnitten werden (siehe Text rechts).

Die Tiefe des Adergrabens sollte so gewählt werden, dass die Furnierader etwas über das umgebende Holz hinaussteht. Der Überstand wird bündig gehobelt, wenn der Leim trocken ist. Wenn die Adergräben geschnitten sind, werden die Furnieradern auf Maß geschnitten und trocken eingepasst. Um die Furnierader für den runden Abschnitt am unteren Ende der Beine zu biegen, verwende ich einen elektrischen Wasserkessel, an dessen Ausguss ich ein Metallrohr befestigt habe. Wenn das Wasser kocht, erhitzt der entweichende Wasserdampf das Metallrohr und die dünnen Stechpalmenstreifen lassen sich leicht in Form biegen. Schneiden Sie auf jeden Fall einige Reservestücke zu; Sie können sicher sein, dass Sie beim Biegen einige zerbrechen werden. ... Jedenfalls ging es mir so!

Wenn die Furnieradern trocken eingepasst sind, können Sie anfangen, sie einzuleimen. Beginnen Sie mit den runden Abschnitten am unteren Ende der Beine. Lassen Sie das runde Stück Furnierader mit geringer Überlänge und schneiden Sie es mit einem scharfen Stechbeitel auf Maß, nachdem der Leim eine Minute angezogen ist. Bringen Sie dann die geraden Stücke an den Längsseiten der Beine an. Stechen Sie die Enden der langen Furnieradern nach Augenmaß auf Gehrung ab und passen Sie sie vorsichtig ein. Wenn die Furnieradern an den Beinen und dem oberen Steg angebracht sind, werden sie mit dem Einhandhobel und der Ziehklinge bündig verputzt.

Mit den Furnieradern sind die letzten Arbeitsschritte am Werkstück vollendet. Nach

Seien Sie sehr vorsichtig, wenn Sie mit heißem Wasserdampf Holz biegen. Verbrennungen durch Dampf gehören zu den schlimmsten, die es gibt. Sorgfältige Vorbereitung und umsichtiges Arbeiten sollten an erster Stelle stehen.

TIPP

einer letzten Trockenmontage können Sie zur Oberflächenbehandlung übergehen. Arbeiten Sie alle Teile mit dem Putzhobel, der Ziehklinge und Schleifpapier nach, wo es nötig ist. Kennzeichnen Sie alle Bauteile, damit Sie beim Verleimen genau wissen, was wohin gehört.

Ich habe alle Teile mit einer Schicht Öl-Lack-Mischung behandelt und einige Tage trocknen lassen. Dann kamen noch einige Schichten Schellack. Die dünnflüssige Schellacklösung (Mischungsverhältnis 1 : 1) wird mit dem Ballen aufgetragen und jede Schicht wird mit 320-er Schleifpapier zwischengeschliffen. Lassen Sie die Bauteile über Nacht ruhen und verleimen Sie den Stummen Diener am folgenden Morgen. Ich verwende warmen Glutinleim für die Verbindungen und bringe nach dem Verleimen noch Dübel in den oberen Verbindungen der Beine an.

Der Stumme Diener ist zwar eigentlich für Herren gedacht, aber in meinem Fall ist es meine Ehefrau, die ihn tagtäglich benutzt, seitdem ich ihn gebaut habe. Sie legt jeden Abend ihre Arbeitskleidung auf ihm zurecht. Unabhängig davon, wer ihn am Schluss verwendet, ist der Stumme Diener ein Stück, dessen Herstellung Vergnügen macht und einem Gelegenheit bietet, viele verschiedene Techniken mit Handwerkzeugen anzuwenden.

TIPP

Kennzeichnen Sie die Bauteile Ihres Werkstücks während der Arbeit. Nur zu leicht verwechselt man sie sonst, was beim Verleimen zu großem Stress führen kann. Bringen Sie die Kennzeichnungen so an, dass sie am fertigen Stück nicht zu sehen sind. So kann man zum Beispiel Zahlen und Buchstaben an Zapfen und in Schlitzen anbringen.

Behandeln Sie die Oberflächen der Bauteile vor dem Verleimen.

Furnierpresse

Eine Furnierpresse ist eine nützliche Vorrichtung, falls Sie vorhaben, häufiger mit Furnieren zu arbeiten. Man kann sich zwar auch mit Zulagen und Zwingen behelfen, aber eine stabile Furnierpresse ermöglicht bessere Ergebnisse. Dieser Entwurf beruht auf einer Furnierpresse, die auf der Internetseite der amerikanischen Firma Lee Valley Tools zu sehen ist, von der ich auch die Schrauben für die Presse erwarb.

Meine Furnierpresse habe ich aus 50 mm starkem Pappelholz hergestellt, die Maße erlauben das Furnieren von kleinen bis mittleren Blindholzstücken. Die Querstücke sind in die Beine eingeklinkt und mit durchgehenden Zapfen eingezapft. Diese Verbindung ist leicht herzustellen und so belastbar, wie es hier erforderlich ist. Die Schrauben üben schließlich beträchtliche Kraft auf die Verbindung aus, wenn sie angezogen werden.

Schneiden Sie zuerst alle Bauteile zu und richten Sie sie rechtwinklig ab.

Die Verbindungen an den Beinen und der Grundplatte

Die Beine werden mit Überblattungen an der Grundplatte befestigt. Schneiden Sie eine 6 mm tiefe Ausklinkung an den Beinen und den entsprechenden Stellen der Grundplatte. Reißen Sie die Lage der Ausklinkungen an den Beine an und schneiden Sie die Brüstungen mit der Säge ein. Entfernen Sie den Verschnitt mit dem Stechbeitel und arbeiten Sie die Tiefe der Ausklinkung mit einem großen Grundhobel aus.

Die eingeklinkten durchgehenden Zapfen

Reißen Sie oben an den Beinen die Ausklinkungen an, in denen die Querstücke liegen werden. Die Ausklinkungen werden genauso geschnitten wie die Überblattungen unten für die Grundplatte: Man legt mit Sägeschnitten die Breite der Ausklinkung fest und entfernt den Verschnitt mit dem Stechbeitel und Grundhobel. Wenn die Ausklinkungen an allen vier Beinen eingeschnitten sind, markieren Sie an den Innen- und Außenseiten der Beine

Stückliste

Beine	4	50 x 75 x 350 mm
Querstücke	2	50 x 75 x 410 mm
Grundplatte	1	50 x 340 x 500 mm
Schrauben	2	230 mm

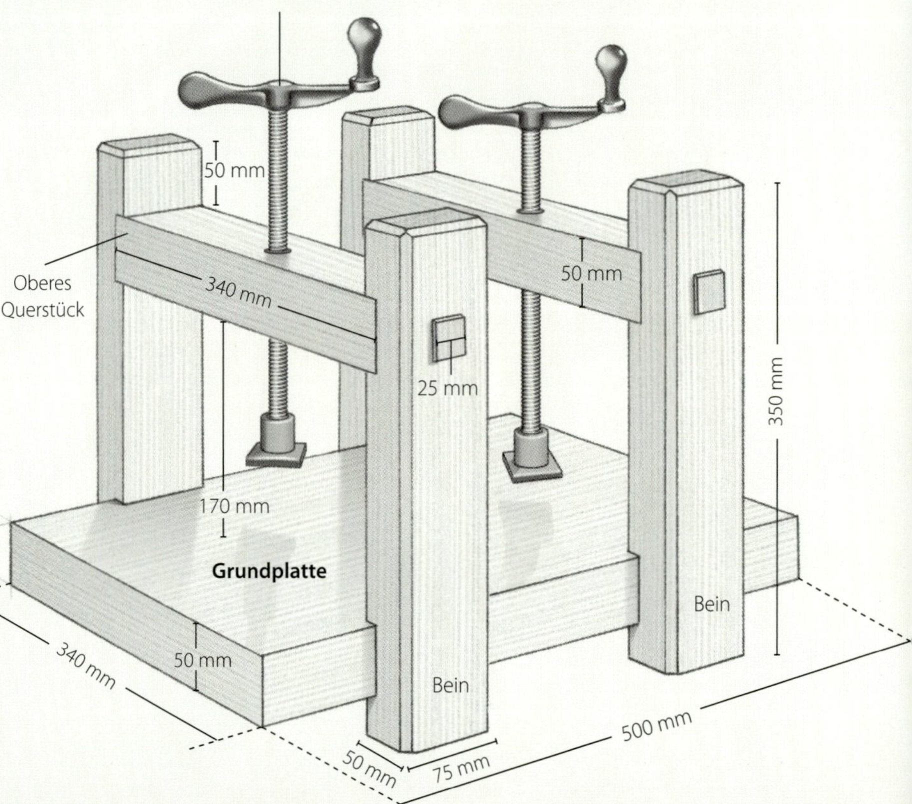

1. Sägen Sie die Brüstungen der Überblattung an der Grundplatte und den Beinen ein. Kennzeichnen Sie die Beine und die zugehörigen Gegenstücke der Überblattungen, falls es zu leichtem Maßabweichungen gekommen sein sollte. **2.** Entfernen Sie den Verschnitt zwischen den Sägeschnitten mit dem Stechbeitel und schneiden Sie die Überblattung mit dem Grundhobel auf Tiefe. **3.** Stecken Sie die Verbindung zusammen und kontrollieren Sie auf Rechtwinkligkeit.

die Lage der durchgehenden Zapfen. Bohren Sie mit der Bohrwinde von einer Seite jedes Beines bis etwa zur Mitte des Materials. Drehen Sie das Bein dann um und bohren Sie das Loch von der anderen Seite zu Ende. Stechen Sie die Schlitze mit dem Beitel rechtwinklig nach.

Reißen Sie die Zapfen an, indem Sie das Ende jedes Querstücks in die Ausklinkung einstecken und von der Außenseite durch den Schlitz auf dem Hirnholz den Zapfen markieren.

Ich ziehe die Risse dann mit dem Streichmaß nach und stelle dabei sicher, dass sie präzise und genau rechtwinklig verlaufen. Sägen Sie die Zapfen frei und stecken Sie die Verbindungen zur Probe zusammen.

Wählen Sie nach Größe der verwendeten Pressenschrauben einen Bohrer passender Größe und bohren Sie mittig in die Querstücke Löcher für die Schrauben. Bringen Sie die Schrauben nach den Angaben des Herstellers an.

Der Entwurf kann abgewandelt werden, indem man die Zahl der Schrauben auf den beabsichtigten Verwendungszweck abstimmt. Wenn die Verbindungen angeschnitten und die Schrauben angebracht sind, können die Teile trocken zusammen gesteckt werden. Fasen Sie die Kanten der Beine an und verleimen Sie die Furnierpresse. Die Verbindungen können verstärkt werden, indem man sie mit Schrauben oder Dübeln sichert.

4. Reißen Sie die Schlitze für die durchgehenden Zapfen auf beiden Seiten der Beine an. **5.** Bohren Sie von beiden Seiten, bis sich die Bohrlöcher in der Mitte treffen, und stechen Sie die Schlitze dann mit dem Beitel rechtwinklig nach. **6.** Stecken Sie ein Querstück in die Ausklinkung am Bein und reißen Sie von der Außenseite den Zapfen an. **7.** Die Zapfen nach dem Zuschneiden, vor dem Verputzen. **8.** Eine gute Passung und eine sehr belastbare Verbindung.

Der

KARTEI-SCHRANK

„Die Handwerkskunst trägt
– metaphorisch oder real –
die Fingerabdrücke des Menschen,
der sie geschaffen hat.
Diese Fingerabdrücke sind ein Zeichen,
eine fast unsichtbare Narbe.“

Octavio Paz

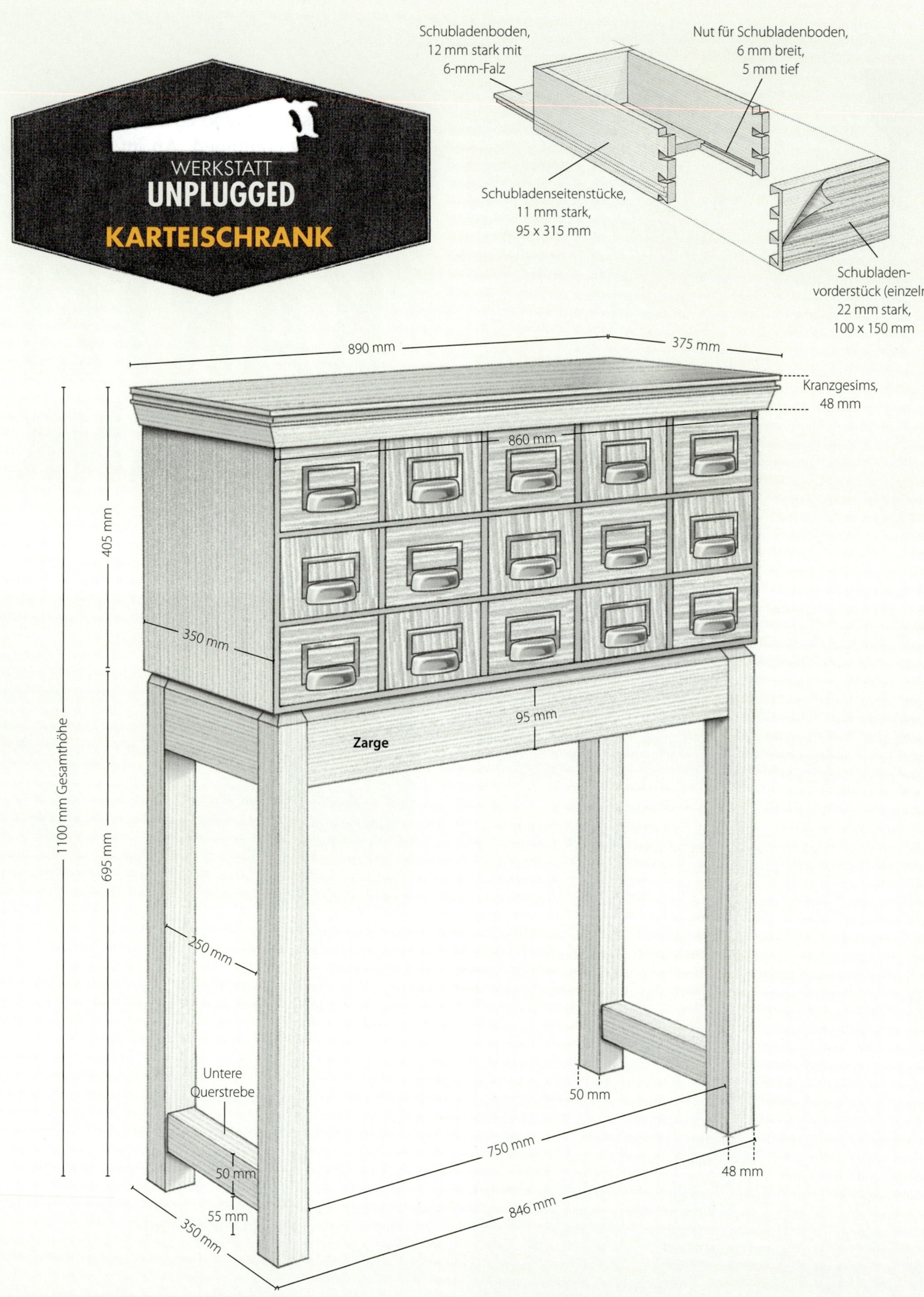
WERKSTATT
UNPLUGGED
KARTEISCHRANK
Schubladenboden, 12 mm stark mit 6-mm-Falz
Nut für Schubladenboden, 6 mm breit, 5 mm tief
Schubladenseitenstücke, 11 mm stark, 95 x 315 mm
Schubladen-vorderstück (einzeln), 22 mm stark, 100 x 150 mm
890 mm
375 mm
Kranzgesims, 48 mm
860 mm
405 mm
1100 mm Gesamthöhe
350 mm
95 mm
Zarge
695 mm
250 mm
Untere Querstrebe
50 mm
750 mm
48 mm
50 mm
55 mm
846 mm
350 mm

Auf den ersten Blick möchte man denken, der Karteischrank enthalte drei Reihen mit je fünf Schubladen. Wenn man ihn öffnet, sieht man jedoch, dass die obere Reihe zwar fünf, die mittlere aber nur drei und die untere gar nur eine breite Schublade aufweist.

Bis zu meinem 20. Lebensjahr arbeitete meine Mutter als Bibliothekarin. Mir wurde schon sehr früh klar, was für ein Glücksfall das für mich war, und ich verbrachte viele glückliche Stunden damit, die Geheimnisse der langen Regale zu erkunden. Neben den Büchern fand ich die bescheidenen Karteikästen ausgesprochen faszinierend. Damals erschienen sie mir wie ein ewiges Symbol der Bücherei, aber heute, da alles digitalisiert worden ist, hat sie wohl das Schicksal des Dodos ereilt. ... naja. Fast.

Zufälligerweise kam meine Ehefrau vor 12 Jahren nach Hause und erzählte, dass in der Schule, in der sie unterrichtete, einige der alten Karteischränke entsorgt werden sollten. Wir sprangen in unseren alten VW-Kombi, fuhren zur Schule und konnten noch zwei der Schränke retten. Einer von ihnen steht seitdem in unserer Küche in Cape Breton. Es ist ein wunderbares Möbelstück, um in einer Küche Ordnung zu halten und sie gleichzeitig optisch aufzuwerten. Hier findet das Besteck Platz, die kleinen Helfer und alle die eigenartigen Küchenwerkzeuge, die sich im Laufe der Zeit ansammeln.

Mit einer Höhe von 1100 mm ist dieser Entwurf auch als Arbeitsfläche für die Küche geeignet, wenn es um Aufgaben geht, die in größerer Höhe leichter auszuführen sind. Das sollten Sie bei der Gestaltung des Kranzgesimses berücksichtigen. Bei der Aufstellung in einer Küche würde sich auch eine Arbeitsplatte aus Hirnholz anbieten. Im Büro oder Arbeitszimmer könnte der Entwurf als elegantes Sideboard dienen. Die Liste lässt sich beliebig ausweiten, von der Weinlagerung in einer modernen oder altmodischen Vorratskammer über einen Schrank für feine Lingerie im Schlafzimmer bis hin zur Leseecke. Es gibt kaum ein Ende der guten Ideen und ich bin sicher, dass Ihnen noch einige andere einfallen werden.

Die Gestaltung dieses Karteischranks ist von den Erinnerungen an meine frühen Kindheitstage beeinflusst, die ich damit verbrachte, solche wunderbaren Schränke in der Bibliothek meiner Mutter zu erkunden. Allerdings wusste ich bei diesem Stück von Anfang an, dass 15 Schubladen nicht meinen Aufbewahrungsbedürfnissen gerecht werden würden. Deshalb

Stückliste

Korpus		
Deckel und Boden	2	20 x 355 x 850 mm
Seiten	2	20 x 355 x 400 mm
Kranzgesims vorne	1	22 x 50 x 890 mm
Kranzgesims Seiten	2	22 x 50 x 375 mm
Korpus-Innenausstattung		
Traversen	3	12 x 50 x 830 mm
Laufleisten	10	12 x 50 x 290 mm
Querfriese hinten	2	12 x 38 x 815 mm
Mittelwände	6	12 x 50 x 105 mm
Laufleisten	6	11 x 95 x 255 mm
Leiste	1	20 x 20 x 815 mm (auf Maß zugeschnitten)

Rückwand		
Längsfriese	2	20 x 70 x 770 mm
Querfriese	2	20 x 70 x 365 mm
Mittelfries	1	20 x 70 x 300 mm
Füllungen	2	5 x 230 x 300 mm
Gestell		
Beine	4	45 x 50 x 710 mm
Vorder- und Hinterzarge	2	22 x 95 x 810 mm
Seitenzargen	2	22 x 95 x 315 mm
untere Stege	2	38 x 50 x 315 mm
obere Querstreben	2	20 x 45 x 330 mm

Einzelschubladen		
Vorderstücke	6	20 x 150 x 100 mm
Hinterstücke	6	11 x 150 x 100 mm
Seitenstücke	12	11 x 100 x 310 mm
Böden	6	12 x 135 x 300 mm

Doppelte Schubladen		
Vorderstücke	2	20 x 100 x 315 mm
Hinterstücke	2	11 x 100 x 315 mm
Seitenstücke	4	11 x 100 x 310 mm
Böden	2	12 x 300 x 300 mm

Breite Schublade		
Vorderstück	1	20 x 100 x 810 mm
Hinterstück	1	11 x 100 x 810 mm
Seitenstücke	2	11 x 100 x 310 mm
Boden	1	12 x 300 x 790 mm
Furnier für Vorderstücke		0,5 mm x ca. 0,3 qm
imitierte Beistoßleisten	6	1 x 12 x 100 mm
Stoppklötze	6	3 x 20 x 75 mm
Stoppklötze	4	2 x 20 x 150 mm
Schubladengriffe	15	Liefermaß

entwarf ich eine Version, die nur 9 Schubladen hat. In der oberen Reihe sind 5 Schubladen in Karteikartengröße, in der Mitte der Schubladenreihe darunter eine weitere in dieser Größe. Diese wird von 2 Schubladen in doppelter Breite flankiert und die unterste Reihe besteht nicht aus 5 Schubladen, wie sie vortäuscht, sondern nur aus einer einzelnen großen. Man kann den Entwurf den eignen Bedürfnissen entsprechend abwandeln, sodass er 15 oder auch nur 3 Schubladen aufweist.

Die Variante mit 15 Schubladen wäre vielleicht perfekt für Sämereien. Man könnte sogar drei weitere Schubladenreihen über den vorhandenen anbringen und den Schrank tatsächlich für eine Kartei verwenden. Aber wer arbeitet heute noch mit Karteien? Es wirkt ironisch, dass man im Internet noch von vielen Firmen die Schubladengriffe für Karteischränke oder -kästen erhalten kann, auch wenn entsprechenden Schränke nicht mehr hergestellt werden Aber das soll jetzt anders werden.

Der Korpus

Als erstes wird das Rohholz auf Maß geschnitten und die Platten für den Korpus werden verleimt. Falls Sie über breite Bretter verfügen, können Sie diese verwenden. Falls nicht, verleimen Sie die Platten aus dem Material, das sie haben (siehe Foto unten). Der Deckel und Boden haben die Endmaße 850 x 355 x 20 mm, die Seitenplatten 400 x 355 x 20 mm. Verleimen Sie die Platten und hobeln Sie die Fugen bündig. Reißen Sie dann die Schwalbenschwanzzinkungen an.

Die Schwalbenschwanzzinkungen am Korpus schneiden

Bei diesem Schrank muss man sehr viele Schwalbenschwanzzinkungen schneiden. Ich habe deswegen die Schwalbenschwänze alle relativ breit gemacht. Falls Sie möchten und die Zeit haben, können Sie sie auch schmaler gestalten. In Hinsicht auf die Belastbarkeit macht das keinen Unterschied.

Stellen Sie zuerst einen Stechzirkel auf die Breite der äußeren halben Zinken ein. Reißen Sie damit von jeder Kante des Werkstücks einen Punkt auf dem Hirnholz an (siehe Foto 1 auf S. 208).

Schätzen Sie als nächstes ab, wie viele Schwalbenschwänze Sie etwa auf der gegebenen Länge unterbringen möchten, und stellen Sie einen zweiten Zirkel auf die kombinierte

ETWAS GESCHICHTE

Um das Jahr 1860 entwickelte ein Bibliothekar in Harvard eine Methode, um den Besuchern einer Bibliothek den Zugang zu einer Kartei zu erleichtern. Die Karteikarten wurden von Holzklötzen wie Buchstützen gehalten.
1877 schlug die American Library Association dann eine normierte Karteikartengröße vor, die von den meisten Büchereien übernommen wurde.
1925 hatte sich das Karteikartensystem in Nordamerika als Standard für Bibliothekskataloge durchgesetzt. In der Folge erfüllte es seinen Zweck über Generationen hinweg auf hervorragende Weise, bis es schließlich durch den digitalen Online Public Access Catalog (OPAC) ersetzt wurde.
Heute findet man Karteischränke noch bei Antiquitäten- und Altmöbelhändlern. Für ihren ursprünglichen Zweck werden sie zwar kaum noch verwendet, aber die schönen alten Stücke lassen sich für viele heutige Lagerungszwecke einsetzen.

Ich habe für den Korpus verschiedene Bretter verwendet, die bei früheren Werkstücken übrig geblieben waren. Den Korpusdeckel konnte ich mit nur einer Leimfuge in der Mitte anfertigen. Vielleicht müssen Sie die Platten aus schmaleren Brettern verleimen; das ist kein Problem, es erfordert nur etwas mehr Arbeit.

DER TRICK MIT DEM FALZ

Der schwierigste Teil bei der Herstellung einer gut passenden Schwalbenschwanzzinkung ist das Übertragen der Schwalben auf das Zinkenbrett. Eine althergebrachte Methode, um diesen Schritt zu erleichtern, besteht darin, mit einem Falzhobel auf der Innenseite der Schwalbenbretter einen sehr flachen Falz (maximal einen Millimeter tief) anzuschneiden, bevor man die Schwalbenschwänze schneidet. Dadurch entsteht am Grund der Schwalbenschwänze ein kleiner Absatz, der es etwas einfacher macht, sie auf das Zinkenbrett zu übertragen.

Breite einer Schwalbe und eines Zinkens ein. (Als Schätzmaß kann man eine Schwalbe pro 25 mm annehmen.) Verwenden Sie den zweiten eingestellten Zirkel und gehen Sie von einem der Endpunkte, die Sie soeben angerissen haben, in leichten Einzelschritten bis zur gegenüberliegenden Kante, ohne zu diesem Zeitpunkt schon Markierungen anzubringen, aus.

Wenn Sie an die gegenüberliegende Kante gelangen, achten Sie darauf, wo der Zirkel im Verhältnis zum Bezugspunkt einsticht. Er sollte etwas (höchstens 5-6 mm) über ihn hinaus gelangen. Dieser kleine Abstand ist die Breite der Zinken beim Anreißen. Falls diese Zinkenbreite Ihren Vorstellungen entspricht, können Sie sich mit dem Zirkel wieder zurück über das Hirnholz arbeiten und bei jedem Schritt eine Markierung einstechen.

An der anderen Kante stechen Sie dann in den Bezugspunkt ein und arbeiten sich wieder markierend zurück. Diese Markierungen im Abstand von etwa 25 mm über die Länge des Hirnholzes geben die Breite der Zinken an; an ihnen wird der Bleistift angelegt, wenn man die Schwalbenschwänze anreißt. Reißen Sie die Schwalbenschwänze an und schneiden Sie sie wie auf der gegenüberliegenden Seite zu sehen.

Die unteren Schwalbenschwanzzinkungen werden auf die gleiche Weise und zur gleichen Zeit angerissen. Dies ist auch der Grund, warum wir zwei Zirkel verwendet haben: So wird ein gleichmäßiges Anreißen der beiden Verbindungen gewährleistet. Stellen Sie einen Zirkel für die Endzinken ein, den anderen für die Schwalbenschwänze.

1. Reißen Sie zuerst an den Außenecken die halben Zinken an. **2.** Tragen Sie die Zinken über das Hirnholz ab. Der Zirkel sollte etwas hinter dem angerissenen halben Zinken das letzte Mal einstechen. Der Abstand legt die Breite der Zinken beim Anreißen fest.

1. Verwenden Sie eine Schmiege oder einen Zinkenwinkel, um die Schwalben anhand der zuvor angebrachten Markierungen anzureißen. **2.** Sägen Sie an den Rissen der Schwalben hinab. Sägen Sie nicht über den Riss hinab, der den Verbindungsgrund markiert. **3.** Entfernen Sie den Verschnitt zwischen den Schwalben mit der Laubsäge möglichst vollständig. Verbleibende Reste werden mit dem Beitel abgestochen.
4. Spannen Sie das Brett waagerecht ein und sägen Sie die beiden Außenbrüstungen am Schwalbenbrett.
5. Übertragen Sie die Umrisse der Schwalben auf die Zinkenbretter. An dieser Stelle zahlt sich der Trick mit dem Falz aus. **6.** Schraffieren Sie den Verschnitt und sägen Sie an den Zinkenwandungen ein. **7.** Entfernen Sie den Verschnitt mit einer Bogensäge und verputzen Sie mit dem Stechbeitel.

TIPP

Wenn ich die Zinkung an den unteren Korpusecken anreiße, lasse ich jede zweite Schwalbe aus. Dadurch werden die Schwalbenschwänze genau doppelt so breit wie an der oberen Ecke. Mir gefällt die optische Wirkung, die sich dadurch ergibt, ich verwende diese Gestaltungsvariante häufiger. Außerdem erspart man sich etwas Arbeit beim Zinkenschneiden.

Die Nuten auf den Innenseiten des Korpus einschneiden

Wenn die Zinkungen geschnitten sind, stecken Sie sie trocken zusammen, um die Passung zu kontrollieren. Drücken Sie sie zu diesem Zeitpunkt noch nicht vollkommen zusammen – es ist nur eine schnelle Kontrolle, ob alles passt. Die Verbindungen werden nachgearbeitet, wenn die vier Korpusecken fertig sind.

Nehmen Sie die Korpusteile wieder auseinander und reißen Sie die Nuten für die Laufrahmen der Schubladen innen am Korpus an (die Traversen und vier der Laufleisten werden später hier eingelegt). Reißen Sie die Nuten an und schneiden Sie mit dem Stechbeitel eine kleine V-förmige Nute ein, an der Sie mit dem Grundhobel ansetzen können, um den Verschnitt zu entfernen. (Alternativ könnten Sie auch einen provisorischen Anschlag anbringen und mit einer Rückensäge an beiden Wandungen der Nut einsägen.) Hobeln Sie die Nuten bis zu einer gleichmäßigen Tiefe aus (s. Foto unten).

Die Schubladen-Laufrahmen

Wenn die Nuten auf der Innenseite der Korpuswände eingeschnitten sind, wird das Material für die inneren Bauteile zugeschnitten (einschließlich der Beistoßleisten, die Sie später während der Herstellung benötigen; siehe S. 227). Die Bestandteile des vorderen Blendrahmens bestehen aus 50-mm-Nussbaum, die inneren Teile aus einem Zweitholz, in diesem Fall Pappel. Hobeln Sie das Material auf 12 mm

Mit dem Grundhobel lassen sich die Nuten im Korpus leicht auf gleichmäßige Tiefe schneiden. Stechen Sie eine kleine V-Nut mit dem Beitel ein, um den Grundhobel zu führen.

1. Die Gratleisten an den Traversen werden mit der Säge geschnitten. Sie werden in 38 mm tiefe Gratnuten in den Korpusseiten eingeschoben. **2.** Verwenden Sie die Gratleisten als Schablone, um die Gratnuten anzureißen. Die Höhe zwischen den Traversen habe ich mit einem Holzstück angerissen, das ich auf die Schubladenhöhe zugeschnitten habe.

Stärke aus. Die Breiten der Traversen und der Laufleisten unterscheiden sich etwas. Verwenden Sie die in der Stückliste angegebenen Maße, um sie zuzuschneiden.

Die Traversen einpassen

Schneiden Sie dann die inneren Bauteile auf Länge und die Nussbaumtraversen und –stege grob zu. Die vorderen Traversen werden in Gratnuten in den Korpusseiten eingeschoben, was die Konstruktion des Schranks deutlich stabiler macht. Reißen Sie die Gratfedern an und schneiden Sie sie an den Traversen an. Schneiden Sie zuerst die angewinkelten Seiten der Gratfeder. Entfernen Sie dann den Verschnitt, indem Sie die Brüstung anschneiden. Verputzen Sie die Rückseite der Traverse, wo die Gratfeder auf den Nutzapfen trifft. Der Nutzapfen kommt in die Nut zu liegen, die wir im vorhergehenden Schritt geschnitten haben. Die Breite der vorderen Traversen beträgt 49 mm. Ich habe den gegrateten Teil 38 mm tief geschnitten, die restliche Breite nimmt der Nutzapfen ein (siehe Foto 1 oben).

Schieben Sie die Traversen in die zugehörigen Nuten in den Innenseiten der Korpusseiten. Die Nutzapfen gehen gut hinein, wenn dann die Gratfeder an die Korpusvorderkante stößt, geht es nicht weiter. Halten Sie die Traverse in dieser Lage, vergewissern Sie sich, dass sie senkrecht zu den Korpusseiten steht, und übertragen Sie die Umrisse der Gratfeder auf die Korpusvorderkante. Entfernen Sie den Verschnitt, wie Sie es bei einer halbverdeckten Zinkung auch tun würden. Sägen Sie zuerst außen die Wandungen ein und stechen Sie den Verschnitt dazwischen mit dem Beitel ab. Ich schneide mit dem Grundhobel nach, um die Gratnut gleichmäßig tief zu machen.

Passen Sie die Traversen trocken ein. Zu diesem Zeitpunkt stehen sie noch etwas über, nach dem Zusammenbau werden sie dann bündig gehobelt.

TIPP

Reißen Sie Bauteile, die Sie mehrfach benötigen, möglichst immer zusammen an (hier sind es die Zapfen an den Schubladenlaufleisten). Man spart dadurch nicht nur Zeit, man erhält auch einheitliche Verbindungen. Im Bild sieht man, dass an der ersten Laufleiste rechts schon der Zapfen angeschnitten ist. Dies war mein Probestück, ich werde die Verbindung so auf die anderen Stücke übertragen. Vorher habe ich kontrolliert, dass das Probestück in allen Abmessungen in den Korpus passt.

Die Laufleisten schneiden

Reißen Sie jetzt die Verbindungen an den hinteren Querfriesen und den Laufleisten an, und schneiden Sie sie an. Dabei müssen eine Vielzahl von kleinen Schlitzen und Zapfen geschnitten werden. Schärfen Sie also Ihre Stechbeitel, machen Sie es sich bequem, und los geht's! Die hinteren Querfriese werden mit Nutzapfen in die Nuten der Seitenwände gesteckt, und die Laufleisten werden alle in die Traversen und hinteren Querfriese eingezapft.

Wenn die Zapfen an allen Laufleisten angeschnitten sind, werden die langen seitlichen Zapfen an den vier äußeren Laufleisten angerissen. Diese langen Zapfen werden in die Nuten der Korpusinnenwände gesteckt. Reißen Sie dann die passenden Schlitze an der Traverse und dem hinteren Querfries an. Um das Anreißen etwas zu beschleunigen, habe ich mir die wenigen Minuten Zeit genommen, die es dauert, einen Brettriss anzufertigen (siehe S. 213).

1. Die vier äußeren Laufleisten benötigen an der Außenkante eine angeschnittene Feder, die in die Nuten im Korpus eingeschoben werden. Entfernen Sie den Verschnitt mit dem Falzhobel und verputzen Sie mit einem Simshobel. **2.** Die fertigen Laufleisten: sechs für das Innere und vier für die Seiten. Jetzt kommen die zugehörigen Schlitze an die Reihe. **3.** Übertragen Sie die Markierungen vom Brettriss auf die Traversen. **4.** Mit einer Reihe von 6-mm-Bohrlöchern sind die Schlitze schnell vorgearbeitet. Nachdem sie rechtwinklig nachgestochen sind, kann man die Verbindungen trocken zusammenstecken.

1. Stecken Sie die beiden Laufrahmen trocken zusammen und platzieren Sie sie im Korpus. Es fehlen noch die Mittelwände. **2.** Der Nutzapfen an der Beistoßleiste wird in die abgesetzte Nut der Traverse eingesteckt. **3.** Wenn man die Traversen und die sechs Beistoßleisten trocken zusammensteckt, kann man die Anordnung der Schubladen erkennen. Ich habe den Schrank nicht mit 15 Schubladen, sondern nur mit 9 ausgestattet. Wenn die Schubladen hergestellt werden, bringt man an den Vorderstücken imitierte Beistoßleisten an, um das Aussehen eines traditionellen Karteischranks

Reißen Sie auch die Verbindungen am hinteren Querfries an. Auch hier ist es wichtig, dass die Risse an Traversen und hinteren Querfriesen übereinstimmen. Wenn Sie sauber und sorgfältig arbeiten, sitzen die Laufleisten auch senkrecht zum Rahmen und Korpus.

Entfernen Sie den Verschnitt in den Schlitzen jeweils mit dem Bohrer und stechen Sie mit dem Beitel rechtwinklig nach. Kennzeichnen Sie bei der Arbeit alle Bauteile. Denken Sie daran, dass die Teile nicht überaus schön sein müssen, sie befinden sich später im Korpus, wo man sie nicht sieht. Stecken Sie jetzt die beiden Laufrahmen trocken zusammen und platzieren Sie sie im Korpus.

Die Beistoßleisten anbringen

Verwenden Sie den Brettriss, um die Position für die abgesetzten Nuten anzureißen, wo die Beistoßleisten auf die Laufleisten treffen. Die Nuten sind nur 2 mm tief und werden über den Schlitzen angeschnitten, die Sie gerade fertiggestellt haben. Reißen Sie sie mit tiefen Schnitten an und entfernen Sie den Verschnitt aus den flachen abgesetzten Nuten in den Laufleisten mit dem Grundhobel und Stecheisen. Lassen Sie sich dabei Zeit, damit das dünne Material zwischen ihnen nicht ausbricht.

Den Falz für die Korpusrückwand schneiden

Anscheinend schrecken viele Handwerker, die ohne Maschinen arbeiten, vor abgesetzten Fälzen zurück. Ich verstehe das nicht ganz, weil ich finde, dass sie sich mit einer Absetzsäge und dem Stechbeitel leicht herstellen lassen. Reißen Sie zuerst den Falz an der hinteren Innenkante der vier Korpusteile an. Er sollte 3 mm breit und 12 mm tief sein und bis zum Grund der Zinkungen an den Seiten reichen. Schneiden Sie den Verschnitt auf der ganzen Länge des Falzes mit der Absetzsäge ein und räumen Sie ihn

DER BRETTRISS

Ein Brettriss ist ein Holzstück (Brett, Platte oder Leiste), auf der Maße des Werkstücks abgetragen sind. In diesem Fall ist es eine Leiste, die auf das lichte Innenmaß des Korpus zugeschnitten ist und mit allen relevanten Rissen für die Schlitze versehen ist. Dann werden die Schlitze in den Traversen anhand des Brettrisses angerissen. Diese Methode ist sehr viel schneller, als jeden Schlitz an jeder Traverse einzeln auszumessen und anzureißen.

dann mit dem Stechbeitel aus. Stechen Sie die Ecken rechtwinklig nach und kontrollieren Sie die Passung.

Die Innenkanten des Laufrahmens und der Rückwand werden ebenfalls gefälzt (siehe nächsten Abschnitt). Die eingefälzte Rückwand trägt dann sehr zur Stabilität des Korpus' bei. Die Nuten werden später noch nachgearbeitet und verputzt.

Der Falz für die Rückwand wird angeschnitten, indem man zuerst mit der Säge in den Verschnitt einschneidet. Dabei darf nicht über die Risse hinausgesägt werden. Der Falz endet jeweils am Grund der Schwalbenschwanzzinkungen.

Die Rückwand

Die Rückwand ist eine einfache Rahmenkonstruktion mit Füllungen. Der Rahmen wird mit Schlitz-und-Zapfen-Verbindungen hergestellt, die 5 mm starken Füllungen liegen in Nuten in den Friesen. Die Zapfen an den oberen und unteren Querfriesen und dem mittleren Längsfries messen 50 x 55 x 6 mm. Sie werden als nächstes angerissen.

Schneiden Sie eine 6 mm breite Nut mit etwa 5 mm Tiefe in die Rahmenfriese, um die Füllungen aufzunehmen (siehe Foto 2 auf der gegenüberliegenden Seite). Ich habe die Nut nicht mittig angeschnitten, weil ich an der unteren Seite der Rückwand keinen breiten Absatz haben wollte, der doch nur zum Staubfänger werden würde. Durch den Versatz der Nut wird dieser Absatz schmaler und mit einem angeschnittenen Halbstab an einigen der Innenkanten ist die Rückwand dann fertig.

Ich habe die Innenkanten des Rahmens mit einem Halbstab profiliert. Auch wenn es sich um die Rückwand des Schranks handelt, die

Entfernen Sie den Verschnitt mit einem großen Stechbeitel und verputzen Sie mit einem kleineren Beitel. Stecken Sie dann den Korpus trocken zusammen.

1. Die Rückwand ist eine einfache Rahmenkonstruktion mit Füllungen. Tragen Sie eine Schicht Schellack auf, um die Bauteile während der folgenden Schritte zu schützen. **2.** Schneiden Sie eine 5 mm tiefe Nut für die Füllungen in die Friese. **3.** Trockenmontage nach Auftrag des Schellacks. Man kann die Profilierung an der Innenseite der Friese erkennen. **4.** Stecken Sie die Mittelwände trocken in den Korpus ein; sie werden nur an den Beistoßleisten und Laufleisten verleimt. Oben bleiben sie frei, um das Holz arbeiten zu lassen.

vielleicht nie jemand sieht, halte ich es doch für einen guten Grundsatz, Möbel so zu bauen, als ob sie in der Mitte des Raumes aufgestellt werden sollten. Vielleicht sieht sich in der Zukunft doch einmal jemand die Rückseite dieses Schranks an. Dann kann er erkennen, dass der Handwerker, der den Schrank hergestellt hat, auch Gedanken auf das Aussehen der Rückseite aufgewandt hat.

Reißen Sie den Falz auf der Innenseite des Rückwandrahmens an, mit dem die Rückwand in den Korpus eingelegt wird. Der Falz sollte 6 x 11 mm messen. Ich habe die fertige Rückwand nach einer Probepassung mit einer Schicht Schellack überzogen, um sie zu schützen, während ich weiter arbeitete.

Die Trennwände

Schneiden Sie als nächstes das Material für die sechs Trennwände auf die Maße 255 x 100 x 10 mm zu. Die Trennwände dienen als Streifleisten für die Schubladen. Sie werden nur unten und vorne eingeleimt, um dem Holz das Arbeiten zu erlauben. Sie sind um ein Geringfügiges dünner als die Besitoßleisten

1. Hobeln Sie die Schwalbenschwänze bündig, wenn der Leim trocken ist. Kontrollieren Sie mit einem Stahllineal, dass Sie keine Unebenheiten anhobeln. Diese Kante wird allzu schnell konkav oder konvex gehobelt. **2.** Leimen Sie auf der Werkbank die Traversen und die Beistoßleisten zusammen. Beachten Sie, dass die Beistoßleisten der mittleren Schubladenreihe nicht verschraubt werden können, da die Beistoßleisten der oberen Reihe im Weg sind. Sie werden stattdessen nach der Montage mit kleinen, schräg angesetzten Drahtstiften angeheftet. **3.** Leimen Sie den Blendrahmen in die Gratnuten der Korpusseiten.

aus Nussbaum, hinter denen sie liegen. Berücksichtigen Sie gegebenenfalls auch das Quellen bei den Abmessungen und verringern Sie die Höhe etwas. Die Trennwände müssen nicht bis zur Oberseite der Schubladenöffnungen reichen.

Den Korpus verleimen

Wenn die Innenteile zugeschnitten und trocken zusammengesteckt sind, um die Passung zu überprüfen, können Sie die Bauteile wieder auseinander nehmen und den Korpus verleimen. Ich verwende für die Hauptbestandteile flüssigen Glutinleim, weil er eine längere Offenzeit hat. Geben Sie Leim an beide Teile der Schwalbenschwanzzinkungen an und stecken Sie die Verbindungen zusammen. Messen Sie die Korpusdiagonalen, um sicherzustellen, dass die vier Platten rechtwinklig sitzen. Wenn der Leim trocken ist, hobeln Sie die Schwalben bündig und verputzen den Korpus. Bei schwierigem Faserverlauf greifen Sie zum Putzhobel und/oder zur Ziehklinge.

Die Traversen und die Beistoßleisten anbringen

Wenn der Korpus verputzt ist, werden die Beistoßleisten und die Traversen auf der Werkbank miteinander verleimt. Sie werden nach dem Verleimen als Blendrahmen in den Korpus eingebaut. Ich verwende dafür warmen Glutinleim; die kürzere Offenzeit ist bei der Arbeit mit so vielen Einzelteilen ein Vorteil. Ich gebe Leim an die Trennwand, halte sie einen Augenblick in der vorgesehenen Lage und mache mit der nächsten weiter. Die Trennwände werden der Reihe nach an den Traversen angebracht und die Verbindungen werden mit Schrauben verstärkt. Bohren Sie vorher Löcher für die Schrauben!

Wenn die Traversen und Trennwände eine Einheit bilden, wird diese als Ganzes in den Korpus eingeleimt. Ich habe den Korpus auf den Rücken gelegt, damit mir die Schwerkraft zu Hilfe kam. Einige leichte Schläge mit dem Gummihammer und der Blendrahmen saß. Oben am Schrank liegt eine 20-mm-Fuge zwischen der oberen Traverse und dem Korpusdeckel. Ich habe eine Leiste zugeschnitten, um die Fuge zu füllen. Sie wird zu diesem Zeitpunkt ebenfalls mit Leim und Schrauben angebracht. Die Leiste wird zusammen mit der oberen Traverse und der Vorderkante des Korpusdeckels später vom Kranzgesims abgedeckt.

Leimen Sie als nächstes die Laufleisten ein. Ich gehe dabei von links nach rechts vor und gebe jeweils an ein Ende warmen Glutinleim. Wenn die Laufleisten in den Traversen eingesteckt worden sind, gebe ich Leim an die Zapfen am hinteren Ende und bringe den hinteren Querfries an. Auch dabei arbeite ich von links nach rechts und stecke den ersten Zapfen etwas in den Schlitz, während ich den Querfries halte und die Laufleisten in einer Reihe ausrichte. Das erfordert ein gewisses Maß an Jonglieren, aber wenn die Zapfen erst mal alle etwas in den Schlitzen stecken, kann ich mit Zwingen Druck ausüben und den hinteren Querfries langsam auf die Zapfen drücken. Achten Sie darauf, dass die Montage in der Flucht bleibt und dass Sie die Traverse nicht aus den Gratnuten drücken. Kontrollieren Sie beides, während Sie die Zwingen anziehen.

Da die Beistoßleisten jeweils übereinander stehen, konnte ich die in der mittleren Schubladenreihe im vorigen Schritt nicht mit Schrauben befestigen. Ich habe stattdessen Löcher mit dem Handbohrer vorgebohrt und sie dann mit Drahtstiften schräg festgenagelt.

Stellen Sie die Spandicke des Grundhobels auf ein kleines Maß ein. Meine Ungeduld verführte mich dazu, beim Schneiden der Nuten an den Korpusinnenseiten kräftige Späne abnehmen zu wollen. Das hatte einige massive Faserausrisse zur Folge. Glücklicherweise werden diese Fehler dann durch den Innenrahmen und die Schubladen versteckt. Leichte Schnitte sind bei Handwerkzeugen sicherer. Sowohl für die Werkstücke als auch für Sie.

Die untere Lage von Laufleisten und hinteren Querfriesen wird in den Korpus eingeleimt.

1. Reißen Sie das Profil des Kranzgesimses anhand einer Papierschablone an. **2.** Zuerst wird oben am Kranzgesims mit dem Nuthobel eine Nut angeschnitten, die dann als Platte stehen bleibt. Dann wird mit dem Falzhobel der Großteil des Verschnitts an der Vorderseite des Profils entfernt. Danach wird mit drei weiteren Fälzen die Platte am unteren Ende des Profils angeschnitten. **3.** Die runden Teile des Profils am Kranzgesims werden schließlich mit entsprechenden Profilhobeln geschnitten. **4.** Stecken Sie die Seitenteile der Profilleisten trocken an den Korpus und passen Sie das Vorderteil dazwischen ein.

Das Kranzgesims

Als ich die ersten Skizzen für diesen Entwurf anfertigte, zeichnete ich Profilleisten an der Korpusober- und Unterkante. Ich entschied mich dann, nur oben ein Kranzgesims anzubringen. Dafür stellte ich vier verschiedene Muster her, bevor ich mich zu der Profilierung entschloss, die am fertigen Stück zu sehen ist.

Profilleisten und Kranzgesimse sind wie der Zuckerguss auf einer Torte – es bleibt Ihnen überlassen, welche Geschmacksrichtung Ihnen zusagt. Ich habe zuerst ein 50 mm starkes Kranzgesims im traditionellen Stil angefertigt, das mir aber für den Karteischrank zu schwer wirkte. Dann habe ich das Material auf 25 mm Breite geschnitten und profiliert. Schließlich habe ich auch das Profil geändert, um ein moderneres Aussehen zu erzielen.

Sägen Sie die Rohlinge für das Kranzgesims grob zu. Verwenden Sie Holz mit möglichst geradem Faserverlauf und schneiden Sie fortlaufende Rohlinge aus einem einzelnen Brett. Wenn sich das Maserbild von den Seiten über sorgfältig geschnittene Gehrungen auf die Vorderseite fortsetzt, ergibt das einen ansprechenden Anblick. Richten Sie die Rohlinge so ab, dass alle sechs Seiten rechtwinklig zueinander stehen.

Reißen Sie das gewünschte Profil an beiden Hirnholzenden der Rohlinge an. Tragen Sie dann die Kombination aus Fälzen und/oder Hohlkehlen an, mit denen sich am besten der Großteil des Verschnitts entfernen lässt (90% des Verschnitts werden mit dem Falz-, dem Nut- und/oder Simshobel entfernt). Machen Sie sich Gedanken über jeden Arbeitsschritt, über jeden Teil des Profils. Überlegen Sie sich, mit welchem Hobel Sie arbeiten werden und was ihm als Anlagefläche dienen wird. Vielleicht müssen Sie zuerst eine Nut schneiden und dann den Falz? Wenn auf diese Weise die grobe Vorarbeit geleistet ist, wird die endgültige Form des Kranzgesimses mit Profilhobeln herausgearbeitet, mit denen man die gewünschten Rundstäbe und Hohlkehlen anschneidet.

In diesem Beispiel wurde der Profilhobel auch verwendet, um Verschnitt zu entfernen. Die unterschiedlich breiten Hohlkehlprofilhobel trugen dazu bei, den sanfter geschwungenen Teil des Kranzgesimses herauszuarbeiten. Diese innere Hohlkehle ist eher oval geformt. Mit einer runden Ziehklinge und dann mit Schleifpapier wurden die Hobelspuren entfernt und das Profil geglättet.

Schneiden Sie in einer selbst angefertigten Gehrungslade die Gehrungen an das Kranzgesims. Schneiden Sie ein Stück grob für die Seite auf Länge, dann das Vorderstück und schließlich das andere Seitenstück, sodass die Maserung um die Ecken läuft. Lassen Sie die Gehrungen mit etwas Übermaß, und verputzen Sie sie mit einem Handhobel in der Stoßlade und/oder in der Gehrungsstoßlade.

Mich sprach das Profil auf den Fotos der vorhergehenden Seite an, vor allem für ein Stück, das eher altmodisch wirkt. Nach einigen Stunden Arbeit beschloss ich jedoch, dass ich ein moderneres Kranzgesims haben wollte und änderte das Profil. Das neue Kranzgesims wirkt nicht so traditionell, aber die Herstellungsweise war die gleiche. Reißen Sie das Profil und dann die Nuten und Fälze an, die geschnitten werden müssen, um das Profil grob vorzuschneiden. Verwenden Sie Profilhobel, die Ihnen zur Verfügung stehen, um das endgültige Profil herauszuarbeiten.

Das Gestell

Die Beine des Gestells werden aus 50 x 50 mm Rohlingen hergestellt. Sehen Sie sich den Faserverlauf im Rohholz an und berücksichtigen Sie ihn, wenn Sie die einzelnen Bauteile anreißen. Versuchen Sie, die Beinrohlinge aus Teilen der Bohle zu schneiden, in denen das Hirnholz schräg über die Breite läuft. So erhalten Sie Beine mit gleichmäßigerer Maserung auf allen vier Seiten anstatt von solchen, bei

Versuchen Sie, bei selbst angefertigten Profilleisten möglichst auf Formen zurückzugreifen, für die Sie entsprechende Profilhobel besitzen. Wenn Sie nur über einen Hohlkehl- und einen Halbstabhobel verfügen, beschränken Sie sich vielleicht am besten auf ein einfaches gerundetes Profil mit einer Platte oben und/oder unten. Seien Sie so kreativ wie Sie möchten und mit den vorhandenen Mitteln sein können.

Die grob auf 50 x 50 mm zugeschnittenen Nussbaumrohlinge für die Beine.

Die Zargen werden auf 100 x 50 mm zugeschnitten.

denen zwei Seiten gefladerte und auf zwei schlichte Maserbilder zu sehen sind.

Die Zargen stammen aus dem gleichen Material wie die Beine. Die Bohle war 50 mm stark, ich musste sie also auftrennen. Ich gehe dabei wie bei jedem anderen Schnitt in Faserrichtung vor: Linie anreißen, tief einatmen und sägen. Drehen Sie die Bohle alle paar Zentimeter, um einen geraden Schnitt zu erhalten. (Beachten Sie, dass ich zu diesem Zeitpunkt meine Klobsäge noch nicht hergestellt hatte [siehe S. 135]; dieser Arbeitsschritt wäre mit dem Schlitzhobel und der Klobsäge sehr viel einfacher gewesen.) Glauben Sie mir: Es ist möglich, mit einem Fuchsschwanz aufzutrennen, aber alles, was mehr als einige Zentimeter breit ist, macht keinen Spaß mehr. Die Länge spielt fast keine Rolle, es ist die Breite, die einem Mühe bereitet.) Längen Sie die Bohle für die Zargen so ab, dass Sie eine kurze und eine lange Zarge aus jedem Stück erhalten. So setzt sich die Maserung schön um die Ecken des Gestells fort.

Schneiden Sie die Enden der Beinrohlinge rechtwinklig auf Endmaß. Reißen Sie dann die Schlitz-und-Zapfenverbindungen an. Die Zapfen an den Zargen messen 38 x 60 x 12

VORAUSSCHAUEND ARBEITEN

Da ich sowieso gerade dabei war, grob zuzuschneiden, habe ich auch gleich die Seiten- und Hinterstücke für die Schubladen zugeschnitten. Ich verwendete dafür Riegelahorn, der schon seit einigen Jahren in meiner Werkstatt lagerte. Das Material war auf 12 mm Stärke gesägt und inzwischen formstabil. Schneiden Sie das Material für die Schubladen so früh wie möglich zu. So kann es dann noch einige Tage oder gar Wochen ruhen. Etwa 90 % des Materials, das bei diesen Werkstücken verwendet wurde, hat eine Lagerzeit von mindestens 9 Monaten in meiner Werkstatt hinter sich. Beim Einkauf war es jeweils schon trocken.

1. Sägen Sie an den Zargen die Zapfen an. Bei Verbindungen dieser Größe verwende ich eine 350 mm lange Schlitzsäge. **2.** Die Schlitze für die Zapfen an den Zargen werden an den Beinen nach außen versetzt.

mm. Wenn sie noch breiter wären, würde ich Doppelzapfen anschneiden, aber in diesem Fall reicht ein 60 mm breiter Zapfen. Die Schlitze sind nach außen versetzt, sodass die Zargen mit den Außenkanten der Beine fluchten. (Falls es Ihnen besser gefällt, wenn die Zargen etwas zurückspringen, schneiden Sie die Verbindung dementsprechend.) Die Enden der Zapfen treffen in den Beinen aufeinander, deshalb müssen sie auf Gehrung geschnitten werden. Details können Sie der Zeichnung „Gestell-Verbindungen" unten entnehmen.

Wenn Sie die Schlitze angerissen haben, entfernen Sie den Verschnitt mit der Bohrwinde und einem Bohrer und stechen mit dem Beitel rechtwinklig nach. Stecken Sie die Teile jeweils trocken zusammen und kennzeichnen Sie die zusammengehörigen Schlitze und Zapfen. Die Enden der Zapfen müssen auf Gehrung geschnitten werden. Man könnte auch einfach einen Zapfen kürzer schneiden, aber ich ziehe es vor, beide auf Gehrung zu schneiden, um sie möglichst lang lassen zu können. Man könnte die Zapfen ausklinken oder überblatten, wo sie aufeinander treffen. Wenn Sie etwas recherchieren, werden Sie verschiedene Möglichkeiten finden. Die hier verwendete Methode ist gut für Arbeiten in dieser Größe geeignet.

Wenn die Verbindungen zwischen Beinen und Zargen angeschnitten und trocken zusammengesteckt sind, kommen die Zapfen für die unteren Stege an die Reihe. An dieser Stelle

22 UMDREHUNGEN?

So viele Umdrehungen meiner Bohrwinde benötigte ich, um die 38 mm tiefen Schlitze in den Beinen zu bohren. Anstatt die Bohrtiefe mit Klebeband am Bohrer zu markieren oder eine aufwendige Lehre zu verwenden, zähle ich einfach die Umdrehungen, mit der ich die vorgesehene Tiefe erreiche. In diesem Fall waren es 22 Umdrehungen, also bohrte ich alle anderen Löcher mit der gleichen Zahl von Umdrehungen und musste mir keine weiteren Sorgen über die Tiefe der Schlitze machen.

TIPP

Verbindungen am Gestell

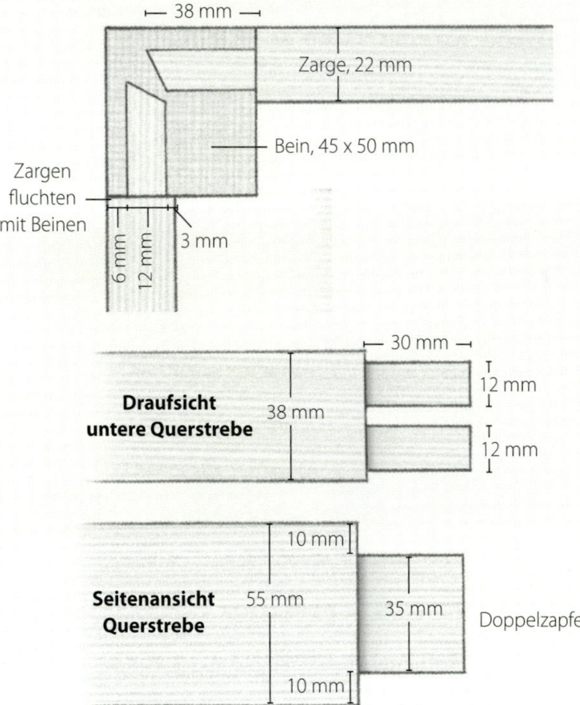

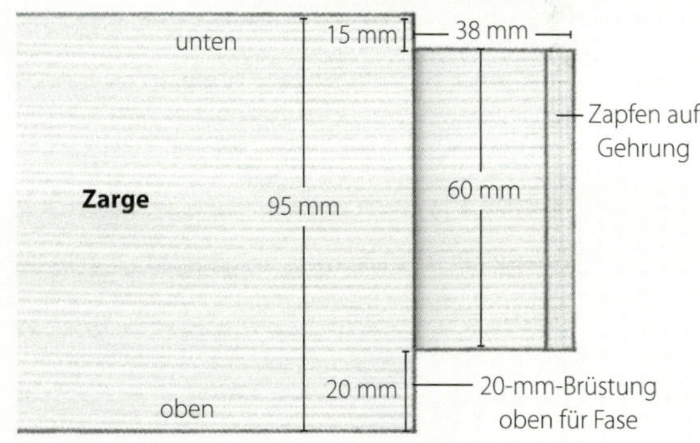

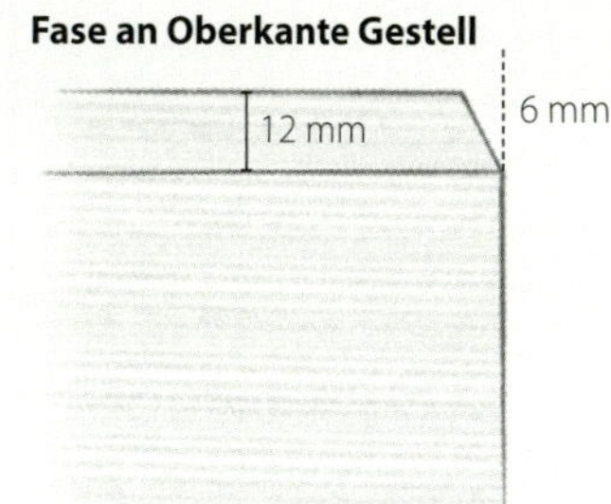

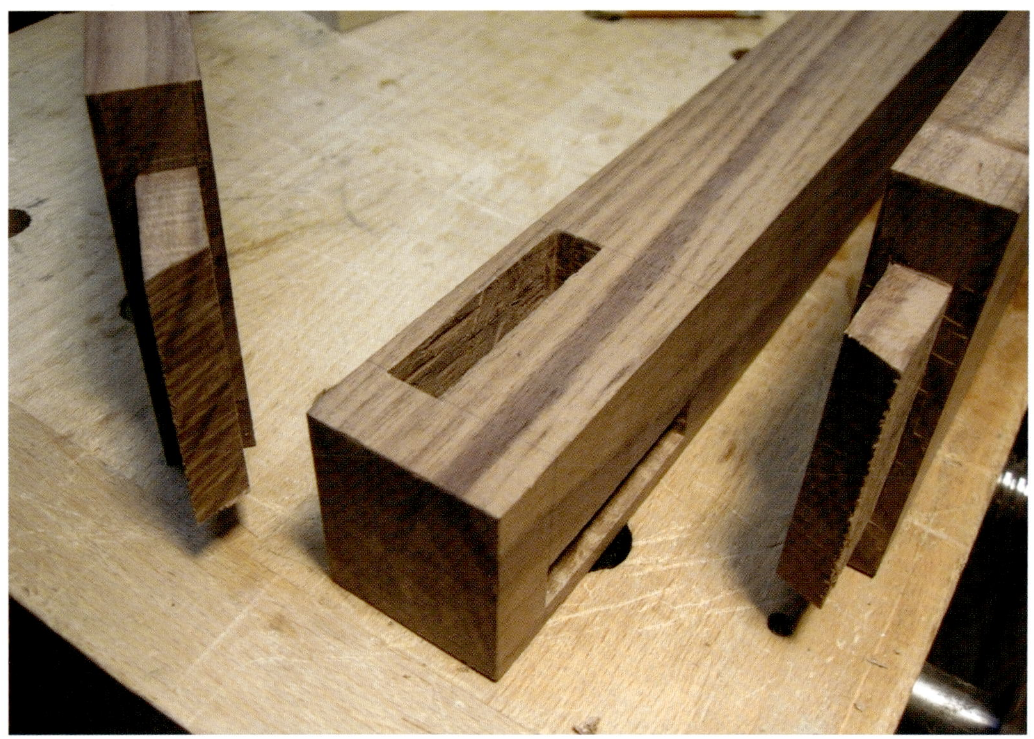

Die Enden der Zapfen an den Zargen müssen auf Gehrung geschnitten werden, damit sie im Bein nicht aneinander stoßen.

Die unteren Querstücke des Gestells werden mit Doppelzapfen (30 mm lang und 12 mm breit) in die Beine eingezapft.

Zuerst werden die beiden Endstücke des Gestells verleimt, dann werden die vordere und hintere Zarge dazwischen montiert. Dieses schrittweise Vorgehen erleichtert die Montage etwas.

habe ich mich für Doppelzapfen entschieden, weil die Verbindung dadurch belastbarer und gegen Verziehen gesichert wird.

Wenn die Zapfen an die Stege angeschnitten sind, reißen Sie die zugehörigen Schlitze unten an den Beinen an. Wie immer wird der Verschnitt mit Bohrwinde und Bohrer entfernt und man sticht mit dem Beitel rechtwinklig nach. Stecken Sie das Gestell dann trocken zusammen. Wenn alles gut passt, werden die Bestandteile verputzt und die beiden Gestellenden verleimt.

Fasen Sie die Oberkanten des Gestells an, bevor Sie die langen Zargen einleimen, um die Gestellenden miteinander zu verbinden. Diese Arbeit ist jetzt leichter als am fertigen Gestell. Die Fase schafft einen optisch ansprechenden Übergang zwischen dem Gestell und dem Korpus des Schranks. Sie ist nicht konstruktiv notwendig, sondern ein dekoratives Element. Mir gefällt der Schattenwurf, der durch dieses zusätzliche Entwurfselement entsteht.

Die Querstreben anbringen

An der vorderen und hinteren Zarge werden zwei Querstreben mit Überblattungen eingefügt, an denen der Korpus mit dem Gestell verbunden werden kann. Schneiden Sie die Streben auf Maß und reißen Sie die Verbindungen an.

Wenn die Querstreben mit den Verbindungen versehen und trocken zusammengesteckt worden sind, leimen Sie die beiden langen Zargen ein. Dann werden die Querstreben eingeleimt. Sie werden mit Schrauben am Gestell befestigt und mit Langlöchern versehen, um den Korpus an ihnen zu befestigen. Ich habe an jeder Querstrebe in etwa 75 mm Entfernung von der Zarge ein Langloch geschnitten. Das Holz des Korpus' verläuft von Ende zu Ende, die Schraubenlöcher in den Querstreben müssen also verlängert werden, damit der Korpus arbeiten kann.

1. Legen Sie das Querstück auf das Gestell und reißen Sie die Überblattung auf der Oberseite der Zarge an.
2. Die inneren Querstücke verstärken das Gestell und bieten eine Befestigungsmöglichkeit für den Korpus.

1. Die Vorderstücke sind in die Schubladenöffnungen eingepasst. Streben Sie zu diesem Zeitpunkt eine möglichst enge Passung an; sie wird später noch nachgearbeitet. **2.** Verwenden Sie zwei Lehren aus Nadelholz, um die Schubladenseitenstücke anzureißen und zuzuschneiden. **3.** Die Schubladenteile sind zugeschnitten und sorgfältig in die Öffnungen eingepasst. Jetzt können die Zinkungen angeschnitten werden.

Die Schubladen

Wenn das Gestell fertig ist, werden die Vorderstücke für die Schubladen hergestellt. Wie bereits erwähnt, hat der Schrank nur 9 Schubladen, es sieht jedoch aus, als wären es 15. Traditionelle halbverdeckte Schwalbenschwanzzinkungen an den Vorderstücken und durchgehende Zinkungen an den Hinterstücken halten die Schubladen über generationenlangen Gebrauch zusammen. Die Schubladenböden bestehen aus 12 mm starkem Vollholz. Sie werden abgeplattet und in eine 6 mm breite Nut auf der Innenseite der Schublade eingelegt.

Für die Vorderstücke habe ich ein Sammelsurium von Nussbaum-Resten verwendet, die bei früheren Werkstücken übergeblieben waren. Sie werden alle furniert, für die Ästhetik ist also nur das Hirnholz wichtig, das man bei den Zinkungen sehen wird. Falls Sie die Vorderstücke nicht furnieren möchten, stellen Sie sie aus einem Stück Rohholz her, sodass sich das Maserbild über die gesamte Front erstreckt.

Die Schubladen werden auf folgende Weise hergestellt: Zuerst werden die Vorderstücke auf Maß geschnitten. Dann überträgt man diese Maße auf die Hinterstücke. (Falls Sie die Vorderstücke nicht furnieren, schneiden Sie erst die Hinterstücke zu und übertragen die Maße auf die Vorderstücke. So stellen Sie sicher, dass Sie im Falle eines Fehlers immer noch ein durchgehendes Maserbild an der Vorderfront haben und nur das Hinterstück neu anfertigen müssen.) Wenn die Vorder- und Hinterstücke zugeschnitten sind, schneiden Sie die Seitenstücke. Ich bearbeite jeweils eine Schubladenreihe und markiere die zusammengehörigen Teile entsprechend. Um mir etwas Meßarbeit zu ersparen, habe ich zwei Schablonen aus Nadelholz für die Seitenstücke hergestellt, mit denen ich das Ahornholz schnell anreißen kann (siehe Foto 2 oben).

TIPP

Achten Sie beim Anreißen der Schubladenteile auf den Faserverlauf und kennzeichnen Sie die einzelnen Teile, wenn Sie sie zugeschnitten haben. Die Fasern in den Seitenstücken müssen von vorne nach hinten verlaufen, um Beschädigungen an den Schwalbenschwänzen zu vermeiden, wenn Sie nach dem Verleimen die Schubladen in den Korpus einpassen.

Halbverdeckte Zinkungen schneiden

Der erste Schritt bei der Herstellung von halbverdeckten Schwalbenschwanzzinkungen besteht darin, mit einem Nuthobel die Nuten für den Schubladenboden zu schneiden (siehe Foto 1 unten). Die 6 mm breiten Nuten liegen 6 mm oberhalb der Schubladenunterkante. Das Hinterstück wird so auf Breite geschnitten, dass der Boden unter ihm in die Nuten geschoben werden kann.

Wenn die Nuten für die Böden geschnitten sind, werden mit dem Zirkel die Schwalbenschwänze an den Seitenstücken angerissen. Da ich sehr viele schneiden musste, habe ich sie recht breit gemacht, sodass an jedem Seitenstück nur drei Schwalbenschwänze sitzen. Man kann sie auch schmaler machen, aber das sind rein ästhetische Entscheidungen, die sich nicht auf die konstruktive Belastbarkeit der Schublade auswirken. Sägen Sie die schrägen Wandungen der Schwalben ein und entfernen sie dann den Verschnitt mit der Laubsäge. Übertragen Sie die Schwalben auf die Vorderstücke und entfernen Sie den Verschnitt zwischen den Zinken.

Wenn man all die halbverdeckten Zinkungen an den Vorderstücken angeschnitten hat, kommen einem die durchgehenden Zinkungen an den Hinterstücken wie ein Kinderspiel vor. Wenn alle Bauteile der Schubladen fertig gestellt sind, können sie zusammengebaut werden. Falls Sie die Vorderstücke furnieren möchten, wird dieser Schritt noch zwischengeschaltet. Falls nicht, können Sie direkt die Schubladenböden zubereiten, alle Teile verputzen und gleich zur Endmontage schreiten.

TIPP

Stecken Sie eine 6 mm starke Leiste in die Nut für den Schubladenboden, wenn Sie die Schwalben auf das Zinkenbrett übertragen. Sie hilft, die beiden Teile aneinander auszurichten. Legen Sie einen Holzklotz unter die Seitenstücke und spannen Sie die Vorderstücke so hoch ein, dass sie genauso hoch liegen wie die Seitenstücke.

Die Vorderstücke furnieren

Schneiden Sie die Zebrano-Furnierblätter mit etwa 3 mm Übermaß zu (s. Foto auf S. 226). Zebranofurnier ist mit der Furniersäge leicht zu bearbeiten und die 15 Furnierstücke, die sie benötigen, sind im Nu zugeschnitten. Ich schreibe 15, weil die 9 Schubladen so gestaltet werden, dass sie wie 15 aussehen, um das Aussehen eines traditionellen Karteischrankes zu erreichen.

1. Schneiden Sie zuerst etwa 6 mm oberhalb der Unterkante die Nuten für den Schubladenboden in die Seiten- und Vorderstücke. **2.** Schneiden Sie dann die halbverdeckten Zinkungen in alle Vorderstücke.

Das Zebranofurnier wird für die Vorderstücke zugeschnitten.

Ich habe die Maserung der Schubladen jeweils gegeneinander gestürzt, um ein Aussehen zu erreichen, von dem ich hoffe, dass es an einen Quilt erinnert (auch wieder ein Einfluss meiner Mutter). Ich könnte mich stundenlang mit den Schubladenvorderstücken beschäftigen, sie vielleicht mit Marketerie- oder Einlegearbeiten verzieren, aber das hebe ich mir für einen anderen Tag auf. Natürlich wären auch ein schönes Laubholz mit geradem Faserverlauf denkbar. Aber ich hatte einen Stapel nicht zusammenpassender Nussbaumreste und ich fand, es wäre eine gute Gelegenheit, sie auf verantwortungsbewusste Weise zu verwerten. Die Details geben den Entwurf vor und in diesem Fall war die Furnierung der Vorderstücke die Option, für die ich mich entschied.

Schneiden Sie jetzt einige 3-mm-Leisten von den beiden Kanten der Beistoßleisten, die Sie zuvor zugeschnitten haben (siehe S. 210). Das lässt sich mit dem Schlitzhobel leicht erledigen.

Bevor Sie das Furnier auf die Vorderstücke aufbringen, müssen die Oberflächen 'abgezahnt' werden, um die Verleimung zu verstärken. Falls Sie nicht über einen Zahnhobel verfügen, können Sie für die meisten gängigen Hobel auch gezahnte Eisen erwerben.

Es lohnt sich, etwas mehr Geld für wirklich hochwertige Furniere auszugeben. Man bekommt oft preiswerte Furniere, die aber meist zu dünn für den Möbelbau sind und leicht reißen, wenn man mit ihnen arbeitet.

TIPP

Das Furnier anbringen

Das Furnieren mit warmem Glutinleim und einem Furnierhammer ist recht einfach. Kleben Sie zuerst die Seitenstücke der Schubladen mit durchsichtigem Klebeband an – der Leim wird beim Furnieren seitlich herausgedrückt, und die Seitenstücke werden etwas schmuddelig. Bringen Sie das Furnier auf, wie es auf den Fotos und im Text auf S. 228 gezeigt und erklärt wird.

Die Kanten der Vorderstücke können noch nachgearbeitet werden, nachdem das Furnier aufgebracht ist. Man muss nur vorsichtig arbeiten. Stechbeitel, Feilen und Schleifpapier sind gut geeignet. Ich habe auch meine Stoßlade und einen speziellen Schleifklotz verwendet.

Die imitierten Beistoßleisten anbringen

Die imitierten Beistoßleisten, die zuvor zugeschnitten wurden, müssen noch auf ihr Endmaß ausgehobelt werden. Mit Handwerkzeugen lässt sich gut in diesen Maßbereichen arbeiten. Das Werkstück wird in einer einfachen Vorrichtung gehalten, und wenn ich mich der Stärke von 2,5 mm nähere, habe ich es geschafft (s. Foto 1 auf S. 228). Mehr als drei oder vier Hobelstöße in der Stoßlade sind nicht nötig.

Bearbeiten Sie die Vorderstücke der mehrfachen Schubladen mit dem Zahnhobel und leimen Sie die Furniere einzeln auf, um den Vorgang zu vereinfachen. Da die Faserrichtung von einer Schublade zur nächsten wechselt, ist es einfacher, das aufgeleimte Furnier zu verputzen und zu schleifen, wenn die imitierte Beistoßleiste noch nicht dazwischen angebracht ist. Die imitierte Beistoßleiste wird mit Zwingen an Ort und Stelle gehalten, während das Furnier aufgebracht wird. Danach kann sie sofort wieder abgenommen werden, damit sie nicht auch angeleimt wird.

Prüfen Sie die Passung der Vorderstücke und kontrollieren Sie, ob alles in Ordnung ist. Falls ja, können Sie die Schubladen zusammenbauen. Eine Schublade mit gut gearbeiteten Schwalbenschwanzzinkungen sollte man nicht mit Zwingen einspannen müssen, nachdem man den Leim angegeben und sie zusammengesteckt hat, aber Sie können zur Sicherheit noch ein oder zwei Zwingen ansetzen. Ich verwende wegen der längeren Offenzeit flüssigen Glutinleim für die Schubladen und arbeite mich Reihe für Reihe vor, bis alle 9 Schubladen fertig sind.

1. Die imitierten Beistoßleisten liegen in der richtigen Reihenfolge auf den Traversen, in die schon die echten Beistoßleisten eingezapft sind. Die Faserrichtung ist dank der guten Vorarbeit beim groben Zuschnitt in allen Teilen gleich. Achten Sie jetzt nur noch darauf, dass alle Teile gekennzeichnet sind und an der richtigen Stelle eingebaut werden. **2.** Sägen Sie die imitierten Beistoßleisten mit dem Schlitzhobel zu. **3.** Wenn man die Schubladenvorderstücke vor dem Furnieren mit dem Zahnhobel bearbeitet, wird die Verleimung besser.

FURNIEREN FÜR ANFÄNGER

Das Wichtigste am Furnieren ist es, zügig zu arbeiten. Kein Schwätzchen zwischendrin, nicht mittendrin aufhören!
Achten Sie darauf, das Blindholz nach der Behandlung mit dem Zahnhobel zu säubern. Kleine Späne und Holzstücke unter dem Furnier können sonst Probleme bereiten. Geben Sie großzügig Leim an die Sichtseite des Vorderstücks. Legen Sie dann das Furnier mit der Sichtseite nach unten auf das Vorderstück und tragen Sie auf die Rückseite wiederum großzügig Leim auf.

Drehen Sie das Furnier vorsichtig um und drücken Sie mit dem Furnierhammer überschüssigen Leim und Luftblasen zu den Rändern hin und unter dem Furnier heraus. Arbeiten Sie dabei möglichst in Faserrichtung, und behandeln Sie die Kanten besonders aufmerksam.

Nach ein oder zwei Minuten des Andrückens mit dem Furnierhammer beginnt der Leim anzuziehen. Man erkennt das an leise knisternden Geräuschen. Dann sollte man aufhören. Klopfen Sie mit den Fingern sanft die Fläche ab und halten Sie das Vorderstück gegen das Licht, um Kürschner (nicht verleimte Stellen), Risse und andere Fehler zu entdecken. Falls die Arbeit keine Fehlstellen aufweist, können Sie das Klebeband abnehmen, mit dem Sie die Kanten vor austretendem Leim geschützt haben, und das Vorderstück beiseitelegen.

Säubern Sie die Kanten, bevor der Leim vollkommen trocken ist. Ich furniere das nächste Vorderstück, gehe dann zum ersten zurück und säubere es von Leimspuren. So wechsele ich zwischen Furnieren und Säubern, bis ich alle Vorderstücke fertig furniert habe. Die fertigen Teile lasse ich etwas ruhen, dann schneide ich das Furnier auf Endmaß.

1. Kleben Sie die Kanten der Vorderstücke ab, um sie vor austretendem Leim zu schützen. **2.** Bringen Sie das Furnier mit warmem Glutinleim und einem Furnierhammer auf. **3.** Verputzen Sie die Kanten, wenn das Furnier trocken ist. **4.** Jetzt ist das Muster langsam zu erkennen. Die Maserung wird zu einem großen Teil durch die Schubladengriffe verdeckt, aber die wechselnde Anordnung der Faserrichtung ist eine hübsche Methode, die Möbelfront etwas lebhafter zu gestalten.

1. Die imitierten Beistoßleisten werden mit einer einfachen Vorrichtung an der Stoßlade auf Dickte geschnitten. **2.** Schieben Sie zwei benachbarte kleine Schubladen oben bis zur vorgesehenen Tiefe in den Korpus und kontrollieren Sie, ob die Stärke der imitierten Beistoßleiste mit jener der echten übereinstimmt. Wenn Sie damit zufrieden sind, können Sie die doppelt breite Schublade furnieren und die imitierte Beistoßleiste anbringen. **3.** Behandeln Sie die Vorderstücke der breiten Schubladen mit dem Zahnhobel, spannen Sie die imitierte Beistoßleiste trocken daran fest und furnieren Sie die beiden Hälften des Vorderstücks getrennt. **4.** Säubern Sie nach dem Furnieren den freien Streifen für die Beistoßleiste und leimen Sie sie dort ein. **5.** Am schwierigsten herzustellen ist die breite untere Schublade mit ihren vier imitierten Beistoßleisten und fünf alternierenden Furnierrichtungen. **6.** Wenn die Vorderstücke alle furniert und die imitierten Beistoßleisten angebracht sind, fällt es schwer, die echten von den falschen Schubladen zu unterscheiden.

Wenn der Leim trocken ist, wird ausgetretener Leim verputzt und die Schwalbenschwänz werden mit den Seitenstücken bündig gehobelt. Das sollte unproblematisch sein, falls Sie das Material für die Seitenstücke zuvor sorgfältig angerissen und sichergestellt haben, dass die Fasern in den Seitenstücken von vorne nach hinten verlaufen. Falls das nicht der Fall sein sollte, müssen Sie beim Verputzen der Schwalben vorsichtig zu Werk gehen, damit Sie weder das Furnier noch die Decke am Vorderstück beschädigen.

Wenn die vier Wände der Schubladen passen, werden die 12 mm starken Böden so abgeplattet, dass sie in die 6 mm breiten Nuten an den Innenseiten passen. Ich verwende dafür einen Falzhobel und arbeite mit einem Simshobel nach.

Nachdem ich die Vorderstücke trocken angepasst und den Schrankkorpus auf dem Gestell platziert hatte, entschied ich, dass eine kleine Fase an der Unterkante den Übergang vom Korpus zum Gestell etwas gefälliger machen würde. Bei manchen Details ist das so. Man kommt erst während der Arbeit darauf.

Abschließende Arbeiten am Karteischrank

Ich habe entfärbten Schellack für das Zebranofurnier und dunkelrötlichen Schellack für den Rest des Schrankes verwendet. Durch diesen dunkleren Schellack hoffte ich, die Farben der verschiedenen Nussbaumhölzer, die ich für das Gestell, den Korpus und die Vorderstücke verwendet hatte, etwas aneinander anzugleichen.

Ich kaufe Schellack in Blattform und setze ihn selbst mit Alkohol an. Der Vorgang ist einfach und man kann genau die Oberflächeneigenschaften erhalten, die man anstrebt. Hier habe ich ein Mischungsverhältnis von 1 : 1 bis 1 : 2 verwendet.

Geben Sie den Schellack kontinuierlich an, bis der Ballen beginnt, an der Schicht zu haften. Ich lasse den Schellack dann etwas

Die Vorderstücke werden mit entfärbtem Schellack behandelt, die imitierten Beistoßleisten mit dunklem Schellack.

ruhen und schleife ihn leicht mit einem 320er Schleifpapier an. Danach gebe ich wieder Schellack an und wiederhole den Vorgang so oft, bis ich mit der Oberfläche zufrieden bin. Wenn ich sehr viel Zeit für die Oberflächenbehandlung habe, trage ich bis zu einem Dutzend Schichten einer sehr dünnen Schellacklösung auf. Das ergibt eine natürlichere Oberfläche, weil der Schellack die Zeit und die Viskosität zu haben scheint, um besser in die Holzfasern einzuziehen. Die dünnere Lösung verleiht der Holzfaser ein natürliches Gefühl, während die zähflüssigeren Lösungen schwerer sind und die Oberfläche eher wie eine Deckschicht belegen. Experimentieren Sie von Werkstück zu Werkstück, bis Sie Ihre bevorzugte Oberflächenbehandlung gefunden haben.

Die Vorderstücke mit den imitierten Beistoßleisten sind etwas schwieriger. Der dunklere Schellack muss auf die imitierten Beistoßleisten aufgetragen werden, bevor die furnierten Vorderstücke mit dem entfärbten Schellack behandelt werden. Ich habe einen kleinen Pinsel verwendet, um die imitierten Beistoßleisten vorsichtig mit dem dunklen Schellack zu versehen. Falls der entfärbte Schellack auf den dunklen gerät, ist das kein Problem. Umgekehrt eher doch. Kleben Sie die imitierten Beistoßleisten mit Klebeband ab und tragen Sie den dunklen Schellack auf.

Die Beschläge anbringen

Nachdem die Oberflächen behandelt worden sind, werden die Beschläge angebracht. Stellen Sie eine Schablone für die Schubladengriffe her und markieren Sie mit einer Ahle sorgfältig die Position der Schrauben. Bringen Sie versenkte Schraubenlöcher in den Vorderstücken für die beiden Schrauben an, die mit den Griffen geliefert werden.

Die Stoppklötze anbringen

Eine Handbohrmaschine ist das ideale Werkzeug, um Löcher in Furnier zu bohren. Mit einer elektrischen Bohrmaschine spürt man nicht, ob das Furnier trocken aufliegt oder beim Bohren einreißt. Versuchen Sie es einmal mit dem Handbohrer und Sie werden verstehen, was ich meine; man spürt beim Bohren die Holzfasern.

TIPP

Wenn die Schubladen eingepasst sind, die Oberflächen behandelt und die Griffe angebracht, dann ist der Schrank fast fertig. Aber mit Stoppklötzen in den einzelnen Schubladenöffnungen kann man noch ein letztes Detail zufügen, dass einen großen Unterschied macht. Die Stoppklötze werden an der vorderen unteren Innenkante der Schubladenöffnungen angebracht, sodass die Stellung der Schubladen sich auch dann nicht verändert, wenn das Holz des Korpus' arbeitet. Es gibt Holzwerker, die Stoppklötze lieber hinten im Korpus anbringen. Das führt jedoch dazu, dass die Schubladen mehr oder weniger tief im Korpus sitzen, wenn dieser schwindet oder quillt.

Die Stoppklötze für die einzelnen Schubladen messen etwa 75 x 20 x 3 mm, für die beiden doppelten Schubladen sind sie 150 mm lang. Die große Schublade, die sich über die ganze Breite in der untersten Reihe erstreckt, wird an den äußeren Enden mit zwei zusätzlichen 150-mm-Klötzen gestoppt. Diese dünnen Leisten werden direkt hinter den Vorderstücken am Korpus angeleimt, nachdem man die Schubladen in der gewünschten Tiefe in den Korpus geschoben hat. Wenn die Schubladen geschlossen sind, stößt die Unterkante der Vorderstücke an den Stoppklotz und bringt die Schublade genau dort, wo Sie es wünschen, zum Stehen.

Die Sägebank und einige Niederhalter sind gute Hilfsmittel, um die Beschläge an den Schubladenvorderstücken anzubringen.

1. Schieben Sie die Schublade bis zum gewünschten Rücksprung in den Korpus ein, bringen Sie eine entsprechende Markierung an der Traverse an und tragen Sie von dort die Stärke des Vorderstücks ab. Leimen Sie an diesem Punkt den Stoppklotz ein.
2. Langlöcher an den Korpusseiten erlauben dem Holz das Arbeiten, wenn das Kranzgesims in ihnen verschraubt wird.

Das Kranzgesims anbringen

Um das Holz arbeiten zu lassen, habe ich an den hinteren Korpusecken Langlöcher für Schrauben eingeschnitten, mit denen das Kranzgesims befestigt wird. An der Vorderseite wird das Kranzgesims angeleimt, hier laufen die Holzfasern im Korpus und Kranzgesims in die gleiche Richtung, das Schwinden und Quellen ist also kein Problem. Die Korpusseiten arbeiten jedoch, während die seitlichen Gesimsteile das nicht tun. Das hintere Ende der seitlichen Gesimsteile wird mit einer Schraube befestigt, die sich im Langloch bewegen kann, wenn die Korpusseiten arbeiten.

Behandeln Sie die Oberfläche des Kranzgesimses und bringen Sie es an. Vorne und am vorderen Teil der Seitenstücke wird es angeleimt. Die hinteren Teile der Seitenstücke werden von Schrauben in Langlöchern gehalten.

Die Schubladenvorderstücke in Zebrano und die silberne Farbe der Griffe geben dem Karteischrank etwas Zeitloses. Er hätte vor 30 Jahren in der Bibliothek stehen können, in der meine Mutter arbeitete, ich könnte ihn aber auch morgen in unserer Eingangshalle als Flurtisch aufstellen.

BEZUGSQUELLEN

Im Folgenden nennen wir einige Online-Shops, die qualitativ hochwertiges Werkzeug anbieten. Es gibt vielerorts auch noch lokale Werkzeughändler. Erkundigen Sie sich diesbezüglich vor Ort, z.B. bei anderen Holzwerkern, Tischlereibetrieben oder Holzhändlern.

Falls Sie im Internet bestellen wollen, finden Sie u.a. bei den folgenden Qualitäts-Anbietern eine große Auswahl an Handwerkzeugen, Schärfzubehör, Oberflächenmitteln etc.:

Feine Werkzeuge, Berlin.
https://www.feinewerkzeuge.de/

Dictum, Metten.
https://www.dictum.com/de/

Magma Tools, Aurolzmünster (Österreich).
https://www.magma-tools.com/de

Johann Tremml, Ashley Deutschland, Bad Kötzting.
https://www.ashley.de/

Wolfknives, Landshut.
https://www.feines-werkzeug.de

ROTO-SCHARNIERE SELBST GEMACHT

Die von Tom Fidgen mehrfach erwähnten Roto-Scharniere (Drehscharniere) gib es in Europa unseres Wissens nicht zu kaufen. Eine Online-Bestellung quer über den Atlantik wollen wir für den einfach aufgebauten Beschlag nicht empfehlen, daher hatte ihn die HolzWerken-Redaktion mit einfachen Mitteln nachgebaut – mit sehr gutem Ergebnis.

Ein solches Drehscharnier wird – und das ist die Besonderheit auch beim Original – in zwei Sacklöcher eingeklebt. Damit das hält, sind zwei durchbohrte Holzröllchen der wichtigste Bestandteil. Sie müssen möglichst groß sein, damit der Leim viel Fläche bekommt. Wir griffen hier zu 20-mm-Scheiben aus stabiler Buche, mittig durchbohrt mit sechs Millimetern. Durch die beiden Rollen hindurch führen zwei M5-Hülsenmuttern, die durch ein passend abgelängtes Stück Gewindestange verbunden werden. Damit sich nie mehr etwas verdreht, sind Gewindestange und Muttern mit einem Schraubensicherungskleber dauerhaft verbunden. Bevor das geschieht, fädeln Sie noch drei Unterlegscheiben auf: zwei an den dicken Enden der Hülsenmutter, damit hier das Holz auf Dauer keinen Schaden nimmt. In der Mitte sitzt eine große Unterlegscheibe aus rostfreiem Stahl (oder Messing), sodass hier (zwischen den Stuhlbeinen) später nichts rostet. Verschrauben Sie alle Teile samt Kleber miteinander, sodass sich die Holzrollen noch locker drehen lassen. Nach einem halben Ruhetag (damit der Kleber vollends aushärtet) lassen sich die „Roto Scharniere Marke Eigenbau" in 20-mm-Sacklöcher in den Beinen einkleben.

Text & Fotos: Andreas Duhme. Diese Bauanleitung ist auch in der Rubrik "Tipps und Tricks" auf holzwerken.net abrufbar.

REGISTER

L

M

N

O

P

R

S

T

V

W

Z

Schon fertig?

Hier finden Sie weitere spannende Projekte – in Büchern von HolzWerken.

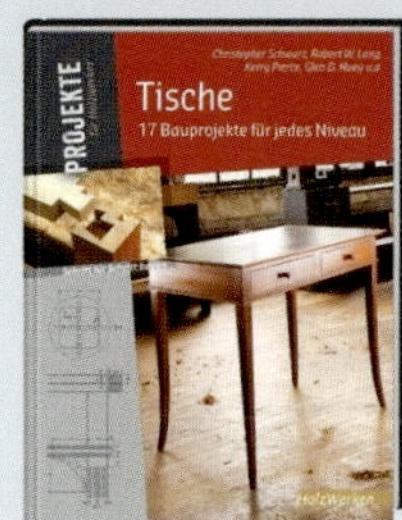

HolzWerken – Die besten Projekte

Vom Tortenheber bis zur Gartenbank

23 detaillierte Bauanleitungen

Die 23 besten Projekte aus über fünf Jahren HolzWerken.

Von klein bis umfangreich, vom pfiffigen Mitbringsel bis zum einklappbaren Esstisch. Von ganz einfach bis ganz schön schwierig, von schnell gemacht bis zeitaufwändig – hier findet jeder ambitionierte Holzwerker eine neue Herausforderung, eine Projektidee oder einfach nur neue Anregungen.

120 Seiten, 21 x 29,7 cm, 535 farbige Fotos, Zeichnungen und Tabellen, flexibler Einband

Best.-Nr. 9161

ISBN 978-3-86630-963-0

HolzWerken – Feierabendprojekte

25 kleine und spannende Ideen schnell gebaut

Ob man nun einfach Lust auf ein schnelles Erfolgserlebnis hat, ein individuelles Geschenk benötigt oder die (Holz-) Restekiste überquillt – Ideen für kleine Projekte kann man nie genug haben.

In diesem Buch sind zahlreiche Artikel aus der Zeitschrift HolzWerken mit Ideen und detaillierten Projektbeschreibungen dieser Art zusammengestellt. Bei überschaubarem Aufwand an Zeit und Material kommen Sie zu überraschenden Ergebnissen.

ca. 120 Seiten, 21 x 29,7 cm, zahlreiche farbige Abbildungen, flexibler Einband

Best.-Nr. 20508

ISBN 978-3-86630-553-3

Doug Stone

Kleine Schränke

8 faszinierende Modelle

Der Bau kleiner Schränke ist anspruchsvoll und zugleich ideal auch für den fortgeschrittenen Anfänger. Ob Kirschholz-Vitrine, zweitüriger Gewürzschrank oder Schlüsselkasten – in diesem Buch ist für jeden Geschmack und Gebrauch das richtige dabei.

Detaillierte Anleitungen, Materiallisten und zahlreiche Abbildungen erleichtern das Nachbauen der Projekte und eignen sich dazu, die eigenen Fähigkeiten zu perfektionieren.

160 Seiten, 21 x 28 cm, zahlreiche farbige Fotos und Zeichnungen, gebunden

Best.-Nr. 9168

ISBN 978-3-86630-989-0

Christopher Schwarz u.a.

Tische

17 Bauprojekte für jedes Niveau

Erweitern Sie Ihre Fähigkeiten im Möbelbau! 12 Autoren der amerikanischen Zeitschrift Popular Woodworking bieten 17 verschiedene Bauvorschläge für Tische, die Sie auch auf weitere Ideen bringen werden.

Die Spanne der Bauarten reicht dabei von einfachen Konstruktionen aus Leimholzplatten bis zu praktikablen Auszieh-Mechanismen, von geraden Tischbeinen bis zu geschwungenen und verjüngten Formen.

228 Seiten, 21 x 27,5 cm, zahlreiche farbige Abbildungen, gebunden

Best.-Nr. 20122

ISBN 978-3-86630-221-1

HolzWerken
www.holzwerken.net

Vincentz Network GmbH & Co. KG
HolzWerken
Plathnerstr. 4c
30175 Hannover

T +49 (0)511 99 10-033
F +49 (0)511 99 10-029
buecher@vincentz.net
www.holzwerken.net

Weitere Titel finden Sie im Online-Shop:
www.holzwerken.net/shop